应用型本科土木工程系列规划教材

结 构 力 学

主　编　付向红
副主编　李　珂　吴　萍
参　编　牛志强　袁　椒　王志博
主　审　姜黎黎

机 械 工 业 出 版 社

本书是应用型本科土木工程系列规划教材之一。全书共十章，包括绪论、平面体系的几何构造分析、静定结构受力分析、结构位移计算、力法、位移法、渐近法和近似法简介、影响线及其应用、结构动力计算基础、结构的稳定性计算。为了满足应用型人才的培养要求，本书对内容进行了精简，并注重与实际紧密结合。每章末尾有小结、思考题和习题。

本书除可作为应用型本科院校土木工程专业的教材外，还可作为土建类其他各专业学生及一般工程技术人员的参考用书。

图书在版编目（CIP）数据

结构力学/付向红主编. —北京：机械工业出版社，2017.4
应用型本科土木工程系列规划教材
ISBN 978-7-111-56044-9

Ⅰ.①结… Ⅱ.①付… Ⅲ.①结构力学-高等学校-教材 Ⅳ.①O342

中国版本图书馆 CIP 数据核字（2017）第 027768 号

机械工业出版社（北京市百万庄大街 22 号　邮政编码 100037）
策划编辑：李宣敏　责任编辑：李宣敏　于伟蓉　责任校对：刘秀芝
封面设计：张　静　责任印制：李　昂
三河市宏达印刷有限公司印刷
2017 年 6 月第 1 版第 1 次印刷
184mm×260mm·16 印张·419 千字
标准书号：ISBN 978-7-111-56044-9
定价：40.00 元

前　言

我国应用型本科教育正处在全面提升质量与加强内涵建设的重要阶段，为了推动土建类应用型本科教育课程改革和教材的发展，特编写符合应用型本科院校土木工程专业人才培养特点的系列教材。

针对培养应用型人才的特点，本书在编写中体现内容精炼、理论联系实际、学以致用的原则，做到重点突出、逻辑性强、通俗易懂、利于教学。结构上遵循循序渐进、承上启下的规律。书中例题选材典型，重在巩固概念，以点带面。每章后有小结，总结本章的重点难点。思考题和习题按讲授内容顺序逐步展开，便于自学。

本书内容包括绪论、平面体系的几何构造分析、静定结构受力分析、结构位移计算、力法、位移法、渐近法和近似法简介、影响线及其应用、结构动力计算基础、结构的稳定性计算，涉及面较广，与相关课程和工程实际联系紧密。

本书第 1 章、第 8 章由郑州科技学院袁栿编写；第 2 章由南昌大学吴萍编写；第 3 章由安阳工学院李珂编写；第 4 章、第 5 章由郑州科技学院牛志强编写；第 6 章、第 10 章由河南理工学院万方科技学院王志博编写；第 7 章、第 9 章由安阳工学院付向红编写。全书由哈尔滨理工大学姜黎黎审稿。

由于编者水平有限，书中难免存在不足之处，敬请读者、专家指正，提出建议，以便进一步修订完善。

编　者

目　录

第1章 绪 论

1.1 结构力学的研究对象和研究内容

1.1.1 结构力学的研究对象

1. 结构的概念

土木工程中的各类建筑物在建造及使用过程中都要承受各种力的作用，工程中习惯把主动作用于建筑物上的外力称为荷载。自重、风压力、水压力、土压力及车辆对桥梁的作用力等都属于荷载。在建筑物中承受和传递荷载而起骨架作用的部分或体系称为结构。最简单的结构可以是一根梁或一根柱，但往往一个结构是由多个简单结构所组成，这些简单结构又称为构件。单层工业厂房的基础、柱、屋架、吊车梁及屋面板等通过相互联结而构成工业厂房的骨架（图1-1）。民用建筑中的框架（图1-2）、公路与铁路工程中的桥梁（图1-3），以及水坝（图1-4）、挡土墙（图1-5）等，都是一些典型的结构。

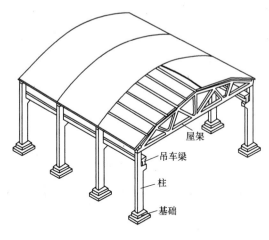

屋架
吊车梁
柱
基础

图 1-1

图 1-2

2. 结构的分类

工程中常见的结构按其几何特征一般分为杆件结构、板壳结构和实体结构。其中杆件结构为结构力学的研究对象，另两类结构是弹塑性力学的研究对象。

（1）杆件结构 杆件结构是指由杆件组成的结构，如梁、柱这样的构件即为杆件。杆件的几何特征是：三个方向尺寸中，长度 l 比其横截面的宽度 b 和厚度 h 远远大得多。横截面和轴线是杆件的两个主要几何因素，前者指的是垂直于杆件长度方向的截面，后者则为所有横截面形心的连线（图1-6）。如果杆件的轴线为直线，则称为直杆（图1-7a）；若为曲线，则称为曲杆（图1-7b）。图1-8所示钢筋混凝土屋架就是一个杆件结构。

图　1-3

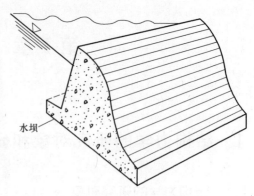

图　1-4

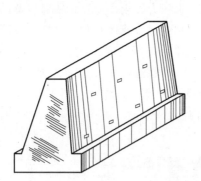

图　1-5

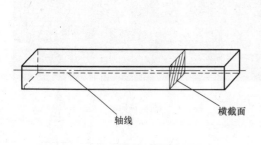

图　1-6

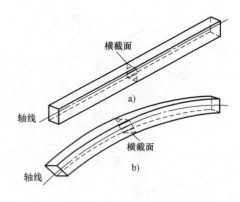

图　1-7

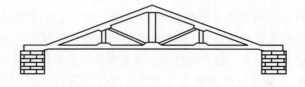

图　1-8

（2）板壳结构 由薄板或薄壳组成的结构称为板壳结构，也称为薄壁结构。薄板和薄壳的几何特征是它们的长度 l 和宽度 b 远大于其厚度 h。当构件为平面状时称为薄板，如图 1-9a 所示，由几块平板组合，可得折板；当构件为曲面状时称为薄壳，如图 1-9b 所示。

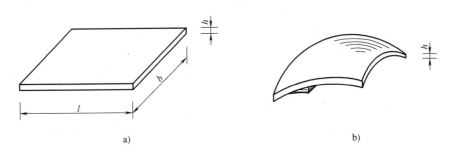

a)　　　　　　　　　　　　　　　　b)

图　1-9

（3）实体结构 实体结构的几何特征是：三个方向尺寸中，长度 l、宽度 b 和厚度 h 大致相当。挡土墙（图 1-10）、块形基础（图 1-11）等都是实体结构。

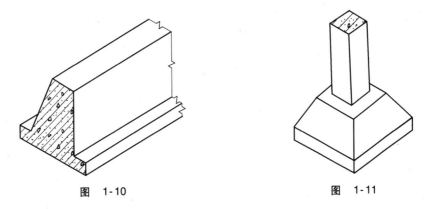

图　1-10　　　　　　　　　　　图　1-11

除了上面三类结构外，在工程中还会遇到悬索结构、充气结构等其他类型的结构。

在土木工程中，杆件结构是应用最为广泛的结构形式。按照空间特征，杆件结构又可分为平面杆件结构和空间杆件结构两类。凡组成结构的所有杆件的轴线都位于同一平面内，并且荷载也作用于该平面内的结构，称为平面杆件结构，否则称为空间杆件结构。实际结构多为空间结构，但在计算时，根据其实际受力特点可简化为平面结构来处理。

狭义的结构往往指的就是杆件结构，而通常所说的结构力学就是指杆件结构力学。

结构力学与理论力学、材料力学、弹塑性力学有密切的关系。理论力学着重讨论刚体运动的基本规律，其余三门力学着重讨论结构及其构件的强度、刚度、稳定性和动力反应等问题。其中材料力学以单个杆件为主要研究对象，结构力学以杆件结构为主要研究对象，弹塑性力学以实体结构和板壳结构为主要研究对象。

1.1.2 结构力学的研究内容

结构力学的任务是根据力学原理研究在外力和其他外界因素作用下结构的内力和变形，结构的强度、刚度、稳定性和动力反应，以及结构的组成规律。具体地说，包括以下几个方面：

1）讨论结构的组成规律和合理形式，以及结构计算简图的合理选择。

2）讨论结构内力和变形的计算方法，进行结构的强度和刚度的验算。

3）讨论结构的稳定性以及在动力荷载作用下的结构反应。

研究结构组成规律的目的在于保证结构各部分不致发生相对运动，使之可以承受荷载并维持平衡；研究结构的合理形式是为了有效地利用材料，使其性能得到充分发挥；进行强度和稳定性计算的目的是为了保证结构在外因作用下不致破坏；计算刚度的目的在于保证结构不致发生过大的、在实用上不能容许的变形和位移。而结构的内力和位移计算是强度、刚度计算的主要内容，也是本书研究的主要内容。

结构力学问题的研究手段包含理论分析、实验研究和数值计算三个方面。实验研究方面的内容在实验力学和结构检验课程中讨论，理论分析和数值计算方面的内容在结构力学课程中讨论。

结构力学的计算问题分为两类：一类为静定性的问题，只需根据下面三个基本条件的第一个条件——平衡条件，即可以求解；另一类为超静定性的问题，必须满足以下三个基本条件，方能求解。三个基本条件是：

1）力系的平衡条件。在一组力系作用下，结构的整体及其中任何一部分都应满足力系的平衡条件。

2）变形的连续条件（即几何条件）。连续的结构发生变形后，仍是连续的，材料没有重叠或缝隙；同时结构的变形和位移应满足支座和结点的约束条件。

3）物理条件。把结构的应力和变形联系起来的物性条件，即物理方程或本构方程。

以上三个基本条件贯穿在本课程的全部计算方法中，只是满足的次序和方式不同而已。

1.2 结构的计算简图及简化要点

1.2.1 结构的计算简图

实际结构是很复杂的，完全按照结构的实际工作状态进行力学分析是不可能的，也是不必要的。因此，对实际结构进行力学计算之前，根据要解决的问题对实际结构做某些必要的简化和理想化，略去不重要的细节，用一个能反映其基本受力和变形性能的简化的计算图形来代替实际结构是十分必要的。这种代替实际结构的简化计算图形称为结构的计算简图。结构的受力分析都是在计算简图中进行的。因此，计算简图的选择是结构受力分析的基础。选择不当，则计算结果不能反映结构的实际工作状态，严重的将会引起工程事故。所以，对计算简图的选择应该十分重视。

确定计算简图的原则有两点：

1）计算简图要能反映实际结构的主要受力性能和变形性能，满足结构设计需要的足够精度。

2）保留主要因素，略去次要因素，使计算简图便于计算分析。

应当指出，在上述原则指导下，计算简图要根据当时当地的具体要求和条件来选用，并不是一成不变的。如对重要的结构应采用比较精确的计算简图，对不重要的结构可以使用较为简单的计算简图；如在初步设计的方案阶段，可使用较为粗略的计算简图，而在技术设计阶段再使用比较精确的计算简图；如用手算，可采用较为简单的计算简图，而用计算机计算，则可以采用较为复杂的计算简图。

对于工程中常见的结构，已有成熟的计算简图可以利用。对于新型结构，确定其计算简图需要进行实验、实测和理论分析，并要经受多次实践的检验。下面简要说明从实际结构到计算简图的简化要点和结果。

1.2.2 杆件结构的简化

在选取杆件结构的计算简图时，通常对实际结构从以下几个方面进行简化。

1. 结构体系的简化

一般实际结构都是空间结构，各部分相互连接成为一个空间整体，以承受各个方向可能出现的荷载。但在多数情况下，常可以忽略一些次要的空间约束而将实际结构分解为平面结构，使计算得以简化。本书主要讨论平面结构的计算问题。

2. 杆件的简化

杆件的截面尺寸（宽度、厚度）通常比杆件长度小得多，截面变形符合平截面假设，截面上的应力可根据截面的内力（弯矩、剪力、轴力）来确定，截面上的变形也可根据轴线上的应变分量来确定。因此，在计算简图中，杆件可用其轴线表示，杆件之间的连接区用结点表示，杆长用结点间的距离表示，杆件的自重或作用于杆件上的荷载，一般可近似地按作用在杆件的轴线上去处理。当截面尺寸增大时（例如超过杆长的 1/4），杆件用其轴线表示的简化将引起较大的误差。轴线为直线的梁、柱等构件可用直线表示；曲杆、拱等构件的轴线为曲线，则可用相应的曲线表示。

3. 杆件间连接的简化

结构中杆件与杆件之间的相互连接处，可简化为结点。木结构、钢结构和混凝土结构中杆件与杆件之间相互连接的构造方式虽然很多，但根据连接方式的不同，通常可简化为铰结点、刚结点、组合结点等理想情形。

（1）铰结点　理想铰结点的特点是：被连接的杆件在结点处不能相对移动，但可绕铰自由转动；在铰结点处可以承受力和传递力，但不能承受力矩和传递力矩。这种理想情况，实际结构中是很难遇到的。如图 1-12a 所示的木屋架端结点，由于连接的作用，各杆之间不能相对移动，但有相互间微小转动，计算时简化为一铰结点，其计算简图如图 1-12b 所示。木屋架的结点也只是比较接近铰结点。图 1-13a 所示为一钢桁架的结点，是通过结点板把各杆件焊接在一起的，实际上各杆端是不能相对转动的，但在桁架中各杆主要是承受轴力，因此计算时仍将这种结点简化为铰结点，如图 1-13b 所示。

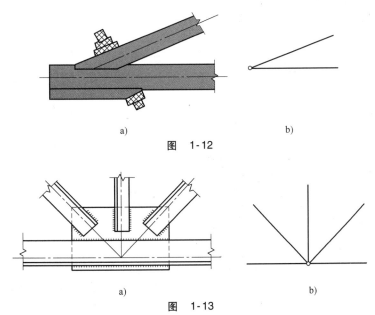

a)   b)

图　1-12

a)   b)

图　1-13

（2）刚结点　刚结点的特点是：被连接的杆件在结点处不能相对移动，也不能相对转动；在刚结点处不但能承受力和传递力，而且能承受力矩和传递力矩。图 1-14a 所示是一钢筋混凝土框架边柱和梁的结点，由于梁和柱之间的钢筋布置以及混凝土将它们浇筑成整体，使梁和柱不能产生相对移动和转动，计算时简化为一刚结点，其计算简图如图 1-14b 所示。

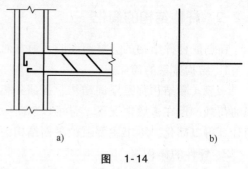

图　1-14

（3）组合结点　当一个结点同时具有以上两种结点的特征时，称为组合结点，也称为半铰结点，即在结点处有些杆件为铰接，同时也有些杆件为刚性连接。例如，在图 1-15 所示的结构计算简图中，A、B 结点为组合结点。

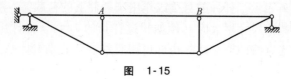

图　1-15

4. 结构与基础间连接的简化

将结构与基础或支承部分连接在一起的装置称为支座。支座的作用是把结构固定于基础上，同时，结构所受的荷载通过支座传到基础和地基。支座对结构的反作用力称为支座反力。平面结构的支座根据其支承情况的不同可简化为下面四种情形：可动铰支座、固定铰支座、固定端支座和定向支座。

（1）可动铰支座　可动铰支座连接的杆端可沿水平方向自由移动，可自由转动，但不能竖向移动，可产生竖向支座反力，其简化形式如图 1-16a 所示。注意：该支座在垂直方向既可承受压力，也可承受拉力。这个支座链杆的上端可绕下端转动，如图 1-16b 中虚线圆弧所示。由于结构受荷载作用后产生的变形很小，支点的移动很小，可把结构的支承端看作只能平行于支承面发生移动和绕支点转动。根据上述特点，这种支座在计算简图上常用一根链杆表示，如图 1-16c 所示。在实际结构中，凡符合或近似符合上述约束条件的支承装置，则可简化为可动铰支座，如滑动轴承、滚动轴承等。

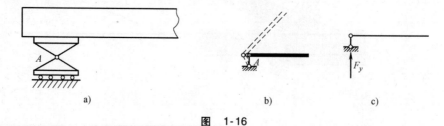

图　1-16

（2）固定铰支座　固定铰支座连接的杆端不能移动但可以转动（图 1-17a、b），可产生水平和竖向支座反力。因铰支座的反力将通过铰的中心，但是方向和大小都是未知的，所以，可以用两个已确定方向的未知分反力表示，即水平方向的支反力 F_x 和竖直方向的支反力 F_y，如图 1-17c 所示。止推轴承和桥梁下的支座可简化为固定铰支座。

在实际结构中，凡属不能移动而可做微小转动的装置，都可视为固定铰支座。例如，插入杯形基础的钢筋混凝土柱子，当用沥青麻丝填缝时，则柱与基础的连接便可视为固定铰支座，如图 1-18 所示。

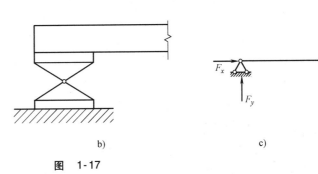

图 1-17

（3）固定端支座 固定端支座连接的杆端既不能移动也不能转动，它的反力大小、方向和作用点位置都是未知的。通常用支座水平反力 F_x 和支座竖向反力 F_y 及支座反力矩 M 来表示，如图 1-19 所示。

如图 1-20 所示悬臂梁，当梁端插入墙身有相当深度，且与四周有相当好的密实性时，梁端被完全固定，可以视为固定端支座。

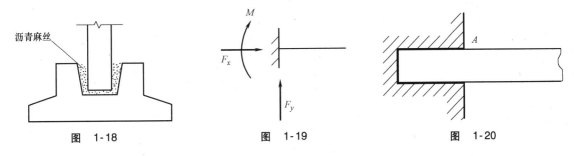

图 1-18   图 1-19   图 1-20

图 1-21a 所示为一预制钢筋混凝土柱插入杯形基础，杯口的空隙用细石混凝土填实。当预制柱插入基础有一定深度时，柱在基础内的移动和转动均被限制，可以简化为固定端支座，如图 1-21b 所示。

（4）定向支座 在实际结构中，尤其是在结构分析中，为了简化计算而利用结构对称性时，常会用到一种定向支座（或称滑动支座），如图 1-22a 所示。这类定向支座连接的杆端不能转动，也不能沿垂直于支承面的方向移动，但可以沿一个方向移动，可产生支座反力 F_y 和支座反力矩 M，计算简图可用垂直于支承面的两根平行链杆表示，如图 1-22b 所示。

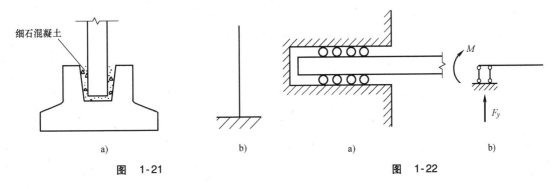

图 1-21   图 1-22

5. 材料性质的简化

在土木工程中结构所用的建筑材料通常为钢材、混凝土、砖、石、木料等。在结构计算中，为了简化，对组成各构件的材料一般都假设为连续的、均匀的、各向同性的、完全弹性或弹塑性的。

6. 荷载的简化

结构承受的荷载可分为体积力和表面力两大类。体积力指的是结构的重力或惯性力等；表面力则是由其他物体通过接触面传给结构的作用力，如土压力、车辆的轮压力等。在杆件结构中把杆件简化为轴线，因此不管是体积力还是表面力都可以简化为作用在杆件轴线上的力。荷载按其分布情况可简化为集中荷载和分布荷载。荷载的简化与确定比较复杂，下面将进行专门讨论。

1.2.3 结构计算简图示例

在工程实际中，只有根据实际结构的主要受力情况去进行抽象和简化，才能得出它的计算简图。下面以单层工业厂房为例说明结构的简化过程和如何选取其计算简图。

1. 厂房体系的简化

该厂房是由一系列屋架、柱和基础组成的结构。如图 1-23a 中由柱和屋架组成的排架沿厂房的纵向有规律地排列起来，再由屋面板等纵向构件连接组成的空间结构。作用在厂房上的荷载，通常沿纵向是均匀分布的。因此，可以从这个空间结构中，取出柱间距中线之间的部分作为计算单元；作用在结构上的荷载，则通过纵向构件分配到各计算单元平面内。在计算单元中，荷载和杆件都在同一平面内，这样，就把一个空间结构分解成为平面结构，如图 1-23b 所示。

下面根据图 1-23b 所示的平面结构，分别讨论其屋架和厂房柱的计算简图。

2. 竖向荷载作用下屋架的计算简图

在竖向荷载作用下，屋架的计算简图如图 1-23c 所示。这里，采用以下的简化：

1）屋架的杆件用其轴线表示。

2）屋架杆件之间的连接简化为铰结点。

3）屋架的两端通过钢板焊接在柱顶，可将其端点分别简化为固定铰支座和活动铰支座。

4）屋面荷载通过屋面板的四个角点以集中力的形式作用在屋架的上弦上。

3. 横向荷载作用下厂房柱的计算简图

在横向水平荷载（如侧向风荷载）作用下，厂房柱的计算简图如图 1-23d 所示。这里，采用了以下的简化：

1）柱用其轴线表示。

2）屋架在两端均以铰与柱顶连接，计算柱时，屋架的作用如同一个两端为铰的链杆，将两柱在顶部连在一起。

3）柱插入基础后，用细石混凝土填实，柱基础视为固定支座。

图 1-23b 和图 1-23d 所示的结构，称为铰接排架，是单层工业厂房常用的一种结构形式。

对于如图 1-24a 所示的斜梁门式刚架结构，一般为了施工方便，左右两半刚架分别平卧在地面整体预制，则斜梁与立柱构成刚结点。左右两半刚架通过吊装插入事先浇筑成带有杯口的独立基础上，顶部通过预埋铁件或焊接或螺栓连接等构造方式形成铰结点。与基础的连接则取决于设计要求。通常用细石混凝土分两次浇捣密实形成整体，则支座即为固定支座，如图 1-24b 所示；有时设计要求支座能有微小转动，如室内有高温热源的厂房，需考虑受温度影响的温度应力，则基础填塞沥青麻丝于杯口上部，此时支座可简化为铰支座，如图 1-24c 所示。当然，不同的处理结构，所产生的内力分布是不同的，设计的效果也不一样。因此，计算简图的选取必须要与实际要求相一致，否则就会导致设计得不合理、不经济甚至不安全。

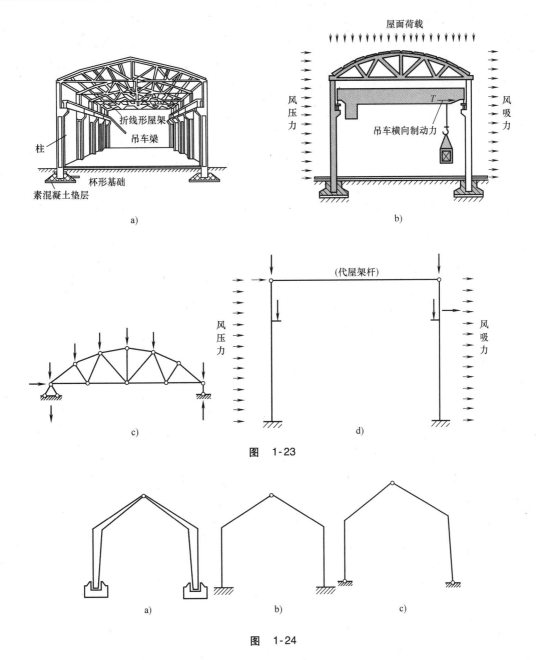

图　1-23

图　1-24

　　结构计算简图的选择十分重要，又很复杂，需要选择者有一定的实践经验。对一些新型结构，往往要通过多次的实验和实践，才能获得比较合理的计算简图，但对常用的结构形式，已有前人积累的经验，可以直接取其常用的计算简图。所以，选择结构计算简图的能力是在本课程、后续相关课程以及长期工程实践中逐步形成的。

1.3　杆件结构的分类和荷载分类

1.3.1　杆件结构的分类

　　杆件结构的分类，实际就是计算简图的分类。

1. 按结构计算简图的特征和受力特点分类

根据结构计算简图的特征和受力特点，常可将平面杆件结构分为以下几种类型。

（1）梁 梁是一种以弯曲变形为主的构件，在竖向荷载作用下不能产生水平反力，内力有弯矩和剪力的结构。梁的轴线通常为直线。梁可以是单跨的（图1-25）或多跨的（图1-26）。

图　1-25   图　1-26

（2）拱 拱的轴线为曲线，其是在竖向荷载作用下能产生水平反力的结构（图1-27）。这种水平支座反力可减少拱横截面上的弯矩。

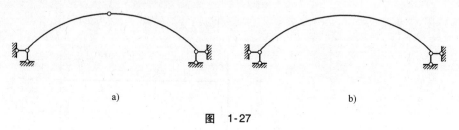

a)   b)

图　1-27

（3）桁架 桁架是由直杆组成，其所有结点都为铰结点的结构，如图1-28所示。在平面结点荷载作用下各杆只产生轴力。

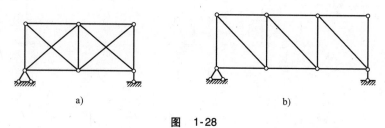

a)   b)

图　1-28

（4）刚架 刚架是由梁和柱等直杆组成，其结点全部或部分为刚结点的结构，如图1-29所示。刚架各杆件内力一般有弯矩、剪力和轴力，其中弯矩为主要内力。

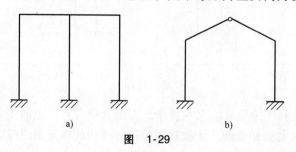

a)   b)

图　1-29

（5）组合结构 组合结构是由桁架和梁或刚架组合在一起而形成的结构，如图1-30所示。其特点是含有组合结点。在此结构中，有些杆件只承受轴力，而另一些杆件同时承受弯矩、剪力和轴力。

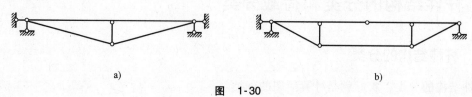

a)   b)

图　1-30

2. 按杆件结构的计算特点分类

根据杆件结构的计算特点，结构可分为静定结构和超静定结构两大类。

（1）静定结构 凡是由静力平衡条件可以唯一确定全部支座反力和内力的结构称为静定结构，如图 1-25 所示。

（2）超静定结构 凡是不能由静力平衡条件确定全部支座反力和内力的结构称为超静定结构，如图 1-31 所示。

图 1-31

3. 按杆件和荷载在空间的位置分类

根据杆件和荷载在空间的位置，结构可分为平面结构和空间结构。

（1）平面结构 各杆件的轴线和荷载都在同一平面内，称为平面结构。

（2）空间结构 各杆件的轴线和荷载不在同一平面内，或各杆件轴线在同一平面内，但荷载不在该平面内时，称为空间结构。如图 1-32a 所示为一空间刚架，各杆的轴线不在同一平面内；图 1-32b 所示各杆轴线虽在同一平面内，但荷载不在该平面内，即为空间结构。

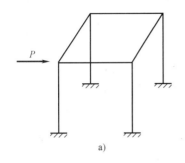

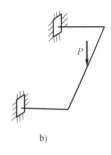

a)

b)

图 1-32

1.3.2 杆件结构上的荷载分类

主动作用于结构上的外力称为荷载。如结构的自重（重力），工业厂房结构上的吊车荷载，行驶在桥梁上的车辆荷载以及作用于水工结构的水压力和土压力等。除外力以外，还有其他因素可以使结构产生内力或变形，如温度变化、基础沉陷、材料的收缩等。从广义来说，这些因素也可以称为荷载。

在进行结构计算之前，首先要确定结构所受的荷载。荷载的确定是结构设计中极为重要的工作。如果将荷载估计得过大，则设计的结构会过于笨重，并造成浪费；反之，若将荷载估计过低，则设计的结构将不能保证安全。因此，荷载的确定在结构设计中是非常重要的工作。荷载规范总结了设计经验和科学研究的成果，供设计时应用。但在不少情况下，设计者需深入现场、结合实际情况调查研究，才能合理确定荷载。

荷载按其不同特征可分类如下。

1. 按荷载作用时间的久暂分类

（1）恒载 恒载是指永久作用于结构上的荷载，如结构的自重以及固定在结构上的永久性设备的重力等。

（2）活载 活载是指施工或使用期间临时作用于结构上的荷载，如列车荷载、吊车荷载、人群的重力、风载、雪载等。

对结构进行计算时，恒载和大部分活载（如雪载、风载）在结构上作用的位置可以认为是固定的，这种荷载称为固定荷载。有些活载如吊车梁上的吊车荷载、公路桥梁上的汽车荷载，在结构上的位置是移动的，这种荷载称为移动荷载。

2. 按荷载作用的性质分类

（1）静力荷载　静力荷载是指其大小、方向和作用位置不随时间变化或变化非常缓慢的荷载。在这样的荷载加载过程中，结构不引起明显的加速度，因此可以略去惯性力的影响，静力荷载又称为静荷载。

（2）动力荷载　动力荷载是指大小、方向可随时间迅速变化的荷载。这样的荷载在加载过程中将使结构产生显著的运动，因此需要考虑加速度和惯性力的影响。如机械运转时产生的荷载，地震时由于地面运动对结构的动力作用以及爆炸引起的冲击波等。动力荷载又称动荷载。

3. 按荷载的分布范围分类

（1）集中荷载　集中荷载是指其分布面积远小于结构尺寸的荷载，因此在分析、计算时可认为集中荷载是作用在结构的某一个点上，也称为集中力，其单位常用牛顿（N）表示。如图 1-33 所示火车车轮对车轴的压力，其作用范围远小于车轴的长度，可视为作用于车轴上的集中荷载。

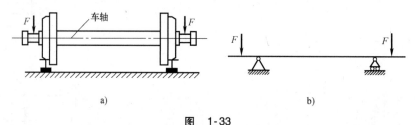

图　1-33

（2）分布荷载　分布荷载是指连续分布在结构上的荷载。一般用荷载集度 $q(x)$ 表示，单位为 N/m。$q(x)$ 是以梁轴为 x 坐标的关于 x 的函数，反映横向力沿 x 轴分布的规律。当分布荷载在结构上均匀分布时，称为均布荷载，$q(x) = q$（q 为常数）；分布不均匀时，称为非均布荷载，$q(x) = q$（q 为变量）。如等截面梁的自重可视为均布荷载，而水对水池侧壁的压力则视为非均布荷载。

4. 非荷外界因素

结构除了承受上述荷载作用外，还可能受到其他外界因素的影响，如温度改变、支座移动、材料收缩以及徐变、制造误差等，这些非荷外界因素有可能使结构产生变形或内力。

因此，在对结构进行分析、计算时，必须考虑这些因素对结构产生的影响。

本 章 小 结

通过本章学习应该明确结构力学的研究对象是杆件结构，研究内容为结构的几何组成规律、结构内力和变形的计算方法、结构在动力荷载作用下的反应和结构的稳定性等。

本章重点是结构的计算简图，简化的要点是对体系、杆件、结点和支座的合理简化。不同类型的支座具有不同的支座反力。

平面杆件结构和荷载的分类只需初步了解，在今后的学习中将逐步加深认识。

思 考 题

1. 何为结构？结构可分为哪几类？结构力学的研究对象是哪类结构？

2. 结构力学的基本任务是什么？

习　　题

1. 杆件结构从哪几个方面进行简化？为什么要将实际结构简化为计算简图？

2. 从受力和变形方面考虑，刚结点和铰结点各具有什么特点？

3. 平面杆件结构的支座常简化为哪几种形式？它们的构造、限制结构运动和受力的特征各是什么？

4. 常用的杆件结构有哪几种类型？

5. 平面杆件结构的荷载通常可简化为哪几种类型？

第2章 平面体系的几何构造分析

一个体系要能承受荷载，首先它的几何构造应当合理，能够使几何形状和位置保持不变。因此，在进行结构受力分析之前，先进行几何构造分析。

进行几何构造分析，一方面可根据组成几何不变体系的基本规律，判别体系是否为几何不变体系，从而决定其是否能作为结构使用；另一方面，根据几何组成规律，可区分体系为静定结构或超静定结构，从而对它们采用不同的计算方法。

本章分析过程中，所有杆件都不考虑变形，即假设为刚体，平面刚体称为刚片。

2.1 几何构造分析的基本概念

1. 几何不变体系和几何可变体系

在不考虑材料应变的条件下，体系的位置和形状在荷载作用下不发生改变者，称为几何不变体系，如图 2-1a 所示。

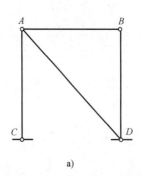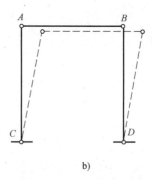

a)   b)

图　2-1

在不考虑材料应变的条件下，体系的位置和形状在极小荷载作用下可能发生改变者，称为几何可变体系，如图 2-1b 所示。

任何结构都必须是几何不变体系，而不能采用几何可变体系。几何构造分析的一个主要目的就是研究几何不变体系的组成规则，以保证所设计的结构具有几何不变性。

2. 自由度

描述体系运动时，确定其位置所需独立坐标的数目，称为体系自由度。例如，图 2-2 所示为平面内一点 A 的运动情况，可以通过两个独立的坐标 x 和 y 来确定，故一个点在平面内有两个自由度。

图 2-3 所示为平面内一个刚片 AB 的运动情况，通过三个独立的坐标 x、y、θ 可以确定其在任意时刻的位置，故一个刚片在平面内有三个自由度。

3. 约束

凡能减少体系自由度的装置，称为约束。若能减少一个自由度，称为一个约束。

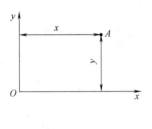

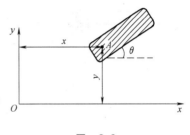

图　2-2　　　　　　　　　　　　　　　图　2-3

（1）单链杆　仅两处用铰结点与其他物体相连的杆件称为单链杆。单链杆可以是直杆也可以是曲杆。图 2-4 中，刚片 AB 在平面内有三个自由度，用单链杆与基础相连后，刚片将不能沿链杆方向移动，只需由 θ_1、θ_2 两个坐标就能确定刚片 AB 的位置，即两个自由度，自由度由 3 减为 2，因此一个单链杆相当于一个约束。

（2）单铰　连接两个刚片的铰称为单铰。在图 2-5 中，两刚片由一单铰连接在一起。未连接前，两个互相独立的刚片在平面内共有 6 个自由度，用单铰连接后，首先用三个坐标 x、y、θ_1 可确定第一个刚片的位置，然后由 θ_2 确定第二个刚片的位置，故只剩下 4 个自由度，由 6 减为 4，故一个单铰相当于 2 个约束。

（3）复铰　连接三个及三个以上刚片的铰称为复铰。如图 2-6 所示，三个刚片 AD、BD、CD 由复铰 D 相连，未加铰 D 之前，三个刚片在平面上有 9 个自由度，加铰后通过 x、y、θ_1、θ_2、θ_3 可确定三个刚片的位置，即 5 个自由度，减少了 4 个自由度，相当于 4 个约束。若一个复铰连接 n 个刚片，则相当于 2（n-1）个约束。

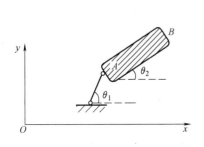

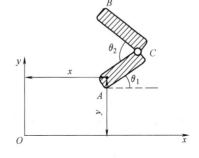

图　2-4　　　　　　　　　　　　　　　图　2-5

（4）单刚结点　连接两个刚片的刚结点称为单刚结点。如图 2-7 所示，刚片 AC 与 BC 由刚结点 C 连接在一起，未连接前两个独立的刚片在平面内有 6 个自由度，连接后成一整体，只剩下 3 个自由度，由 6 减为 3，故一个单刚结点相当于 3 个约束。

（5）复刚结点　连接三个及三个以上刚片的刚结点称为复刚结点。如图 2-8 所示，AD、BD、CD 三个刚片，未用复刚结点 D 相连前，有 9 个自由度，连接后成一整体，有 3 个自由度，减少 3×（3-1）= 6 个自由度，故连接 n 个刚片的复刚结点相当于 3（n-1）个约束。

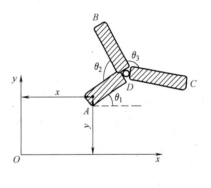

图　2-6

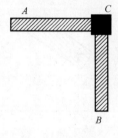

图 2-7

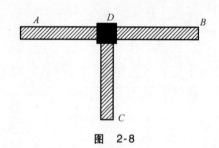

图 2-8

4. 多余约束、必要约束

能起到减少自由度作用的约束称为必要约束，不能起到减少自由度作用的约束称为多余约束。在图 2-9 中，无链杆 1、2、3 时，A 点有 2 个自由度，增加链杆 1、2 分别减少一个自由度，A 点的自由度减为零，若再增加链杆 3，并不再减少 A 点的自由度，故链杆 3 可看成多余约束。

5. 瞬铰

如图 2-10 所示，刚片 AC 由单链杆 AB，CD 与基础相连，在图示瞬时可绕链杆 1、2 的交点 O（瞬心）发生转动，因此在当前位置，链杆 1、2 相当于在 O 处的单铰作用，将 O 点称为瞬铰（虚铰）。当两根链杆平行，瞬铰在无穷远，如图 2-11 所示。

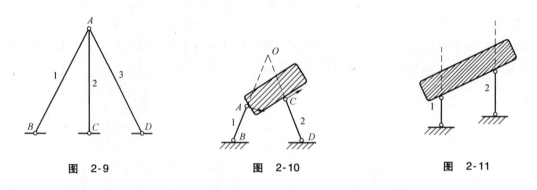

图 2-9   图 2-10   图 2-11

2.2 几何不变体系的简单组成规则

1. 三刚片规则

三刚片用三个不共线的铰两两相连，则构成一个无多余约束的几何不变体系，此为三刚片规则。如图 2-12 所示，刚片可以是一根杆件、地基或经分析为几何不变体系的部分；铰可以是实铰，也可以是虚铰。

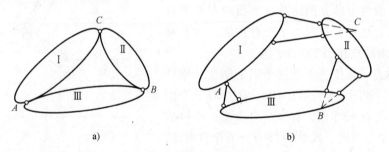

a)   b)

图 2-12

如果三个铰共线，则组成的体系为瞬变体系。如图 2-13 所示的体系，可看成是地基刚片、BA 刚片、CA 刚片三个刚片由共线的三铰 B、A、C 相连，虚线为 BA、CA 杆未相连时可以发生的杆端运动轨迹。加铰 A 后，若杆件可伸长，A 点发生竖向微量位移时，杆件的伸长量为二阶微量，在忽略二阶微量的情况下，A 点可认为在杆长不变的情况下可发生竖向微量位移。当 A 点偏离原位置后，三铰不共线，形成了几何不变体系。将这种在原位置上可以发生微小运动，运动后变为几何不变的体系称为瞬变体系。瞬变体系会在较小的作用力下产生较大的内力，不能作为结构。在任意位置都能运动的体系为常变体系，如图 2-14 所示。

图　2-13　　　　　　　　　　　　　图　2-14

2. 两刚片规则

图 2-15 中，两刚片用一个铰和一个不通过该铰的链杆相连，则组成无多余约束的几何不变体系，此为两刚片规则。由于两根链杆的作用相当于一个单铰，故两刚片规则也可以表示为，两刚片用不全平行也不交于一点的三根链杆相连，则组成无多余约束的几何不变体系，如图 2-16 所示。

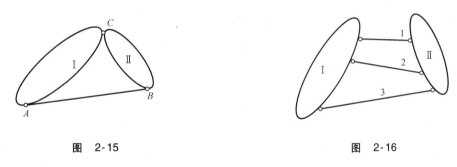

图　2-15　　　　　　　　　　　　　图　2-16

若铰与链杆共线或三根链杆交于一点，则为瞬变体系。在图 2-17 中，刚片 I 与地基刚片由共线的铰 A 与链杆 1 相连，为瞬变体系。图 2-18 中，刚片 I，II 由三根交于一点 O 的链杆1、2、3 相连，组成瞬变体系。

图　2-17　　　　　　　　　　　　　图　2-18

3. 二元体规则

二元体是用两个不共线的单链杆连接一个新结点的装置。在一个体系上加上或减去若干个二元体不影响原体系的几何组成性质，此为二元体规则。在原有体系上增加一个点，新增了两个自由度，同时又增加两个单链杆将新增自由度消除，故增加或减少二元体不会改变原体系的自由度和多余约束数，即不改变原体系的几何组成性质。

图 2-19 所示可看作在地基刚片上增加二元体 ABC 组成，自由度为零。图 2-20 所示可看成在图 2-19 所示的基础上增加二元体 BDC，自由度仍为零，均为无多余约束的几何不变体系。

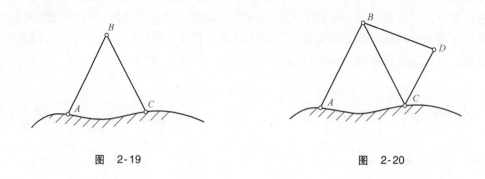

图　2-19　　　　　　　　　　　　　图　2-20

2.3　几何构造分析示例

1）当体系中有二元体时，可先将二元体去掉后再分析。

【例 2-1】　试对图 2-21a 所示体系进行几何组成分析。

【解】　将图 2-21a 所示体系中的二元体 CED 去掉，得到图 2-21b 所示体系，接着去除二元体 ACB、ADB，得到图 2-21c 所示体系，该体系可看作是在地基刚片上加两个二元体，为无多余约束的几何不变体系，故原体系也为无多余约束的几何不变体系。

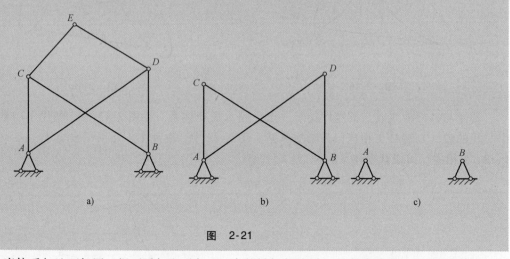

图　2-21

2）当体系与地面仅用三根不平行也不交于一点的链杆相连时，可去掉基础，只分析上部。

【例 2-2】　试分析图 2-22a 所示体系的几何组成。

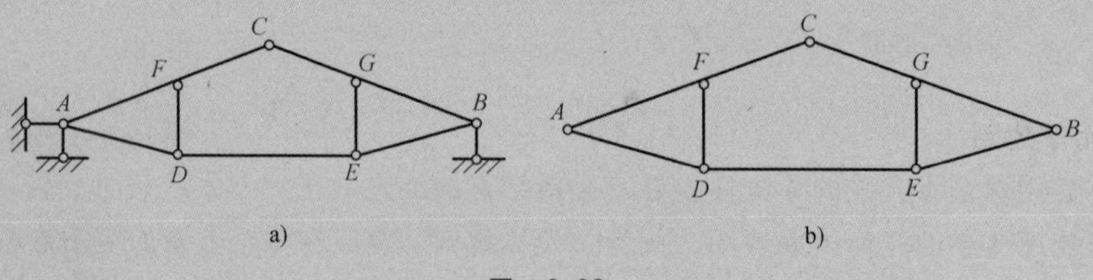

图　2-22

【解】　体系与基础由三根不平行也不交于一点的三根链杆相连，可去掉，只分析上部，得图 2-22b 所示体系，该体系可看成是刚片 CFAD 与刚片 CGBE 由不共线的铰 C 和链杆 DE 相连，为无多余约束的几何不变体系，故原体系也为无多余约束的几何不变体系。

3）从基础刚片或上部一个基本刚片开始，逐渐运用规则扩大刚片的范围，最终将体系归结为两刚片或三刚片相连，再用规则判定。

【例 2-3】　试分析图 2-23a 所示体系的几何组成。

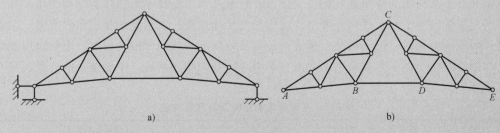

图　2-23

【解】　体系与基础由三根不平行也不交于一点的三根链杆相连，可去掉，只分析上部，得图 2-23b 所示体系。该体系中，ABC 部分是在一个铰接三角形（基本刚片）基础上增加若干个二元体组成的无多余约束的大刚片，同理 CDE 也为一大刚片。大刚片 ABC 与 CDE 由不共线的铰 C 与链杆 BD 相连，组成一个无多余约束的几何不变体系。

【例 2-4】　试分析图 2-24 所示体系的几何组成。

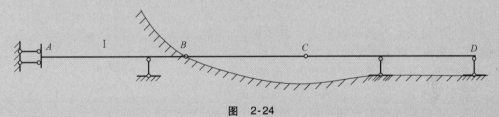

图　2-24

【解】　AB 杆可看作是由三根不交于一点，也不全平行的链杆与基础相连而形成的一个扩大刚片Ⅰ，扩大刚片Ⅰ与 CD 刚片再由三根不交于一点也不全平行的链杆组成无多余约束的几何不变体系。

4）只用两个铰与其他部分相连的杆件，从约束角度来看，不管杆件是什么形状，均可以用直杆代替。

【例 2-5】　试分析图 2-25 所示体系的几何组成。

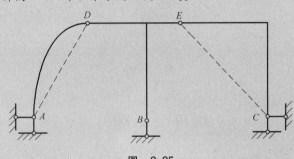

图　2-25

【解】　曲杆 AD、折杆 CE 相当于直杆 AD、CE 的约束作用，可用图示虚线链杆等效代替，该体系可看成地基与 BDE 两刚片由不交于一点的三根链杆 AD、CE、B 相连所组成的无多余约束的几何不变体系。

本 章 小 结

本章介绍了几何不变体系和几何可变体系。只有几何不变体系可以作为结构使用。几何不变体系的组成规则有三刚片规则、两刚片规则和二元体规则，实质是铰接三角形规则。在对体系进行几何组成分析时，可先简化后再分析，可从地基刚片或内部刚片出发，不断运用规则扩大刚片，最终将整个体系看成是由两个或三个刚片按规则相连而成。平面体系的分类及其几何特征见表 2-1。

表 2-1　平面体系的分类及其几何特征

体 系 分 类		几何组成特性
几何不变体系	无多余约束的几何不变体系	约束数目够，布置也合理
	有多余约束的几何不变体系	约束有多余，布置也合理
几何可变体系	几何瞬变体系	约束数目够，布置不合理
	几何常变体系	缺少必要约束

思 考 题

1. 几何常变体系、几何瞬变体系各有何特征，为什么不能作为结构？试举例说明。

2. 多余约束是从哪个角度来看才是多余的？

3. 几何不变体系的各简单组成规则可以归纳为一个基本规律，即铰接三角形规律，试分别用三个规则分析图 2-26 的几何组成。

4. 图 2-27 中 B-A-C 哪些属于二元体？

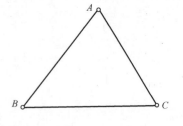

图　2-26

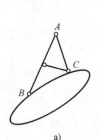

a)

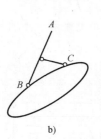

b)

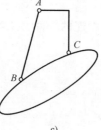

c)

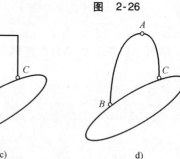

d)

图　2-27

习 题

试对图 2-28～图 2-45 所示的体系进行几何组成分析。

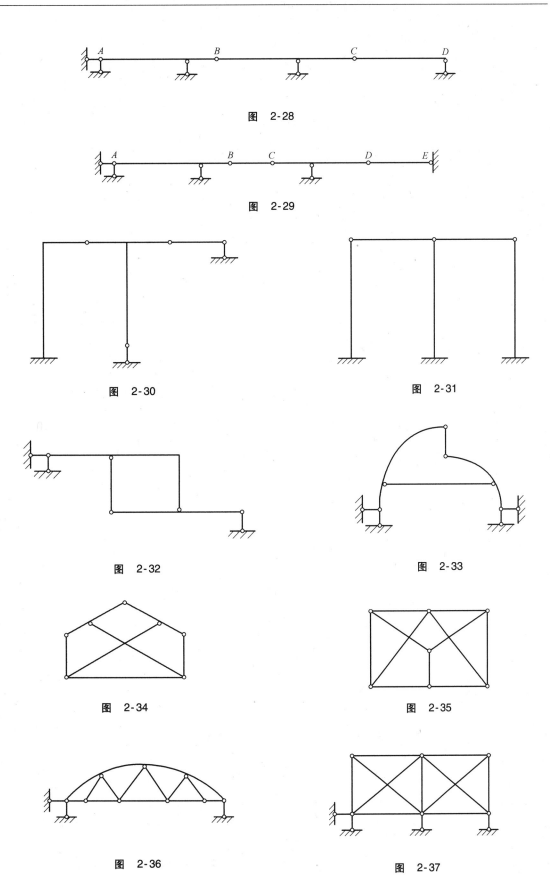

图　2-28

图　2-29

图　2-30

图　2-31

图　2-32

图　2-33

图　2-34

图　2-35

图　2-36

图　2-37

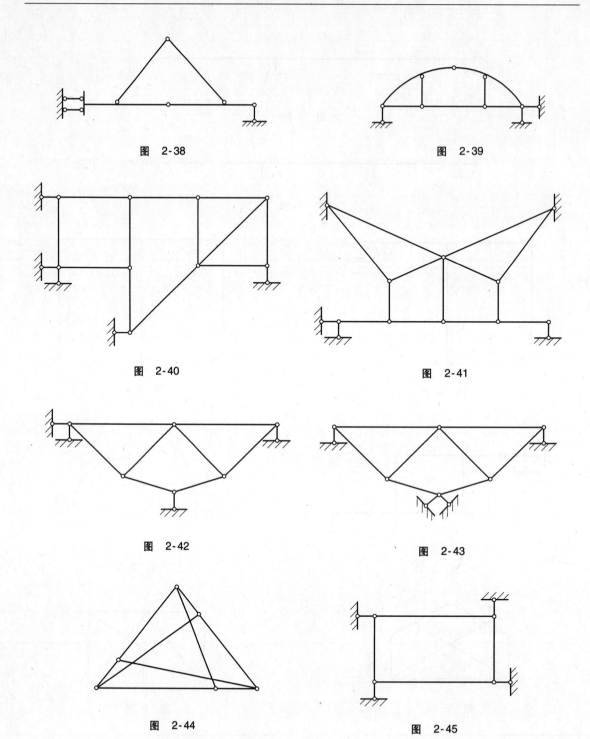

图　2-38

图　2-39

图　2-40

图　2-41

图　2-42

图　2-43

图　2-44

图　2-45

第3章 静定结构受力分析

静定结构在建筑过程中得到广泛的应用。静定结构的典型结构形式有梁、刚架、桁架、组合结构和三铰拱等。静定结构的内力分析是结构力学课程最基本的要求，也是超静定结构计算的基础。本章讨论静定结构的受力分析问题，其中包括支座反力和内力的计算、内力图的绘制、受力性能的分析等。

3.1 截面内力计算及内力图特征

3.1.1 截面内力计算

1. 截面内力及其正负号规定

平面杆件的任一截面上，一般有三个内力分量：轴力 F_N、剪力 F_Q 和弯矩 M。

梁的内力正负号规定为：轴力以拉力为正，压力为负；剪力以绕隔离体顺时针方向转动为正，反之为负；弯矩以使梁下部受拉为正，上部受拉为负。图 3-1 所示的截面内力均为正。

绘制弯矩图时，弯矩竖标画在杆件的受拉侧，不注明正负号；而轴力图和剪力图可画在杆件的任意一侧，但需注明正负号。

2. 截面内力计算

计算指定截面内力的基本方法是截面法，即将杆件在指定截面处切开，将结构分成两部分，取其中的任一部分为隔离体，利用隔离体的平衡条件确定该截面的三个内力分量。

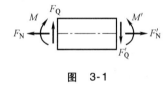

图 3-1

由截面法可以得出由外力求内力的直接算式：

1）轴力等于截面一侧的所有外力（包括荷载和支座反力）沿杆轴切线方向的投影代数和。

2）剪力等于截面一侧的所有外力沿杆轴法线方向的投影代数和。

3）弯矩等于截面一侧的所有外力对截面形心产生的力矩代数和。

3.1.2 内力图形状特征

表示结构上各截面内力数值的图形称为内力图。绘制内力图的基本方法是：先分段写出内力方程，即以 x 表示任意截面的位置，由截面法写出内力与 x 之间的函数关系式，然后根据方程作图。但也可不写内力方程，采用更简便的方法，即利用荷载与内力间的微分关系判断内力图形状，采用分段、定点、连线和区段叠加法作内力图。

1. 荷载与内力之间的关系

（1）微分关系　在荷载连续分布的直杆段内，取微段 $\mathrm{d}x$ 为隔离体，如图 3-2a 所示，x 轴以水平向右为正，y 轴以竖直向下为正。其中 p 和 q 分别为沿 x 和 y 方向荷载集度，由微段的平衡条件可导出微分关系如下：

$$
\begin{cases}
\dfrac{\mathrm{d}F_N}{\mathrm{d}x} = -p \\[2mm]
\dfrac{\mathrm{d}F_Q}{\mathrm{d}x} = -q \\[2mm]
\dfrac{\mathrm{d}M}{\mathrm{d}x} = F_Q
\end{cases}
\tag{3-1}
$$

上述微分关系的几何意义是：

1）轴力图在某点处的切线斜率等于该点的轴向荷载集度 p，但两者正负号相反。

2）剪力图在某点处的切线斜率等于该点的横向荷载集度 q，但两者正负号相反。

3）弯矩图在某点处的切线斜率等于该点的剪力 F_Q。

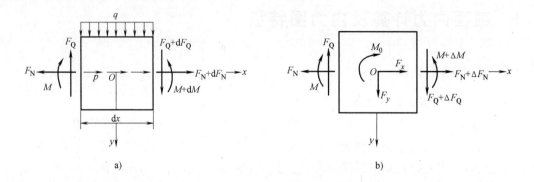

a)　　　　　　　　　　　　　　　b)

图　3-2

（2）增量关系　在集中荷载作用处，取微段 $\mathrm{d}x$ 为隔离体，如图 3-2b 所示。其中，水平集中力 F_x 向右为正，竖向集中力 F_y 向下为正，集中力偶 M_0 顺时针方向为正，由平衡条件可导出集中荷载与内力增量之间的关系如下：

$$
\begin{cases}
\Delta F_N = -F_x \\[1mm]
\Delta F_Q = -F_y \\[1mm]
\Delta M = M_0
\end{cases}
\tag{3-2}
$$

2. 内力图的形状特征

（1）连续分布荷载作用下　在荷载连续分布的直杆段，由微分关系式（3-1）可以得到内力图的形状特征：

1）在 $q=0$ 的区段，F_Q 图为水平线，M 图为斜直线。

2）在 q 为非零常数的区段，F_Q 图为斜直线，M 图为二次抛物线，抛物线的凸向即荷载 q 的指向。剪力等于零处，弯矩取得极值。

（2）集中荷载作用下　由增量关系式（3-2），可以得到集中荷载作用处内力图的形状特征：

1）在竖向集中力作用处，F_Q 图有突变，突变的值等于集中力的值。M 图连续，但发生转折，形成尖点，尖角的指向与集中力的指向相同。

2）在集中力偶作用处，F_Q 图无变化。M 图有突变，突变的值为该集中力偶的值。因为集中力偶作用处两侧的剪力值相等，所以集中力偶作用处两侧弯矩图的切线应互相平行。

上述荷载与内力图之间的对应关系可由表 3-1 直观地给出。

表 3-1　荷载与内力图之间的对应关系

	无荷载区段	均布荷载区段	集中力作用处	集中力偶作用处
F_Q 图	平行轴线	斜直线	发生突变	无变化
M 图	斜直线	抛物线	出现尖点 指向即 F_P 的指向	发生突变 两直线平行
备注	$F_Q=0$ 区段 M 图 平行于轴线	$F_Q=0$ 点 M 达 到极值	集中力作用截面 剪力无定义	集中力偶作用处 弯矩无定义

3）在铰接处一侧截面上，如果无集中力偶作用，则该截面弯矩为零；如果有集中力偶作用，则该截面弯矩就等于该集中力偶的值。对于自由端，有无集中力偶作用的弯矩值和铰结处弯矩值相同。

4）在自由端处，受集中荷载作用时，其剪力值等于集中荷载之值，而弯矩为零；如果无荷载作用，其剪力值和弯矩值均为零。

3.1.3　用叠加法绘制弯矩图

1. 简支梁上受集中力偶和均布荷载

图 3-3a 所示为一简支梁，它所承受的荷载有两部分：一是梁两端受有集中力偶（图 3-3b），二是梁上受有均布荷载（图 3-3c）。根据叠加原理，先分别作出两种荷载单独作用下的弯矩图。当单独作用集中力偶时，弯矩图为直线图形，如图 3-3b 所示；单独作用均布荷载时，弯矩图如图 3-3c 所示。然后，将这两个弯矩图相应的竖标叠加，便得到总的弯矩图，如图 3-3a。必须注意，弯矩图的叠加，是指竖标的叠加，而不是指图形的拼合。因此竖标应垂直于杆轴 AB 量取而不是垂直于图中的虚线 $A'B'$ 量取。

实际绘制弯矩图时，不必作出图 3-3b、c 而可直接作出图 3-3a。具体做法：先将杆件两端弯矩画出，并连以虚线，然后以该虚线为基线，叠加简支梁在均布荷载作用下的弯矩图，则最后的图线与最初的水平基线所包围的图形即为实际弯矩图。

上述绘制简支梁弯矩图的叠加方法同样适用于集中荷载情况，且可应用于结构中的任意直杆段。

2. 结构中任意直杆段受均布荷载

现以图 3-4a 中的一段直杆 AB 为例，讨论结构中任意直杆段的弯矩图叠加法。取出杆段 AB 为隔离体如图 3-4b 所示，隔离体上除作用荷载 q 外，在杆端还有弯矩 M_A、M_B，剪力 F_{QA}、F_{QB}。

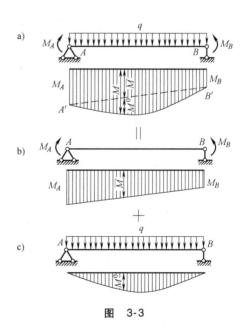

图　3-3

为了说明杆段 AB 弯矩图的特点，构造一个与杆段 AB 长度相等、承受相同荷载 q 和相同杆端力偶 M_A、M_B 的简支梁（图 3-4c）。应用平衡方程可得到两者杆端力的关系为：$F_{QA} = F_{RA}$、$F_{QB} = F_{RB}$，因此两者受力相同，弯矩图也完全相同。这样，绘制任意直杆段弯矩图的问题（图 3-4b）就归结为绘制其相应简支梁弯矩图的问题（图 3-4c），从而也可采用叠加法绘制弯矩图，如图 3-4d 所示。

具体做法是：先求出杆段两端截面的弯矩值 M_A、M_B，并连一条虚线 $A'B'$（即 $\overline{M}$），然后以此虚线为基线，再叠加上相应简支梁在跨间荷载 q 作用下的弯矩图（即 M^0）。最后的图线与轴线间所围成的图形即为实际弯矩图 M。

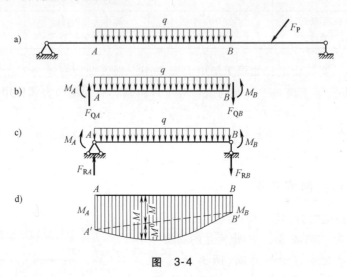

图　3-4

应用叠加法时应注意，弯矩图叠加，是指竖标的叠加，而不是图形的简单拼合。在图 3-4d 中的竖标 M^0，如同 $\overline{M}$、M 一样，是垂直于杆轴 AB，而不是垂直于图中的虚线 $A'B'$。简支梁在跨间荷载作用下的弯矩图如图 3-5 所示。

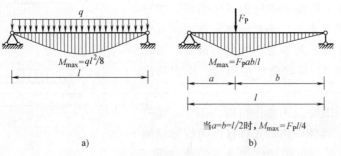

图　3-5

利用内力图的特性和弯矩图的区段叠加法，可将梁弯矩图的一般做法归纳如下：

1）求支座反力（悬臂梁可不求反力）。

2）选定外力的不连续点（如集中力、集中力偶作用点，分布力的起点和终点等）作为控制截面，将结构分成若干段。

3）由截面法求出各控制截面的弯矩值。

4）分段画弯矩图。对无荷载区段，由两端控制截面的弯矩值，绘制出直线弯矩图。对有荷载作用区段，用区段叠加法绘制弯矩图。

【例 3-1】　绘制图 3-6a 所示外伸梁的内力图。

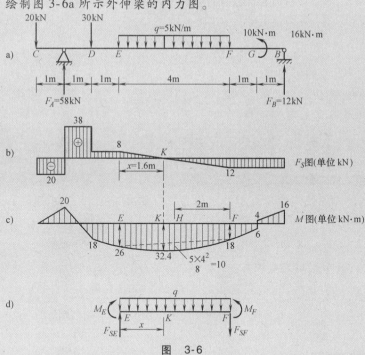

图　3-6

【解】　（1）求出支座反力　由整体平衡方程可得

$$\sum M_B = 0 \quad F_A \times 8m - 20kN \times 9m - 30kN \times 7m - 5kN/m \times 4m \times 4m - 10kN \cdot m + 16kN \cdot m = 0$$

$$F_A = 58kN(\uparrow)$$

$$\sum F_y = 0 \quad F_B + 58kN = 20kN + 30kN + 5kN/m \times 4m$$

$$F_B = 12kN \quad (\uparrow)$$

（2）绘制剪力图　对于单跨梁或多跨梁，求出支座反力以后，可直接根据表 3-1 中所述剪力图的四个特征绘制梁的剪力图。

CA、AD、DE、FG、GB 段无荷载作用，剪力图为水平线（集中力偶作用处剪力图无变化，FG、GB 段的剪力相同）。EF 段有均布荷载，剪力图为斜直线。绘制剪力图时，先从 C 点开始向下突变 20kN，平直线到 A 点；在集中力作用点 A，向上突变 58kN 后平直线到 D 点；从 D 点向下突变 30kN 后平直线到 E 点；EF 段剪力图为斜直线，荷载向下，剪力图向右下斜，两端截面剪力差值为分布荷载的合力 20kN；于是得到：$F_{QF} = 8kN - 20kN = -12kN$。从 F 点平直线到 B 点，从 B 点向上突变 12kN 正好回到基线，这表明所有外力满足竖向投影平衡，如图 3-6b 所示。

（3）绘制弯矩图　选 C、A、D、E 、F、G、B 处的截面为控制截面，由截面法求出各控制截面的弯矩值。

$$M_C = 0$$

$$M_A = -20kN \times 1m = -20kN \cdot m$$

$$M_D = -20kN \times 2m + 58kN \times 1m = 18kN \cdot m$$

$$M_E = -20kN \times 3m + 58kN \times 2m - 30kN \times 1m = 26kN \cdot m$$

$$M_F = 12kN \times 2m - 16kN \cdot m + 10kN \cdot m = 18kN \cdot m$$

$$M_{G^-} = 12\text{kN} \times 1\text{m} - 16\text{kN} \cdot \text{m} + 10\text{kN} \cdot \text{m} = 6\text{kN} \cdot \text{m}$$

$$M_{G^+} = 12\text{kN} \times 1\text{m} - 16\text{kN} \cdot \text{m} = -4\text{kN} \cdot \text{m}$$

$$M_{B^-} = -16\text{kN} \cdot \text{m}$$

将各控制截面的弯矩值按同一比例画在梁的受拉侧。因为 CA、AD、DE、FG、GB 段无荷载作用，弯矩图为直线。EF 段有均布荷载，弯矩图为二次抛物线，可用区段叠加法画出，此段梁中点 H 的弯矩值为

$$M_H = \frac{M_E + M_F}{2} + \frac{ql^2}{8} = \left(\frac{26+18}{2} + \frac{5 \times 4^2}{8}\right) \text{kN} \cdot \text{m} = 32\text{kN} \cdot \text{m}$$

最后得到弯矩图如图 3-6c 所示。

均布荷载区段内的最大弯矩并不一定发生在区段的中点处，而是发生在剪力为零的 K 截面。取 EF 段梁为隔离体（图 3-6d），由

$$F_{QK} = F_{QE} - qx = 8\text{kN} - 5\text{kN/m} \cdot x = 0$$

得 $x = 1.6\text{m}$，并求出最大弯矩为

$$M_{max} = M_K = 26\text{kN} \cdot \text{m} + 8\text{kN} \times 1.6\text{m} - \frac{5\text{kN/m} \times (1.6\text{m})^2}{2} = 32.4\text{kN} \cdot \text{m}$$

3.2 多跨静定梁

多跨静定梁是由若干根单跨静定梁用铰连接而成的静定结构，常用于工程桥梁和房屋建筑的檩条中，是工程实际中比较常见的结构。图 3-7a 所示为用于公路桥的多跨静定梁，其计算简图如图 3-7b 所示。

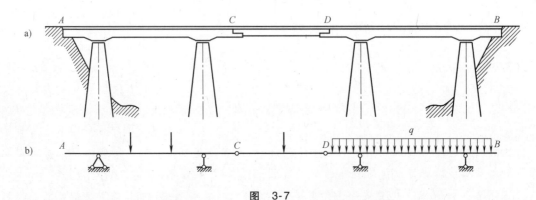

图 3-7

图 3-8a 所示为一多跨木檩条的构造。在檩条接头处采用斜搭接的形式，并用螺栓系紧，这种接头不能抵抗弯矩，故可看作铰结点，计算简图如图 3-8b 所示。

从几何组成上看，多跨静定梁的各部分可以分为基本部分和附属部分。

如图 3-8 所示梁中，AC 梁通过三根支座链杆直接与基础相连，它不依赖其他部分的存在而能独立地维持其几何不变性，故称 AC 梁为基本部分。而 CD 梁必须依靠基本部分（AC 梁）才能维持其几何不变性，故 CD 梁为 AC 梁的附属部分。同理，DG 梁为基本梁，虽然只有两根链杆和地基相连，但在其上均布荷载作用下能独立承受荷载，故也为基本部分。GH 梁为附属部分。为了更清晰的表示各部分之间的支承关系，可以把基本部分画在下层，而把附属部分画

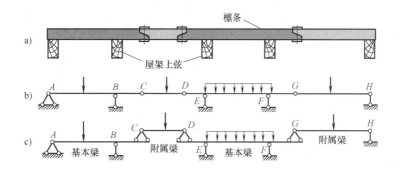

图　3-8

在上层，即按照附属部分支撑于基本部分之上来画，如图 3-8c 所示。这种表示力的传递路线的图形称为层次图。显然，基本部分可以不依赖于附属部分而能维持其几何不变性，而附属部分必须依赖基本部分才能维持其几何不变性。

从受力分析来看，当荷载作用于基本部分上时，只有基本部分受力，而附属部分不受力。当荷载作用于附属部分上时，则不仅附属部分受力，基本部分也受力。这是因为附属部分是支撑在基本部分上的，其反力通过铰接处传给基本部分。所以计算多跨静定梁时，应先计算附属部分，后计算基本部分，将附属部分的支座反力反向加于基本部分。这样，多跨静定梁就可以拆成若干单跨梁分别计算，最后将各单跨梁的内力图连在一起，就得到多跨静定梁的内力图。

【例 3-2】　绘制图 3-9a 所示多跨静定梁内力图。

【解】　1）分析几何组成。切断铰 D、B 即可看出 AB 部分是基本部分，BD 部分和 DF 部分是附属部分，其层次图如图 3-9b 所示。

2）先算附属部分 FD，求得其支座反力 F_E、F_D；将 D 点反力反向作用在梁 DB 上，求得其支座反力 F_C、F_B。将 B 点反力反向作用在梁 BA 上，求得其支座反力 F_A、M_A，如图 3-9c 所示。

3）按照绘制单跨梁弯矩图的方法，分别作出各段梁的弯矩图，将各段梁的弯矩图合并，得到全梁的弯矩图如图 3-9d 所示。

4）直接根据表 3-1 中所述剪力图的四个特征绘制多跨静定梁的剪力图，如图 3-9e 所示。先从 F 点开始向下突变 F_P，平直线到 E 点；向上突变 $1.5F_P$，平直线到 C 点；向下突变 $3F_P/4$，平直线到 A 点；向上突变 $F_P/4$，正好回到基线，这表明所有外力满足竖向投影平衡。

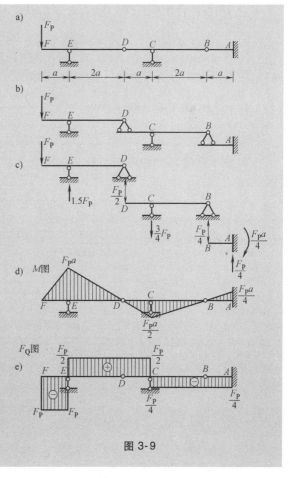

图 3-9

在设计多跨静定梁时，适当安放铰的位置，可以使弯矩分布均匀，弯矩峰值大为降低，从而节约材料。下面举例说明。

【例3-3】 多跨静定梁承受均布荷载 q，如图 3-10a 所示，各跨长度均为 l。要使梁上最大正、负弯矩绝对值相等，试确定铰 B、E 的位置。

【解】 1）以 x 表示铰 B 到支座 C 的距离和铰 E 到支座 D 的距离。先分析附属部分，后分析基本部分，如图 3-10b 所示。

$$M_C = -\frac{q(l-x)}{2}x - \frac{qx^2}{2} = -\frac{qlx}{2}$$

由区段叠加法及对称性绘出弯矩图，如图 3-10c 所示。

2）由图 3-10c 可知，全梁的最大负弯矩发生在 C、D 处截面上。

$$|M_C| = \left| -\frac{q(l-x)}{2}x - \frac{qx^2}{2} \right| = \frac{qlx}{2}$$

3）确定最大正弯矩的发生位置。

CD 段的最大正弯矩发生在其跨中 G 处的截面上，即 $M_G = \dfrac{ql^2}{8} - |M_C|$

AC 段中点的弯矩为 $M_H = \dfrac{ql^2}{8} - \dfrac{|M_C|}{2}$

很明显，$\qquad\qquad\qquad M_H > M_G$

由 AB 段的弯矩图可知，最大正弯矩不是 M_H，而是 AB 段中点处的 M_I，即 $M_I > M_H$。

$$M_I = \frac{q(l-x)^2}{8}$$

因此，全梁的最大正弯矩发生在 I 截面处。

4）令 $M_I = |M_C|$，即 $\qquad\qquad \dfrac{q(l-x)^2}{8} = \dfrac{qlx}{2}$

解得 $\qquad\qquad\qquad x = (3 - 2\sqrt{2})l = 0.172l$

即铰 B 到支座 C 的距离和铰 E 到支座 P 的距离都是 $0.172l$。

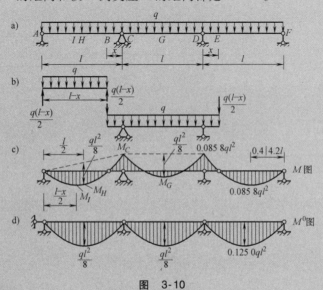

图 3-10

多跨静定梁设置了带伸臂的基本梁，不仅使中间支座处产生了负弯矩（它将降低跨中正弯矩），还减少了附属梁的跨度。因此多跨静定梁比相应的多跨简支梁弯矩分布均匀，节省材料，但其构造要复杂一些。

3.3　静定平面刚架

3.3.1　静定刚架的组成及其特点

刚架和桁架都是直杆组成的结构，二者的区别是：桁架中的结点全部都是铰结点，刚架中的结点全部或部分为刚结点。图 3-11a 所示体系为一几何可变的铰接体系，为了使它成为几何不变体系，可增设斜杆组成为桁架结构（图 3-11b），也可把原来的铰结点 D 和 E 改成刚结点组成刚架结构（图 3-11c）。由此可见，刚架中由于具有刚结点，因而不需要用斜杆也可组成几何不变体系，使结构内部具有较大的空间，便于使用。

与铰结点相比，刚结点具有不同的特点。从变形角度来看，刚结点处各杆端既不能发生相对移动，也不能发生相对转动，因而各杆件的夹角始终保持不变，如图 3-11c 所示。从受力角度来看，刚结点可以承受和传递弯矩，因而刚架的主要内力是弯矩。

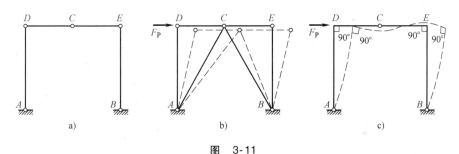

图　3-11

为了将刚架与简支梁加以比较，我们给出两者在均布荷载作用下的弯矩图和变形图，如图 3-12 所示。由此可见，刚架的梁、柱被刚结点刚性地连成一整体，不仅增强了结构的刚度，而且使其内力分布和变形分布都较为均匀，故比较节省材料。

静定平面刚架常见的形式有悬臂刚架（图 3-13a）、简支刚架（图 3-13b）、三铰刚架（图 3-13c）和组合刚架（图 3-13d）四种。图 3-13d 所示的组合刚架就是由简支刚架 ABCD 及简支刚架 DEF 组合而成的，其中 ABCD 部分是基本部分，DEF 部分是附属部分。

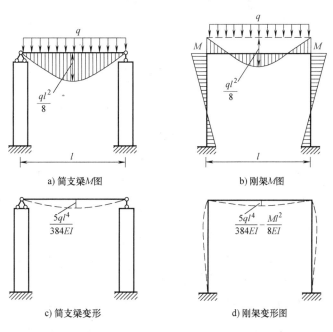

a) 简支梁 M 图　　b) 刚架 M 图

c) 简支梁变形　　d) 刚架变形图

图　3-12

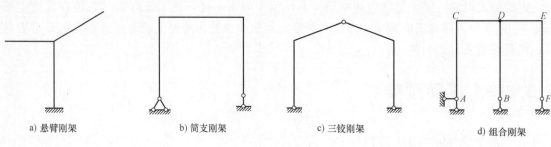

a) 悬臂刚架　　　　　　b) 简支刚架　　　　　　　c) 三铰刚架　　　　　d) 组合刚架

图 3-13

3.3.2 静定刚架的支座反力

通常由刚架的整体或局部的平衡条件求出各支座反力。

对于悬臂刚架和简支刚架，只有三个支座反力，可由刚架的三个整体平衡方程直接求出全部支座反力一般悬臂刚架在计算内力之前并不需要求出支座反力。

三铰刚架有四个支座反力，除了利用三个整体平衡方程外，还必须取半边刚架为隔离体，由其平衡条件建立补充方程，才能求出全部反力。

对于组合刚架，其支座反力的计算方法与多跨静定梁相同。即首先进行几何组成分析，将刚架分为基本部分和附属部分，然后求出附属部分的约束力，并将此约束力反向施加在支承它的基本部分上，再计算基本部分的支座反力。

【例 3-4】 计算图 3-14a 所示三铰刚架的支座反力。

【解】 1) 用两个整体平衡方程求 F_{yA} 和 F_{yB}。

$$\sum M_A = 0, \quad F_{yB} \times 2l - 2ql \times l - ql \times 0.5l = 0, 得 \quad F_{yB} = 5ql/4$$

$$\sum F_y = 0, \quad F_{yA} + F_{yB} - 2ql = 0, 得 \quad F_{yA} = 3ql/4$$

2) 取右半边为隔离体（图 3-14b），对 C 点列力矩平衡方程求 F_{xB}。

$$\sum M_C = 0, \quad F_{yB} \times l - F_{xB} \times l - ql \times 0.5l = 0, 得 \quad F_{xB} = 3ql/4$$

3) 由第三个整体平衡方程求 F_{xA}。

$$\sum F_x = 0, \quad F_{xA} - F_{xB} + ql = 0, \quad 得 \quad F_{xA} = -ql/4 \quad (\leftarrow)$$

4) 校核：由整体对 C 点的力矩平衡方程校核反力计算无误，即

$$\sum M_C = F_{xA} \times l - F_{yA} \times l + ql^2/2 - F_{xB} \times l + F_{yB} \times l = 0$$

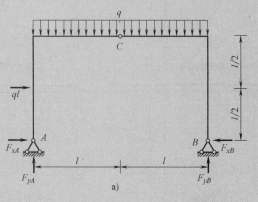

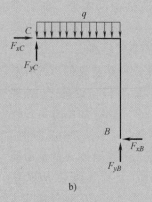

a)　　　　　　　　　　　　　b)

图 3-14

【例 3-5】　求图 3-15a 所示复合刚架的支座反力。

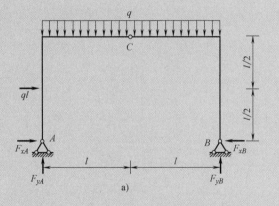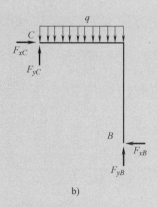

图　3-15

【解】　1）由几何组成分析可知，ABCD 为基本部分，CEF 为附属部分。

2）先考虑附属部分 CEF 的支座反力，如图 3-15c 所示：

由 $\sum M_C = 0$，$F_{yF} \times 4m - (30 \times 2)kN \cdot m - (6 \times 4 \times 2)kN \cdot m = 0$，得　$F_{yF} = 27kN$

由 $\sum F_x = 0$，$F_{xC} - 30kN = 0$，得　$F_{xC} = 30kN$

由 $\sum F_y = 0$，$F_{yC} + F_{yF} - (6 \times 4)kN = 0$，得　$F_{yC} = -3kN$（↓）

3）将求出的 F_{xC} 和 F_{yC} 反向施加于基本部分上，基本部分的受力图如图 3-15b 所示：

由 $\sum M_A = 0$，$F_{yD} \times 4m - F_{yC} \times 4m + F_{xC} \times 4m - (6 \times 4 \times 2)kN \cdot m - (30 \times 2)kN \cdot m = 0$

得 $F_{yD} = -6kN$　　（↓）

由 $\sum F_y = 0$，$F_{yA} + F_{yD} - F_{yC} - (6 \times 4)kN = 0$，得　$F_{yA} = 27kN$（↑）

由 $\sum F_x = 0$，$F_{xA} + 30kN - F_{xC} = 0$，得　$F_{xA} = 0$

4）校核：由整体对 D 点的力矩平衡方程校核反力，即

$$\sum M_C = F_{yA} \times 4m - F_{xA} \times 4m - 30 \times 2kN \cdot m + 30 \times 2kN \cdot m - F_{yF} \times 4m = 0$$

反力计算无误。

3.3.3　静定刚架的内力计算和内力图绘制

刚架的内力分析仍然要以单个杆件的内力分析为基础，内力图的基本作法是把刚架拆成单杆。其解题步骤通常如下：

1）由整体或局部的平衡条件求出支座反力或连接处的约束反力。

2）根据荷载情况，将刚架分成若干杆段，由平衡条件求出各杆端内力。

3）由杆端内力并运用叠加法逐杆绘制内力图，从而得到整个刚架的内力图。

在刚架中，弯矩不规定正负号，但弯矩图一律画在受拉一侧，图中不标正负号。剪力和轴力的正负号规定与梁相同。剪力图和轴力图可画在杆件的任意一侧，但必须标明正负号。

结点处有不同的杆端截面，为了清楚地表示各个杆端截面内力，在内力符号后引入两个脚标，第一个脚标表示该力的所属端，第二个表示该杆段的另一端。例如 M_{AB} 表示 AB 杆 A 端截面的弯矩，F_{QAC} 表示 AC 杆 A 端截面的剪力。

【例 3-6】 作图 3-16a 所示刚架的内力图。

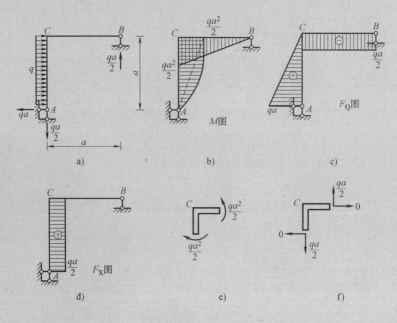

图 3-16

【解】 （1）求支座反力

$$\sum F_x = 0, \quad F_{xA} = qa \quad (\leftarrow)$$

$$\sum M_A = 0, \quad F_{yB} = qa/2 \, (\uparrow)$$

$$\sum F_y = 0, \quad F_{yA} = qa/2 \, (\downarrow)$$

（2）作 M 图 将刚架拆成 AC、BC 两根单杆。根据截面法，求各杆杆端弯矩如下：

$$AC \text{杆：} M_{AC} = 0, \quad M_{CA} = \frac{qa^2}{2} \quad (\text{右侧受拉})$$

$$BC \text{杆：} M_{BC} = 0, \quad M_{CB} = \frac{qa^2}{2} \quad (\text{下侧受拉})$$

然后分别作各杆弯矩图：

BC 杆上没有荷载作用，将杆端弯矩连成直线即为该杆弯矩图。

AC 杆上有均布荷载作用，用叠加法作该杆的弯矩图。即将杆端弯矩连成虚线后再叠加简支梁在均布荷载下的弯矩图。

M 图如图 3-16b 所示。值得指出，只有两杆汇交的刚结点上，如无外力偶作用，则两杆端弯矩必大小相等，同侧受拉。本例刚架的结点 C（图 3-16e）就属于这种情况。

（3）作 F_Q 图 根据截面法，求各杆杆端剪力如下：

$$AC \text{杆：} F_{QAC} = qa, \quad F_{QCA} = 0$$

$$BC \text{杆：} F_{QBC} = F_{QCB} = -\frac{qa}{2}$$

然后分别作各杆剪力图。BC 杆上没有荷载作用，剪力图为水平线。AC 杆上有均布荷载作用，剪力图为斜直线。F_Q 图如图 3-16c 所示。

（4）作 F_N 图　根据截面法，求各杆杆端轴力如下：

$$AC\ 杆：F_{NAC}=F_{NCA}=\frac{qa}{2}$$

$$BC\ 杆：F_{NBC}=F_{NCB}=0$$

由于各杆上都没有切向荷载，因此各杆轴力都是常数。
F_N 图如图 3-16d 所示。

（5）校核　全部内力图绘出以后，可截取刚架的任一部分进行校核。当所取隔离体的受力满足平衡方程时，说明内力计算无误。

结点 C 各杆杆端的弯矩满足力矩平衡条件，如图 3-16e 所示。

$$\sum M=\frac{qa^2}{2}-\frac{qa^2}{2}=0$$

结点 C 各杆杆端的剪力和轴力满足两个投影方程，如图 3-16f 所示。

$$\sum F_x=0$$

$$\sum F_y=\frac{qa}{2}-\frac{qa}{2}=0$$

计算剪力和轴力的另一种方法。上述绘制剪力图和轴力图时，杆端剪力和杆端轴力是根据截面一边的荷载和支座反力直接求出的。对于一些较复杂的情况（如带斜杆刚架、超静定刚架），不便于利用上述方法计算剪力和轴力时，可利用已知的弯矩图，取杆件为隔离体，建立力矩平衡方程求出杆端剪力，绘制剪力图；然后取结点为隔离体，建立投影平衡方程，由已知的杆端剪力求出杆端轴力，绘制轴力图。

例 3-6 的另一种解法：

（1）计算杆端剪力　已知图 3-16a 所示结构的弯矩图（图 3-16b），求 AC 杆的剪力，可取 AC 杆为隔离体，作用在隔离体上的外力和已知的杆端弯矩按实际方向标出，未知的杆端剪力按正方向标出，轴力忽略不画，如图 3-17a 所示，建立力矩平衡方程求杆端剪力如下：

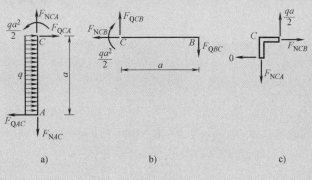

a)　　　　　　　　　　b)　　　　　　　　　　c)

图　3-17

$$\sum M_A=0 \quad F_{QCA}=\frac{1}{a}\left(\frac{qa^2}{2}-qa\times\frac{a}{2}\right)=0$$

$$\sum M_C=0 \quad F_{QAC}=\frac{1}{a}\left(\frac{qa^2}{2}+qa\times\frac{a}{2}\right)=qa$$

同理，取 BC 杆为隔离体（图 3-17b），可得

$$F_{QCB} = F_{QBC} = -\frac{qa}{2}$$

（2）计算杆端轴力　绘出刚架的剪力图后，利用各结点力的投影平衡方程即可求出各杆轴力。如取结点 C 为隔离体，如图 3-17c 所示，建立投影平衡方程求杆端轴力如下：

$$\sum F_x = 0 \quad F_{NCB} = 0$$

$$\sum F_y = 0 \quad F_{NCA} = \frac{qa}{2}$$

【例 3-7】　绘制图 3-18a 所示三铰刚架的内力图。

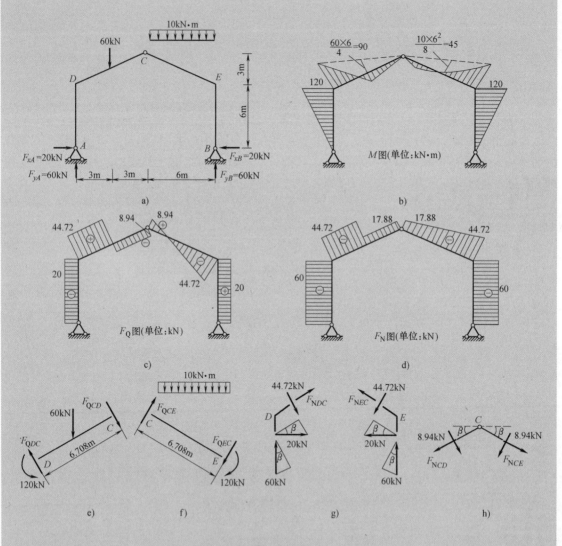

图　3-18

【解】　（1）求支座反力

由整体平衡条件　$\sum M_B = 0$，　得　$F_{yA} = \dfrac{10 \times 6 \times 3 + 60 \times 9}{12} \text{kN} = 60 \text{kN}$

由整体平衡条件　$\sum M_A = 0$,　得　$F_{yB} = \dfrac{10 \times 6 \times 9 + 60 \times 3}{12} \text{kN} = 60 \text{kN}$

取右半边为隔离体，对 C 点建立力矩平衡方程：

$$\sum M_C = F_{yB} \times 6\text{m} - F_{xB} \times 9\text{m} - (10 \times 6 \times 3) \text{kN} \cdot \text{m} = 0$$

得　　　　　　　　　　　　$F_{xB} = 20 \text{kN}$

再由整体平衡方程　　　　　$\sum F_x = F_{xA} - F_{xB} = 0$,

得　　　　　　　　　　　　$F_{xA} = 20 \text{kN}$

（2）求各杆端弯矩，绘制弯矩图

AD 杆　$M_{AD} = 0$　$M_{DA} = 20 \text{kN} \times 6\text{m} = 120 \text{kN} \cdot \text{m}$（外侧受拉）

CD 杆　$M_{CD} = 0$　$M_{DC} = M_{DA} = 120 \text{kN} \cdot \text{m}$（外侧受拉）

BE 杆　$M_{BE} = 0$　$M_{EB} = 20 \text{kN} \times 6\text{m} = 120 \text{kN} \cdot \text{m}$（外侧受拉）

绘制弯矩图：将各段杆的两杆端弯矩以适当的比例画在受拉侧，并连出一条直线或虚线，杆段上有荷载时，再叠加上相应的简支梁在跨间荷载作用下的弯矩图。绘出弯矩图如图 3-18b 所示。

（3）求杆端剪力，绘制剪力图　杆端剪力对不同的杆件用不同的方法来求。对于 DA 杆和 EB 杆，可由截面以下的外力直接求出杆端剪力：$F_{QDA} = F_{QAD} = -20 \text{kN}$，$F_{QEB} = F_{QBE} = 20 \text{kN}$。

对于 CD 杆和 CE 杆，可取 CD 杆和 CE 杆为隔离体，如图 3-18e、f 所示，通过建立力矩平衡方程求出杆端剪力：

$$F_{QDC} = \dfrac{120 + 60 \times 3}{6.708} \text{kN} = 44.72 \text{kN}$$

$$F_{QCD} = \dfrac{120 - 60 \times 3}{6.708} \text{kN} = -8.94 \text{kN}$$

$$F_{QEC} = -\dfrac{120 + 10 \times 6 \times 3}{6.708} \text{kN} = -44.72 \text{kN}$$

$$F_{QCE} = -\dfrac{120 - 10 \times 6 \times 3}{6.708} \text{kN} = 8.94 \text{kN}$$

绘出剪力图，如图 3-18c 所示。

（4）求杆端轴力，绘制轴力图　对于 DA 杆和 EB 杆可用截面以下的外力直接求出杆端轴力：$F_{NDA} = -60 \text{kN}$，$F_{NEB} = -60 \text{kN}$。

对于 CD 杆和 CE 杆，可取结点 D 和 E 为隔离体（如图 3-18g 所示），分别沿斜杆轴线列力的投影平衡方程，求出杆端轴力（$\cos\beta = 2/\sqrt{5}$,　$\sin\beta = 1/\sqrt{5}$）。

由　　　　　　$F_{NDC} + 20 \text{kN}\cos\beta + 60 \text{kN}\sin\beta = 0$

得　　　　　　　　　　$F_{NDC} = -44.72 \text{kN}$

由　　　　　　$F_{NEC} + 20 \text{kN}\cos\beta + 60 \text{kN}\sin\beta = 0$

得　　　　　　　　　　$F_{NEC} = -44.72 \text{kN}$

为了求出 F_{NCD}，F_{NCE}，可取结点 C 为隔离体，如图 3-18h 所示，建立平衡方程组：

$$\begin{cases} \sum F_x = F_{NCE}\cos\beta - 8.94\text{kN}\sin\beta + 8.94\text{kN}\sin\beta - F_{NCD}\cos\beta = 0 \\ \sum F_y = F_{NCD}\sin\beta + 8.94\text{kN}\cos\beta + 8.94\text{kN}\cos\beta + F_{NCE}\sin\beta = 0 \end{cases}$$

解得
$$\begin{cases} F_{NCD} = -17.88\text{kN} \\ F_{NCE} = -17.88\text{kN} \end{cases}$$

绘出轴力图，如图 3-18d 所示。

（5）校核　任取刚架中的一部分校核是否满足平衡条件。如取结点 D 为隔离体，如图 3-18g所示，沿与斜杆轴线垂直的方向列投影方程：

$$44.72\text{kN} + 20\text{kN}\sin\beta - 60\text{kN}\cos\beta = 44.72\text{kN} + 8.94\text{kN} - 53.66\text{kN} = 0$$

满足平衡条件。

3.3.4　不求或少求反力绘制弯矩图

根据结构特点和荷载特点，利用弯矩图与荷载、支承、连接之间的对应关系、杆件的平衡条件等可以不求或少求支座反力，迅速绘制出弯矩图。下面结合具体例子，说明快速绘制弯矩图的方法。

【例 3-8】　绘制图 3-19a 所示简支刚架的弯矩图。

【解】　（1）求支座反力　可以按简支刚架的反力计算方法求出简支刚架的三个支座反力。但考虑到反力 F_A 与 AC 杆轴重合，由截面法可知，F_A 不会对 AC 杆产生弯矩。同理，F_{By} 也不会对 BD 杆产生弯矩。因此，只需求出与 BD 杆垂直的外力，即水平反力 F_{Bx}，不需再求两个竖向的反力就可以绘制出刚架的弯矩图。

由整体平衡方程 $\sum F_x = 0$，得 $F_{Bx} = 5\text{kN}$（←）

（2）求控制截面的弯矩并绘制弯矩图

1）首先作两个竖杆 AC、BD 的弯矩图：

AC 杆　$M_{AC} = 0$，$M_{CA} = 5\text{kN} \times 4\text{m} = 20\text{kN} \cdot \text{m}$（左侧受拉）

BD 杆　$M_{BD} = 0$，$M_{DB} = 5\text{kN} \times 6\text{m} = 30\text{kN} \cdot \text{m}$（右侧受拉）

将控制截面的弯矩连成直线，即为 AC、BD 的弯矩图。

2）然后作 CD 杆的弯矩图：

由 C 结点的力矩平衡条件（图 3-19c）得 $M_{CD} = 20\text{kN} \cdot \text{m}$（上侧受拉）

由 D 结点的力矩平衡条件（图 3-19d）得 $M_{DC} = 30\text{kN} \cdot \text{m} + 10\text{kN} \cdot \text{m} = 40\text{kN} \cdot \text{m}$（上侧受拉）

CD 杆的弯矩图可用叠加法作出，即将 CD 杆两端弯矩连成虚线，再叠加上简支梁在跨间集中荷载作用下的弯矩。

绘出弯矩图如图 3-19b 所示。

（3）绘制剪力图和轴力图　根据已作出的弯矩图，利用微分关系或杆段的平衡条件可作出刚架的剪力图。

对于弯矩图为直线的区段，利用弯矩图的斜率来求剪力是方便的，例如 BD 段梁的剪力值为

$$F_{QBD} = \frac{30\text{kN} \cdot \text{m}}{6\text{m}} = 5\text{kN}$$

剪力的正负号可按如下方法判断：若弯矩图是从基线顺时针方向转的（以小于90°的转角），则剪力为正，反之为负。由此可知，F_{QBD} 应为正。同理，可求出其他各杆段的剪力。绘制剪力图，如图 3-19e 所示。

然后，根据剪力图，考虑各结点的投影平衡条件即可求出各杆端剪力。如取结点 D 为隔离体（图 3-19f）：

由 $\sum F_x = 0$　得　$F_{NDC} = -5kN$

由 $\sum F_y = 0$　得　$F_{NDB} = -28.3kN$

同理取结点 C 为隔离体，可得 $F_{NCD} = -5kN$，$F_{NCA} = -21.7kN$

绘制出刚架的轴力图，如图 3-19g 所示。

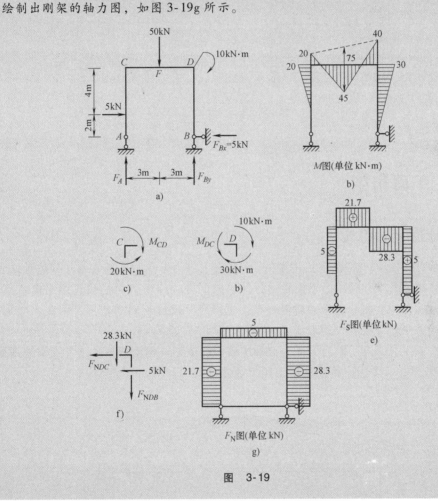

图　3-19

【例3-9】　绘制图 3-20a 所示刚架 M 图。

【解】　先按悬臂梁绘制三个悬臂杆的弯矩图，如图 3-20b 所示，$M_{BA} = M_{ED} = M_{GF} = ql^2$（左侧受拉）。由 B 结点力矩平衡得到 $M_{BC} = M_{BA} = ql^2$（上侧受拉）。

因为 EB 段上有均布荷载作用，并且 C 点剪力为零，故 EB 段弯矩图为一向下凸的抛物线，并且 C 点为抛物线的顶点，由此得到 $M_{EC} = M_{BC} = ql^2$，$M_C = ql^2 - q \, (2l)^2 / 8 = ql^2 / 2$（上侧受拉）。

由 E 结点力矩平衡得到 $M_{EG} = 2ql^2$（上侧受拉），在 $M_{EG} = 2ql^2$ 和 $M_{GE} = 0$ 间连一直线，得到 EG 段弯矩图。由 G 结点力矩平衡求得，$M_{GH} = ql^2$（上侧受拉）。

因为 HE 段上无横向力作用，剪力为常数，故 HG 段和 GE 段弯矩图互相平行，以 $M_{GH} = ql^2$ 绘制 HG 段弯矩图平行 GE 段弯矩图，由比例关系得到 $M_{HG} = ql^2$（下侧受拉）。

整个结构弯矩图如图 3-20b 所示。

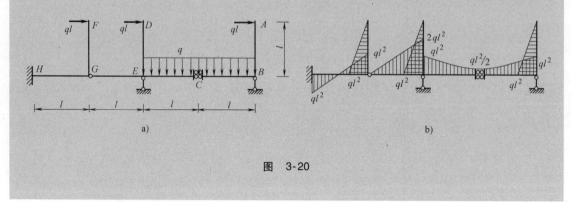

图　3-20

3.4　静定平面桁架

3.4.1　桁架的特点和组成

梁和刚架承受荷载后，主要产生弯曲内力，截面上应力分布是不均匀的，其边缘处应力最大，而中部的材料并未充分利用。桁架是由杆件组成的格构体系，当荷载只作用在结点上时，各杆内力主要为轴力，截面上的应力均匀分布，可以充分发挥材料的作用。因此，与梁相比，桁架的用料较省，并能跨越更大的跨度。

桁架在土木工程中的应用相当广泛，例如房屋中的屋架、钢桁架桥、施工支架等都是桁架结构的工程实例。图 3-21 为一钢筋混凝土屋架示意图。

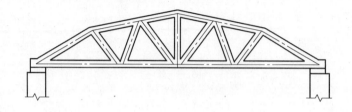

图　3-21

为了简化计算，又能反映桁架结构的主要受力特征，通常对实际桁架的计算简图采用如下假定：

1）桁架的结点都是光滑无摩擦的理想铰结点。

2）各杆的轴线都是直线，并在同一平面内且通过铰的中心。

3）荷载和支座反力都作用在结点上并在桁架平面内。

符合上述假定的桁架成为理想平面桁架。图 3-22a 是根据假定作出的图 3-21 所示屋架的计算简图。图中各杆均用轴线表示，结点的小圆圈代表铰。从桁架中任意取出一根杆件 AB（图 3-22b），杆 AB 只在两端受力，此二力必然大小相等，方向相反，并共同作用于杆轴线，故杆件只产生轴力。在理想桁架中，各杆均为两端铰接的直杆，在结点荷载作用下，各杆的内力只有轴力。

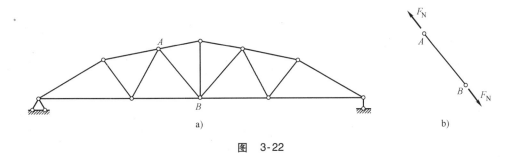

图　3-22

然而，实际工程的桁架与上述假定并不完全吻合。除了木桁架的榫接结点比较接近于铰结点外，钢桁架和钢筋混凝土桁架的结点都有很大的刚性。有些杆件在结点处是连续不断的；各杆的轴线不可能绝对平直，在结点处也不可能完全交于一点；桁架不可能只受结点荷载作用（如风荷载、杆件自重）等。这些情况都可能使杆件在产生轴力的同时还产生其他附加内力，如弯矩。

通常将按上述假定计算得到的桁架内力称为主内力。由于实际情况与上述假定不同而产生的附加内力称为次内力。理论分析和实验结果表明，一般情况下，次内力的影响是不大的，可忽略不计。本节只研究主内力的计算。

根据几何构造的特点，静定平面桁架可分为三类：

1）简单桁架。由基础或一个基本铰接三角形开始，依次增加二元体而组成的桁架，如图 3-23 所示。

2）联合桁架。由几个简单桁架按几何不变体系的基本组成规则而联合组成的桁架，如图 3-24 所示。

3）复杂桁架。凡不属于前两类的其他静定桁架，如图 3-25 所示。

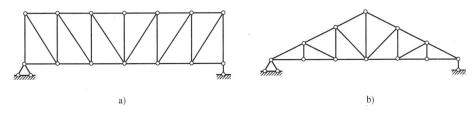

图　3-23

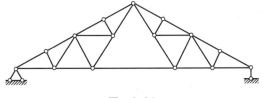

图　3-24

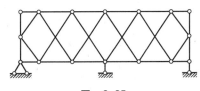

图　3-25

3.4.2 计算桁架内力的方法

为了计算桁架各杆的轴力，可以截取桁架中的一部分为隔离体，由隔离体的静力平衡条件求解杆件轴力。若截取的隔离体只包含一个结点，则称为结点法；若截取的隔离体包含两个以上的结点，则称为截面法。

桁架杆件的内力 F_N 以拉力为正。计算时通常假定杆件受拉，若所得结果为正，则为拉力，反之为压力。为方便计算，常需要把斜杆的内力 F_N 正交分解为水平分力 F_x 和竖向分力 F_y，如图 3-26 所示。设斜杆的长度为 l，其水平和竖向的投影长度分别为 l_x 和 l_y，则由相似三角形关系可知：

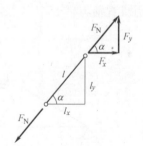

$$\frac{F_N}{l} = \frac{F_x}{l_x} = \frac{F_y}{l_y} \qquad (3-3)$$

这样，在 F_N、F_x 和 F_y 三者中，任知其一便可很方便地求出其余两个，而无需使用三角函数。

图 3-26

1. 结点法

所谓结点法，就是取桁架的某一结点为隔离体，利用该结点的静力平衡条件计算各杆的内力。因为作用于任一结点的各力（包括荷载、反力和杆件内力）组成一个平面汇交力系，故对每一结点可以列出两个平衡方程。在实际计算中，为了避免解算联立方程，应从未知量不超过两个的结点开始，依次推算。

结点法最适用于计算简单桁架。由于简单桁架是从基础或一个基本铰接三角形开始，依次增加二元体所组成的，其最后一个结点只包含两根杆件。对于这类桁架，在求出支座反力后，可按与几何组成相反的顺序，从最后的结点开始，依次倒算回去，求出所有杆件的内力。

【例 3-10】 用结点法计算图 3-27a 所示桁架中各杆的内力。

【解】 该桁架为简单桁架，可以看作是从铰接三角形 *GFH* 开始，依次增加二元体固定结点 *E*、*D*、*C*、*B*、*A* 而组成的。计算时可按照与几何组成相反的顺序，依次取结点 *A*、*B*、*C*、*D*、*E*、*F*、*G* 为研究对象，即可求出全部内力。

（1）求支座反力

由 $\sum M_B = 0$，

得
$$F_{yA} = \left[\frac{1}{8}(20 \times 8 + 30 \times 6 + 30 \times 4) \right] kN = 57.5 kN$$

由 $\sum M_A = 0$，

得
$$F_{yH} = \left[\frac{1}{8}(30 \times 4 + 30 \times 2) \right] kN = 22.5 kN$$

（2）结点 *A* 作结点 *A* 的隔离体图，如图 3-27b 所示，未知力 F_{NAC}、F_{NAB} 假设为拉力，并将斜杆轴力 F_{NAC} 用其分力 F_{xAC} 和 F_{yAC} 代替。

由 $\sum F_y = 0$， $F_{yAC} - 20 kN + 57.5 kN = 0$

得 $F_{yAC} = -37.5 kN$

利用比例关系式（3-3），得

$$F_{xAC} = (-37.5 kN) \times \frac{2}{1} = -75 kN$$

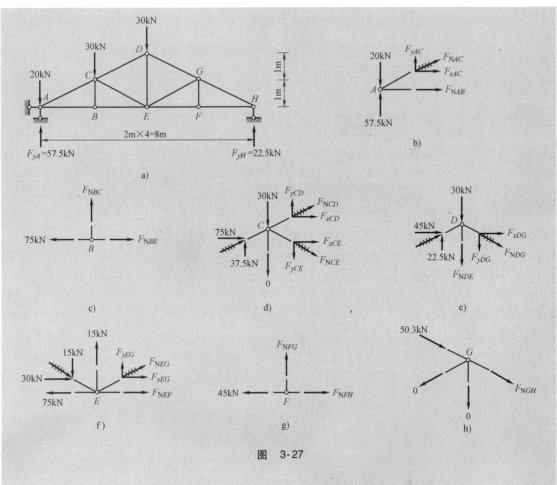

图　3-27

$$F_{NAC} = (-37.5kN) \times \frac{\sqrt{5}}{1} = -83.9kN(压力)$$

由 $\sum F_x = 0$,　　　　　　　　　　　　$F_{NAB} + F_{xAC} = 0$

得　　　　　　　　　　　　　　　　$F_{NAB} = 75kN(拉力)$

（3）结点 B　结点 B 的隔离体图,如图 3-27c 所示,其中已知力都按实际方向画出,未知力 F_{NBC}、F_{NBE} 都假设为拉力。

由 $\sum F_x = 0$,　　　　　　　　　　$F_{NBE} - 75kN = 0$

得　　　　　　　　　　　　　　　$F_{NBE} = 75kN(拉力)$

由 $\sum F_y = 0$, 得　　　　　　　　　　　　$F_{NBC} = 0$

（4）结点 C　作结点 C 的隔离体图,如图 3-27d 所示,斜杆轴力都用分力 F_x、F_y 代替。

由 $\sum F_x = 0$,　　　　　　　　$F_{xCD} + F_{xCE} + 75kN = 0$

由 $\sum F_y = 0$,　　　　　　$F_{yCD} + F_{yCE} - 30kN + 37.5kN = 0$

利用比例关系　　　　　　　$$\frac{F_{xCD}}{2} = \frac{F_{yCD}}{1} = \frac{F_{NCD}}{\sqrt{5}}$$

$$\frac{F_{xCE}}{2} = \frac{F_{yCE}}{1} = \frac{F_{NCE}}{\sqrt{5}}$$

得 $F_{xCD} = -45\text{kN}$，$F_{NCD} = -50.3\text{kN}$（压力），$F_{yCD} = -22.5\text{kN}$

$F_{xCE} = -30\text{kN}$，$F_{NCE} = -33.5\text{kN}$（压力），$F_{yCE} = -15\text{kN}$

（5）结点 D 结点 D 的隔离体图，如图 3-27e 所示。

由 $\sum F_x = 0$，$\qquad\qquad F_{xDG} + 45\text{kN} = 0$

得 $\qquad\qquad F_{xDG} = -45\text{kN}$

利用比例关系得 $\qquad F_{NDG} = (-45\text{kN}) \times \dfrac{\sqrt{5}}{2} = -50.3\text{kN}$（压力）

$$F_{yDG} = (-45\text{kN}) \times \frac{1}{2} = -22.5\text{kN}$$

由 $\sum F_y = 0$，$\qquad\qquad F_{NDE} + F_{yDG} + 30\text{kN} - 22.5\text{kN} = 0$

得 $\qquad\qquad F_{NDE} = 15\text{kN}$（拉力）

（6）结点 E 结点 E 的隔离体图，如图 3-27f 所示。

由 $\sum F_y = 0$，$\qquad\qquad F_{yEG} + 15\text{kN} - 15\text{kN} = 0$

得 $\qquad\qquad F_{yEG} = 0$

因而 $\qquad\qquad F_{xEG} = 0, F_{NEG} = 0$

由 $\sum F_x = 0$，$\qquad\qquad F_{NEF} + F_{xEG} - 75\text{kN} + 30\text{kN} = 0$

得 $\qquad\qquad F_{NEF} = 45\text{kN}$（拉力）

（7）结点 F 作结点 F 的隔离体图，如图 3-27g 所示。

由 $\sum F_x = 0$，$\qquad\qquad F_{NFH} - 45\text{kN} = 0$

得 $\qquad\qquad F_{NFH} = 45\text{kN}$（拉力）

由 $\sum F_y = 0$，得 $\qquad\qquad F_{NFG} = 0$

（8）结点 G 作结点 G 的隔离体图，如图 3-27h 所示。

$$F_{NGH} = -50.3\text{kN}$$

由于简单桁架可以按照不同的结点次序组成，所以用结点法求解内力时也可按照不同的次序选取结点。对上述例题，也可认为桁架是从铰接三角形 ABC 开始，依次用二杆连接结点 E、D、G、F、H 组成的。因而，按 H、F、G、D、E、C、B 的次序选取结点也可计算桁架的全部内力。

值得指出，在应用结点法时，利用某些结点平衡的特殊情况，常可以使计算简化，现列举几种特殊结点如下：

1）不共线的两杆结点上无荷载作用时（图 3-28a），则两杆的内力都为零。凡内力为零的杆件称为零杆。

2）三杆结点上无荷载作用时，若其中有两杆在一直线上（图 3-28b），则另一杆必为零杆，而共线的两杆内力相等，且性质相同。

3）四杆结点上无荷载作用且两两共线（图 3-28c），则共线的两杆内力相等、性质相同。

4）四杆结点上无荷载作用，其中两杆共线，另外两杆在直线的同侧且夹角相等（图 3-28d），则不共线的两杆内力大小相等、性质相反（一个为拉力，则另一个为压力）。

上述结论都可以根据各结点的平衡条件得出，读者可自行验证。

应用上述结论，容易看出图 3-29 中虚线所示的各杆均为零杆。

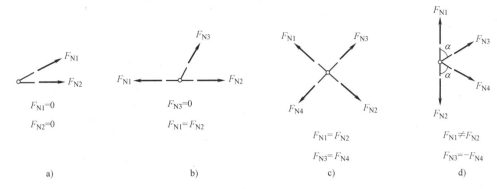

图　3-28

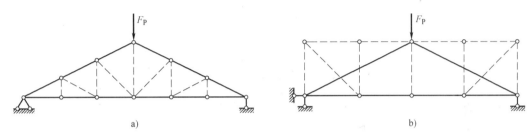

图　3-29

2. 截面法

截面法是用截面切断拟求内力的杆件，从桁架中取出一部分为隔离体（至少包括两个结点），根据平衡方程来计算所截杆件的内力。通常作用在隔离体上的各力属于平面一般力系，故可建立三个平衡方程。如果隔离体上的未知力只有三个，且它们既不相交于一点，也不完全平行，则用截面法就可以直接求出这三个未知力。为了避免联立求解，应选择适当的力矩方程或投影方程，以使每个方程只含一个未知力。

截面法适用于联合桁架的计算以及简单桁架中只求少数杆件内力的情况。

【例 3-11】　用截面法计算图 3-30a 所示桁架（与例 3-10 同）中 1、2、3 杆的轴力。

【解】　此桁架为简单桁架，对于这种只求少数杆件轴力的问题，采用截面法计算较为简便。

（1）求支座反力

$$F_{yA} = 57.5 \text{kN}$$

$$F_{yH} = 22.5 \text{kN}$$

作截面 Ⅰ—Ⅰ，切断 1、2、3 三杆，取右边部分为隔离体，如图 3-30b 所示（H 点处的支杆也被切断），三个未知力 F_{N1}、F_{N2}、F_{N3} 均假设为拉力，利用隔离体的平衡方程即可求出。求解时应注意，尽量使一个方程只包含一个未知量，避免解联立方程。

（2）求 F_{N1}　可取另两杆 2 杆和 3 杆的交点 C 为力矩中心，列力矩平衡方程来求 F_{N1}。

由 $\sum M_C = 0$，　　　$F_{N1} \times 1\text{m} + (30 \times 2)\text{kN} \cdot \text{m} - (22.5 \times 6)\text{kN} \cdot \text{m} = 0$

得　　　　　　　　　　　　$F_{N1} = 75 \text{kN}（\text{拉力}）$

（3）求 F_{N2}　可取 1 杆和 3 杆的交点 E 为力矩中心，列出力矩平衡方程。为了便于计算斜杆轴力 F_{N2} 的力矩，可先将 F_{N2} 在 D 点分解为 F_{x2} 和 F_{y2}。

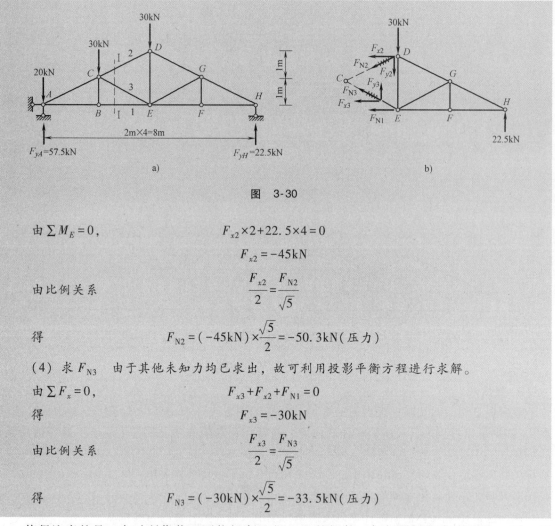

图 3-30

由 $\sum M_E = 0$, $\qquad\qquad F_{x2} \times 2 + 22.5 \times 4 = 0$

$$F_{x2} = -45\text{kN}$$

由比例关系 $$\frac{F_{x2}}{2} = \frac{F_{N2}}{\sqrt{5}}$$

得 $$F_{N2} = (-45\text{kN}) \times \frac{\sqrt{5}}{2} = -50.3\text{kN}(\text{压力})$$

（4）求 F_{N3} 由于其他未知力均已求出，故可利用投影平衡方程进行求解。

由 $\sum F_x = 0$, $\qquad\qquad F_{x3} + F_{x2} + F_{N1} = 0$

得 $$F_{x3} = -30\text{kN}$$

由比例关系 $$\frac{F_{x3}}{2} = \frac{F_{N3}}{\sqrt{5}}$$

得 $$F_{N3} = (-30\text{kN}) \times \frac{\sqrt{5}}{2} = -33.5\text{kN}(\text{压力})$$

值得注意的是，有时所作截面可能切断三根以上的杆件，但如果被切断各杆中，除一杆外，其余均交于一点或均平行，则该杆内力仍可由力矩方程或投影方程求出。

例如在图 3-31a 所示桁架中作截面 Ⅰ—Ⅰ，由 $\sum M_K = 0$ 可求得 F_{Na}，又如在图 3-31b 所示桁架中作截面 Ⅰ—Ⅰ，由 $\sum F_x = 0$ 可求得 F_{Nb}。

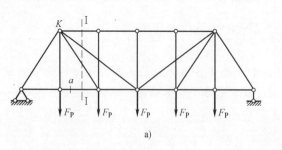
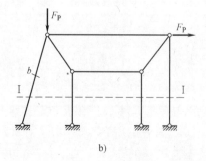

图 3-31

3. 结点法与截面法的联合应用

结点法和截面法是静定平面桁架内力计算的两种基本方法。在某些桁架计算中，若只需求解几根指定杆件的内力，而单独应用结点法或截面法又不能一次求出结果时，则联合应用结点法与截面法，常可获得较好的效果。下面举例说明。

【例 3-12】　试求图 3-32a 所示桁架中 1 杆和 2 杆的轴力。

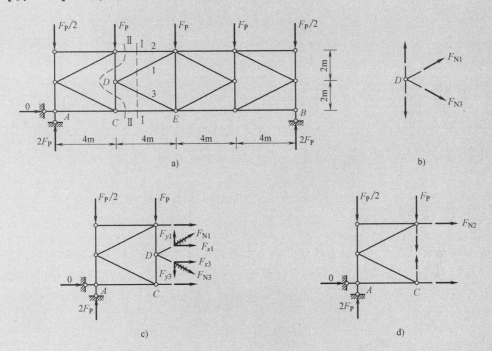

图　3-32

【解】　本例是简单桁架，当支座反力求得后，从两侧任一侧开始依次截取结点计算即可，但要多次截取结点。若仅用截面法截取任一截面，则超出所要求的未知量数，即要解联立方程。为了减少计算步骤，采取结点法和截面法联合应用。

计算 F_{N1} 时，可先利用结点法，由结点 D 的平衡建立 F_{y1} 和 F_{y3} 的第一个关系式，然后利用截面 Ⅰ—Ⅰ，考虑左部隔离体的平衡，得到 F_{y1} 和 F_{y3} 的第二个关系式，联立即可求解 F_{N1}。

（1）求支座反力

$$F_{yA} = F_{yB} = 2F_P$$

（2）求 1 杆和 2 杆的轴力　取结点 D 为隔离体，如图 3-32b 所示。

由图 3-38b 中结点的特性可知

$$F_{N1} = -F_{N3} \quad 或 \quad F_{y1} = -F_{y3}$$

作截面 Ⅰ—Ⅰ，取桁架的左半部分为隔离体，如图 3-32c 所示。

由 $\sum F_y = 0$，

$$F_{y1} - F_{y3} + 2F_P - \frac{F_P}{2} - F_P = 0$$

即

$$2F_{y1} + \frac{F_P}{2} = 0$$

得

$$F_{y1} = -\frac{F_P}{4}$$

由比例关系

$$\frac{F_{N1}}{\sqrt{5}} = \frac{F_{y1}}{1}$$

得

$$F_{N1} = \frac{\sqrt{5}}{1} \times \left(-\frac{F_P}{4}\right) = -\frac{\sqrt{5}}{4} F_P (压力)$$

作截面 Ⅱ—Ⅱ，取桁架的左半部分为隔离体，如图 3-32d 所示。由于除了 2 杆外，其余三杆都通过 C 点，故可用力矩方程 $\sum M_C = 0$ 求得 2 杆内力。

由 $\sum M_C = 0$，

$$F_{N2} \times 4 + 2F_P \times 4 - \frac{F_P}{2} \times 4 = 0$$

得

$$F_{N2} = -\frac{3}{2} F_P (压力)$$

3.5 组合结构

组合结构是指由链杆（两铰直杆且杆身上无荷载作用）和梁式杆组成的结构，其中链杆只受轴力作用，梁式杆除受轴力作用外，还受弯矩和剪力作用。组合结构常用于房屋建筑中的屋架、吊车梁以及桥梁的承重结构。图 3-33a 所示的下撑式五角形屋架是较为常见的组合结构，其计算简图如图 3-33b 所示。

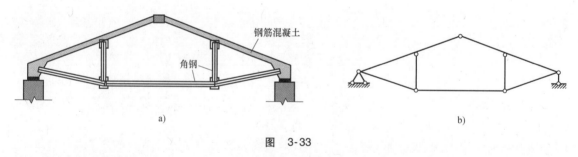

图 3-33

图 3-34 所示为静定拱式组合结构，它是由若干根链杆组成的链杆拱与加劲梁用竖向链杆连接而组成的几何不变体系。当跨度较大时，加劲梁也可以换为加劲桁架。

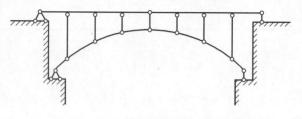

图 3-34

由于梁式杆的截面有三个内力，为了使隔离体上的未知力不致过多，应尽量避免截断梁式杆。因此，计算组合结构时，一般是先求出各链杆的轴力，然后再计算梁式杆的内力并作出其 M、F_Q、F_N 图。

在计算时，必须特别注意区分链杆和梁式杆。截断链杆，截面上只有轴力；截断梁式杆，截面上一般作用有三个内力，即弯矩、剪力和轴力。如图 3-35a 中，截取 F 结点为隔离体时（图 3-35b），由于杆 FA 和 FC 是梁式杆，两端各存在三个内力，故 FD 杆并非零杆。当取截面

Ⅰ—Ⅰ左部分为隔离体时（图 3-35c），链杆 DE 中只有轴力，而梁式杆 FC 中除了轴力作用外，还作用有弯矩和剪力。

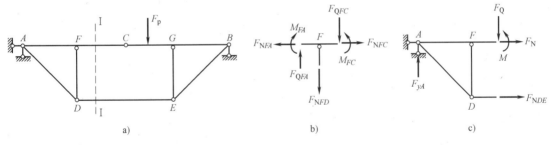

图　3-35

【例 3-13】　计算图 3-36a 所示静定组合结构，并作内力图。

【解】　（1）求支座反力

$$F_{yA} = F_{yB} = 40\text{kN}$$

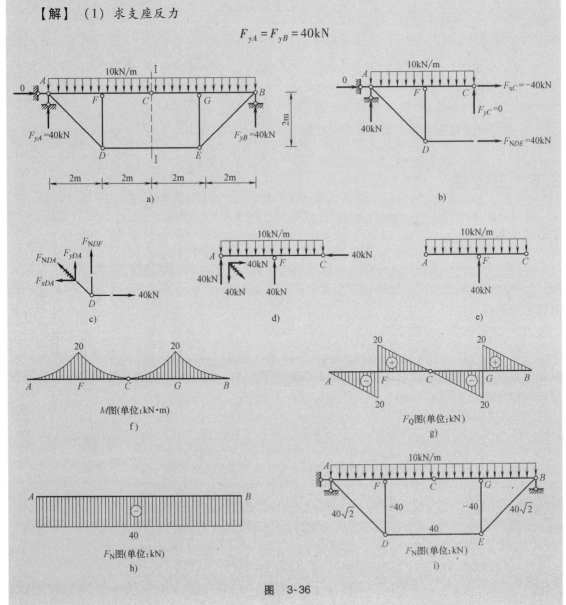

图　3-36

（2）计算链杆的内力 作截面 I—I，截断铰 C 和链杆 DE，取左半部分为隔离体，如图 3-36b 所示。

由 $\sum M_C = 0$， $F_{NDE} \times 2m + (10 \times 4 \times 2)kN \cdot m - (40 \times 4)kN \cdot m = 0$

得 $F_{NDE} = 40kN（拉力）$

取结点 D 为隔离体，如图 3-36c 所示。

由 $\sum F_x = 0$，得 $F_{xDA} = 40kN$

根据比例关系 $\dfrac{F_{NDA}}{\sqrt{2}} = \dfrac{F_{xDA}}{1} = \dfrac{F_{yDA}}{1}$

知 $F_{NDA} = \dfrac{\sqrt{2}}{1} \times 40kN = 40\sqrt{2} kN（拉力）$

  $F_{yDA} = \dfrac{1}{1} \times 40kN = 40kN$

由 $\sum F_y = 0$，得 $F_{NDF} = -F_{yDA} = -40kN（压力）$

（3）计算梁式杆的内力 杆 AFC 的受力情况如图 3-36d 所示。在结点 A 处，除有支座反力外，还有链杆 AD 的轴力，将此轴力分解为水平分力和竖向分力。将结点 A 处的竖向力合并后，受力图如图 3-36e 所示。求得内力图如图 3-36f、g、h 所示。

各链杆轴力的计算结果如图 3-36i 所示。

3.6 三铰拱

3.6.1 概述

三铰拱是一种静定的拱式结构，在桥梁和屋盖中都得到应用。拱结构的特点是：杆轴为曲线，且在竖向荷载作用下，支座将产生水平反力（或称推力）。水平推力的存在与否是区别拱和梁的重要标志。

图 3-37 所示为三铰拱的两种形式。图 3-37a 所示为无拉杆的三铰拱，A、B 两点是铰支座，在竖向荷载作用下有水平反力。图 3-37b 所示为有拉杆的三铰拱，B 点改为滚轴支座，同时加上拉杆 AB，在竖向荷载作用下支座不产生水平反力。对于有拉杆的三铰拱，推力就是拉杆内的拉力。

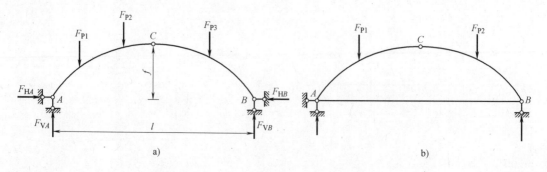

图 3-37

3.6.2　三铰拱的支座反力和内力

下面以竖向荷载作用下的平拱（两底铰在同一水平线上）为例，讨论三铰拱的反力和内力的计算方法，并将拱与梁加以比较，以说明拱的受力特性。

1. 支座反力计算

图 3-38a 所示三铰拱，支座反力共有四个。求反力时，除了取整体为隔离体可建立三个平衡方程外，还需取左（或右）半拱为隔离体，以中间铰 C 为矩心，根据平衡条件 $\sum M_C = 0$ 建立一个方程，从而求出所有的反力。

为了便于比较，在 3-38b 中画出了与该三铰拱具有相同跨度、相同荷载的简支梁。

首先，考虑整体平衡。由 $\sum M_B = 0$ 和 $\sum M_A = 0$ 可求出两支座的竖向反力为

$$F_{VA} = \frac{1}{l}(F_{P1}b_1 + F_{P2}b_2) \tag{3-4}$$

$$F_{VB} = \frac{1}{l}(F_{P1}a_1 + F_{P2}a_2) \tag{3-5}$$

由 $\sum F_x = 0$，可知 $\qquad\qquad F_{HA} = F_{HB} = F_H$

式中，F_H 表示三铰拱在竖向荷载作用下的水平推力。

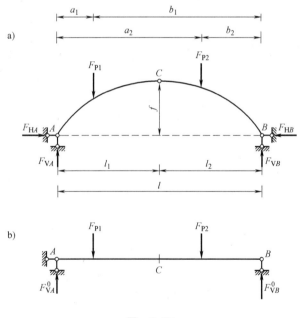

图　3-38

然后，取左半拱为隔离体，由 $\sum M_C = 0$，得

$$F_{VA}l_1 - F_{P1}(l_1 - a_1) - F_H f = 0$$

则
$$F_H = \frac{F_{VA}l_1 - F_{P1}(l_1 - a_1)}{f} \tag{3-6}$$

观察式（3-4）和式（3-5）的右边项，可知其恰好等于相应简支梁的竖向支座反力 F_{VA}^0 和 F_{VB}^0，注意到式（3-6）的分子恰等于简支梁相应截面 C 的弯矩 M_C^0，则可将以上各式写为

$$\left.\begin{array}{c} F_{VA} = F_{VA}^0 \\ F_{VB} = F_{VB}^0 \\ F_H = \dfrac{M_C^0}{f} \end{array}\right\} \tag{3-7}$$

由式（3-7）可知，三铰拱的竖向反力与相应简支梁相同，水平推力 F_H 等于相应简支梁截面 C 的弯矩 M_C^0 除以拱高 f。三铰拱的反力只与荷载及三个铰的位置有关，而与各铰间的拱轴线形状无关。当荷载及跨度 l 不变时，推力 F_H 与拱高 f 成反比，拱越低推力越大。若 $f=0$，则 $F_H = \infty$，此时三铰在一条直线上，属于瞬变体系。

2. 内力计算

支座反力求出后，用截面法即可求得拱上任一横截面的内力。注意到拱轴为曲线，任一截面 K 的位置取决于其形心坐标 x、y，以及该处拱轴切线的倾角 φ。

（1）求弯矩   在拱中，通常规定弯矩以使拱内侧受拉为正，反之为负。如图 3-39a 所示，取 AK 段为隔离体（图 3-39b）。

由 $\sum M_K = 0$，得 $M = \left[F_{VA}x - F_{P1}(x-a_1) \right] - F_H y$

由于 $F_{VA} = F_{VA}^0$，且相应简支梁（图 3-39c）K 截面处的弯矩 $M^0 = F_{VA}^0 x - F_{P1}(x-a_1)$，故上式可写为

$$M = M^0 - F_H y$$

即拱内任一截面的弯矩 M 等于相应简支梁对应截面的弯矩 M^0 减去推力所引起的弯矩 $F_H y$。可见，由于水平推力的存在，拱的弯矩比相应简支梁的弯矩要小。

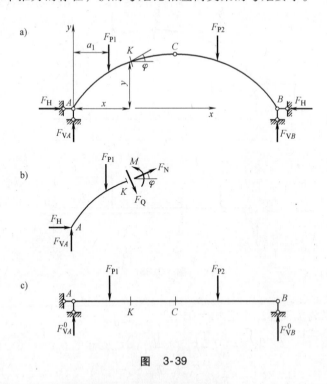

图 3-39

（2）求剪力   剪力是以绕隔离体顺时针方向转动为正，反之为负。取 AK 段为隔离体，如图 3-39b 所示，将所有力沿 F_Q 方向投影，由平衡条件知

$$F_Q = F_{VA}\cos\varphi - F_{P1}\cos\varphi - F_H\sin\varphi$$

$$= (F_{VA} - F_{P1})\cos\varphi - F_H\sin\varphi$$

$$= F_Q^0\cos\varphi - F_H\sin\varphi$$

式中，F_Q^0 为相应简支梁 K 截面处的剪力，$F_Q^0 = F_{VA} - F_{P1}$；在图 3-39a 坐标系中，左半拱 φ 取正，右半拱 φ 取负。

（3）求轴力 轴力以拉力为正，反之为负。取 AK 段为隔离体，如图 3-39b 所示，将所有力沿 F_N 方向投影，由平衡条件知

$$F_N = -(F_{VA} - F_{P1})\sin\varphi - F_H\cos\varphi$$

$$= -F_Q^0\sin\varphi - F_H\cos\varphi$$

综上所述，三铰平拱在竖向荷载作用下的内力计算公式为

$$\left.\begin{array}{l} M = M^0 - F_H y \\ F_Q = F_Q^0\cos\varphi - F_H\sin\varphi \\ F_N = -F_Q^0\sin\varphi - F_H\cos\varphi \end{array}\right\} \tag{3-8}$$

由式（3-8）可知，三铰拱的内力不但与荷载及三铰的位置有关，而且与各铰间拱轴线的形状有关。

【例 3-14】 试作图 3-40a 所示三铰拱的内力图。拱轴线为抛物线：$y = \dfrac{4f}{l^2}x\,(l-x)$。

【解】 （1）求支座反力 由式（3-7）可得

$$F_{VA} = F_{VA}^0 = \frac{4\times4 + 1\times8\times12}{16}\,\mathrm{kN} = 7\,\mathrm{kN}$$

$$F_{VB} = F_{VB}^0 = \frac{1\times8\times4 + 4\times12}{16}\,\mathrm{kN} = 5\,\mathrm{kN}$$

$$F_H = \frac{M_C^0}{f} = \frac{5\times8 - 4\times4}{4}\,\mathrm{kN} = 6\,\mathrm{kN}$$

（2）指定截面的内力计算 反力求出后，即可按式（3-8）计算各截面的内力。为了绘制内力图，可将拱轴沿水平方向分为八等份，计算每个截面的弯矩、剪力和轴力的数值。现以 $x = 12\mathrm{m}$ 的截面 D 为例说明计算步骤。

1）截面 D 的几何参数计算。将 $x = 12\mathrm{m}$，$l = 16\mathrm{m}$ 及 $f = 4\mathrm{m}$ 代入拱轴方程得

$$y = \frac{4f}{l^2}x(l-x) = \frac{4\times4}{16^2}\times12\times(16-12)\,\mathrm{m} = 3\mathrm{m}$$

$$\tan\varphi = \frac{\mathrm{d}y}{\mathrm{d}x} = \frac{4f}{l^2}(l-2x) = \frac{4\times4}{16^2}\times(16-2\times12)\,\mathrm{m} = -0.5$$

由此可得 $\varphi = -26°34'$，$\sin\varphi = -0.447$，$\cos\varphi = 0.894$

2）截面 D 的内力计算。由式（3-8）可知

$$M = M^0 - F_H y = (5\times4 - 6\times3)\,\mathrm{kN\cdot m} = 2\mathrm{kN\cdot m}$$

在集中荷载作用处，F_Q^0 发生突变，因此 F_Q 和 F_N 都要发生突变，需算出左、右两边的剪力 F_{QL}、F_{QR} 和轴力 F_{NL}、F_{NR}。

$$\begin{cases} F_{QL} = F_{QL}^0\cos\varphi - F_H\sin\varphi = [-1\times0.894 - 6\times(-0.447)]\,\mathrm{kN} = 1.79\mathrm{kN} \\ F_{NL} = -F_{QL}^0\sin\varphi - F_H\cos\varphi = [-(-1)\times(-0.447) - 6\times0.894]\,\mathrm{kN} = -5.81\mathrm{kN} \end{cases}$$

$$\begin{cases} F_{QR}=F_{QR}^0\cos\varphi-F_H\sin\varphi=[-5\times0.894-6\times(-0.447)]kN=-1.79kN \\ F_{NR}=-F_{QR}^0\sin\varphi-F_H\cos\varphi=[-(-5)\times(-0.447)-6\times0.894]kN=-7.6kN \end{cases}$$

其他各截面的计算与上相同，可列表进行，详见表 3-2。根据表中算得的结果绘出 M 图、F_Q 图、F_N 图，如图 3-40b、c、d 所示。

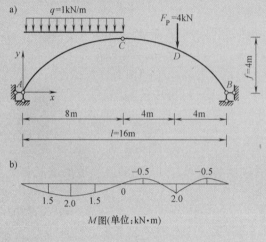

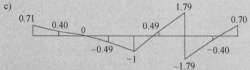

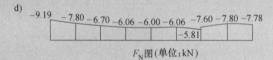

图　3-40

表 3-2　三铰拱内力计算

截面几何参数						F_Q^0 /kN	弯矩计算/kN·m			剪力计算/kN			轴力计算/kN		
x	y	$\tan\varphi$	φ	$\sin\varphi$	$\cos\varphi$		M^0	$-F_Hy$	M	$F_Q^0\cos\varphi$	$-F_H\sin\varphi$	F_Q	$-F_Q^0\sin\varphi$	$-F_H\cos\varphi$	F_N
0	0	1	45°	0.707	0.707	7	0	0	0	4.95	-4.24	0.71	-4.95	-4.24	-9.19
2	1.75	0.75	36°52′	0.600	0.800	5	12	-10.5	1.5	4.00	-3.60	0.40	-3.00	-4.80	-7.80
4	3.00	0.50	26°34′	0.447	0.894	3	20	-18	2	2.68	-2.68	0	-1.34	-5.36	-6.70
6	3.75	0.25	14°2′	0.243	0.970	1	24	-22.5	1.5	0.97	-1.46	-0.49	-0.24	-5.82	-6.06
8	4.00	0	0	0	1	-1	24	-24.0	0	-1.00	0	-1.00	0	-6.00	-6.00
10	3.75	-0.25	-14°2′	-0.243	0.970	-1	22	-22.5	-0.5	-0.97	1.46	0.49	-0.24	-5.82	-6.06
12	3.00	-0.50	-26°34′	-0.447	0.894	-1	20	-18	2	-0.89	2.68	1.79	-0.45	-5.36	-5.81
						-5				-4.47		-1.79	-2.24	-5.36	-7.60
14	1.75	-0.75	-36°52′	-0.600	0.800	-5	10	-10.5	-0.5	-4.00	3.60	-0.40	-3.00	-4.80	-7.80
16	0	-1	-45°	-0.707	0.707	-5	0	0	0	-3.54	4.24	0.70	-3.54	-4.24	-7.78

3.6.3　三铰拱的合理拱轴线

由前已知，当荷载及三个铰的位置给定时，三铰拱的反力即可确定，而与各铰间拱轴线形状无关；三铰拱的内力则与拱轴线形状有关。当拱上所有截面的弯矩都等于零（可以证明，从而剪力也为零）而只有轴力时，截面上的正应力是均匀分布的，拱处于无弯矩状态。这时，材料的使用最经济。在固定荷载作用下使拱处于无弯矩状态的轴线称为合理拱轴线。

合理拱轴线可以由弯矩为零的条件来确定。在竖向荷载作用下，三铰拱任一截面的弯矩为 $M = M^0 - F_H y$，当为合理拱轴时，则 $M = 0$，故有

$$y(x) = \frac{M^0(x)}{F_H} \tag{3-9}$$

式中，$y(x)$ 和 $M^0(x)$ 是 x 的函数，F_H 是常数。式（3-9）表明，在竖向荷载作用下，三铰拱合理拱轴线的纵坐标 y 与相应简支梁弯矩图的竖标成正比。

【例 3-15】　试作图 3-41a 所示三铰拱在图示满跨竖向均布荷载作用下的合理拱轴线。

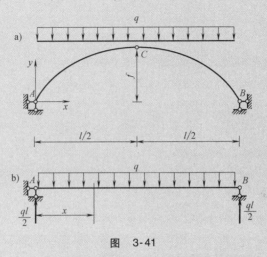

图　3-41

【解】　由式（3-9）知

$$y = \frac{M^0}{F_H}$$

相应简支梁（图 3-41b）的弯矩方程为

$$M^0 = \frac{ql}{2}x - \frac{qx^2}{2} = \frac{1}{2}qx(l-x)$$

由式（3-7）求得推力为

$$F_H = \frac{M_C^0}{f} = \frac{ql^2}{8f}$$

所以

$$y = \frac{4f}{l^2}x(l-x)$$

可见，在满跨竖向均布荷载作用下，三铰拱的合理拱轴线是抛物线。由于在合理拱轴的抛物线中，拱高 f 没有确定，因此具有不同高跨比的一组抛物线都是合理轴线。

【例 3-16】　如图 3-42a 所示，三铰拱承受均匀水压力作用，试证明其合理轴线是圆弧曲线。

【解】　可以先假定拱处于无弯矩状态，然后根据平衡条件推求合理拱轴线方程。

从拱中截取一微段为隔离体，如图 3-42b 所示。设微段两端横截面上弯矩、剪力均为零，而只有轴力 F_N 和 $F_N + dF_N$。

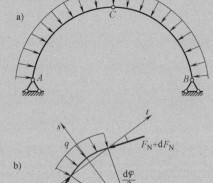

由 $\sum M_O = 0$，得　$F_N \rho - (F_N + dF_N)\rho = 0$

式中，ρ 为微段的曲率半径。

由上式可知　　　　$dF_N = 0$

则　　　　　　　　$F_N = $ 常数

再沿 s 轴列投影方程，得

$$F_N \sin\frac{d\varphi}{2} + (F_N + dF_N)\sin\frac{d\varphi}{2} - q\rho d\varphi = 0$$

由于 $d\varphi$ 角极小，故可取 $\sin\dfrac{d\varphi}{2} = \dfrac{d\varphi}{2}$，并略去高阶微量，得

$$F_N - q\rho = 0$$

其中，F_N 为常数，q 也为常数，故

$$\rho = \frac{F_N}{q} = 常数$$

图　3-42

这证明合理轴线是圆弧曲线。

【例 3-17】　试求图 3-43 所示在填土重量下三铰拱的合理拱轴线。拱上荷载集度按 $q = q_0 + \gamma y$ 变化，其中 q_0 为拱顶处的荷载集度，γ 为填土容重。

【解】　由式（3-9）知

$$y(x) = \frac{M^0(x)}{F_H}$$

上式对 x 微分两次，得

$$\frac{d^2 y}{dx^2} = \frac{1}{F_H}\frac{d^2 M^0}{dx^2}$$

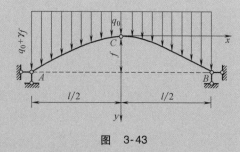

图　3-43

由于 $\dfrac{d^2 M^0}{dx^2} = -q(x)$，其中 $q(x)$ 表示沿水平线单位长度的荷载值，故

$$\frac{d^2 y}{dx^2} = -\frac{q(x)}{F_H} \tag{3-10}$$

这就是竖向荷载作用下合理拱轴线的微分方程，式中规定 y 向上为正。但在图 3-43 中，y 轴是向下的，因此式（3-10）右边应改为正号，即

$$\frac{\mathrm{d}^2 y}{\mathrm{d}x^2} = \frac{q(x)}{F_H} \tag{a}$$

在本题中，由于荷载集度 q 随拱轴线纵坐标 y 而变，故相应简支梁的弯矩方程 M^0 无法事先求得，因而求合理轴线时，不用式 (3-9) 而用式 (a)。

将 $q = q_0 + \gamma y$ 代入式 (a)，可得

$$\frac{\mathrm{d}^2 y}{\mathrm{d}x^2} - \frac{\gamma}{F_H} y = \frac{q_0}{F_H}$$

这是二阶常系数线性非齐次微分方程，它的一般解可用双曲线函数表示

$$y = A \cdot \mathrm{ch}\sqrt{\frac{\gamma}{F_H}}x + B \cdot \mathrm{sh}\sqrt{\frac{\gamma}{F_H}}x - \frac{q_0}{\gamma}$$

常数 A、B 可由边界条件确定

当 $x = 0$ 时，$y = 0$，得　　　　　　　　　$A = \dfrac{q_0}{\gamma}$

当 $x = 0$ 时，$y' = 0$，得　　　　　　　　　$B = 0$

于是，合理拱轴线方程为

$$y = \frac{q_0}{\gamma}\left(\mathrm{ch}\sqrt{\frac{\gamma}{F_H}}x - 1\right)$$

上式表明，在填土重量作用下，三铰拱的合理轴线是一悬链线。

3.7　静定结构的特性

静定结构在静力学方面有以下几个特性，掌握这些特性，对了解静定结构的性能和内力计算都是有益的。

1. 静力解答的唯一性

超静定结构的内力，仅满足平衡条件可有无穷多组解答。而瞬变体系在一般荷载作用下内力是无穷大的，在某些特殊荷载（如零荷载）作用下内力有无穷多组解答。只有静定结构，对于任一给定的荷载，其全部反力和内力都可以由静力平衡条件求出，而且得到的解答是唯一的有限值。这就是静定结构静力解答的唯一性。根据这一特性，在静定结构中，凡是能够满足平衡条件的内力解答就是真正的解答，并可确定除此之外没有其他任何解答存在。

静力解答的唯一性是静定结构的基本静力特性。下面提到的一些特性，都是在此基础上派生出来的。

2. 在静定结构中，除荷载外，其他任何原因如温度改变、支座移动、制造误差等均不引起内力

如图 3-44a 所示悬臂梁，当上侧温度升高 t_1，下侧温度升高 t_2 时（设 $t_1 > t_2$），梁将会发生自由的伸长和弯曲，但不会产生任何反力和内力。又如图 3-44b 所示简支梁，当 B 支座发生沉降时，只会引起刚体位移，而在梁内并不引起反力和内力。事实上，当荷载为零时，零内力状态能够满足结构各部分的平衡条件。由静定结构解答的唯一性可知，这就是唯一的、真正的解答。由此可以推断，除荷载外其他任何因素均不会使静定结构产生反力和内力。

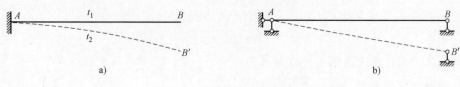

图　3-44

3. 平衡力系的影响

当平衡力系作用在静定结构的某一内部几何不变部分时，除了该部分受力外，其余部分的反力和内力均为零。

如图 3-45a 所示简支梁，CD 段为一内部几何不变部分，作用有平衡力系，则只有 CD 段受力，其余的 AC 段、BD 段均没有反力和内力。又如图 3-45b 所示刚架，内部几何不变部分 DE 上作用有平衡力系，由于附属部分 BC 上无荷载，由平衡条件可知其反力和内力均为零；再以 AB 为隔离体，可知 A 支座反力也为零，AD、BE 部分均无外力，内力也全为零；而 DE 部分由于本身为几何不变，故在平衡力系下仍能独立地维持平衡，弯矩图如图中阴影所示。

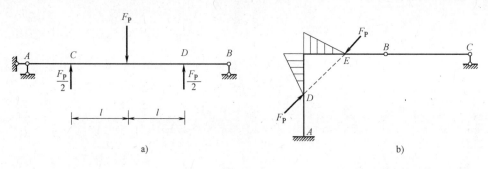

图　3-45

这种情形实际上具有普遍性。因为当平衡力系作用于静定结构的任何几何不变部分上时，设想其余部分不受力而将它们撤除，则所剩部分由于本身是几何不变的，在平衡力系下仍能独立地维持平衡，而所去除部分的零内力状态也与其零荷载相平衡。这样，结构上各部分的平衡条件都能得到满足。由静力解答的唯一性可知，这样的内力状态必然是唯一正确的解答。

4. 荷载等效变换的影响

当静定结构的一个内部几何不变部分上的荷载做等效变换时，只有该部分的内力发生变化，其余部分的内力不变。这里，等效荷载是指荷载分布不同，但其合力彼此相等的荷载。

如图 3-46a 所示简支梁在 F_P 作用下，若把 F_P 等效变换为图 3-46b 所示情况，则除了 CD 范围内的受力状态有变化外，其余部分的内力均保持不变。

静定结构在等效荷载作用下的这一特性，可用平衡力系的影响来证明。设图 3-46a、b 的两种荷载分别用 F_P 和 $2F_P/2$ 表示，产生的内力分别用 S_1 和 S_2 表示。若以 F_P 和 $-2F_P/2$ 作为一组荷载同时加于结构，如图 3-46c 所示，

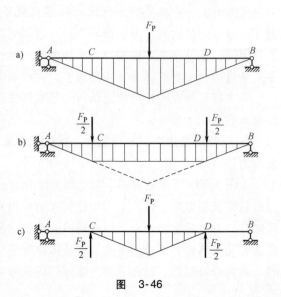

图　3-46

根据叠加原理可知，在荷载 $F_P - 2F_P/2$ 作用下所产生的内力为 $S_1 - S_2$。由于 F_P 和 $-2F_P/2$ 组成平衡力系，可知除 CD 段以外，其余部分的内力 $S_1 - S_2 = 0$。因而有 $S_1 = S_2$。这就证明了上述结论。

5. 构造变换的影响

当静定结构的一个内部几何不变部分做构造上的局部改变时，只在该部分的内力发生变化，其余部分的内力均保持不变。

如图 3-47a 所示桁架，把 AB 杆换成图 3-47b 所示的小桁架，而作用的荷载和端部 A、B 的约束性质保持不变，则在做上述组成的局部改变后，只有 AB 部分的内力发生变化，其余部分的内力保持不变。

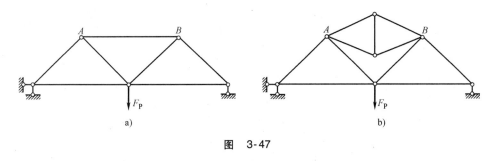

图　3-47

本 章 小 结

静定结构的内力分析是结构力学课程最基本的要求，也是超静定结构计算的基础，应当熟练掌握。基本方法是隔离体平衡方法，即选取隔离体，建立平衡方程，解方程求出支座反力和杆件内力。

静定结构的典型结构形式有梁、刚架、桁架、组合结构和三铰拱等。

梁和刚架是受弯构件，弯矩是主要内力。弯矩图的作法是分段叠加法，即先求出支座反力，然后选取控制截面，并用截面法求出控制截面的弯矩值，最后用分段叠加法作各杆的弯矩图。

多跨静定梁可以分为基本部分和附属部分。计算反力和内力时，要分清基本部分和附属部分，以及各部分之间的传力关系。计算原则是：先算附属部分，后算基本部分，将附属部分的支座反力反向加于基本部分。最后，将各单跨梁的内力图连在一起，就得到多跨静定梁的内力图。

当荷载只作用在结点上时，桁架内力主要为轴力。结点法和截面法是计算桁架内力的基本方法，并要会联合应用，还要善于识别零杆。根据几何构造分析，要会识别简单桁架和联合桁架，并会优选最简捷的分析方法和分析顺序。

组合结构由链杆和梁式杆组成，其中链杆只受轴力作用，梁式杆除受轴力作用外，还受弯矩和剪力作用。在计算时，要注意区分链杆和梁式杆，正确地画出隔离体受力图。

拱结构的受力特点是：在竖向荷载作用下有水平支座反力（或称推力）。由于水平推力的影响，在相同竖向荷载作用下，三铰拱的最大弯矩一般比简支梁的要小。水平推力的存在与否是区别拱和梁的重要标志。如果合理地选定三铰拱的轴线形状，则拱的各截面弯矩为零，拱处于无弯矩状态，该轴线即为合理拱轴线。

静定结构的五个特性：静力解答的唯一性；静定结构除荷载外，其他任何原因均不引起内力；平衡力系的影响；荷载等效变换的影响；构造变换的影响。

思　考　题

1. 静定结构满足平衡条件的内力解答有多少种？
2. 用叠加法作弯矩图时，为什么是竖标的叠加，而不是图形的拼合？
3. 怎样根据弯矩图来作剪力图？怎样根据剪力图来作轴力图？
4. 多跨静定梁当荷载作用在基本部分上时，对附属部分是否引起内力？
5. 为什么说一般情况下，多跨静定梁的弯矩比一系列相应的简支梁要小？
6. 刚架与梁相比，力学性能有什么不同？内力计算上有哪些异同？
7. 理想桁架的组成特点是什么？桁架中的杆件都有什么内力？
8. 桁架在给定荷载作用下，有些杆件的轴力为零，这些杆件有什么作用？能不能将其去掉？
9. 在静定结构内力计算时，都在哪里用到了几何组成分析？几何组成分析给静定结构的内力计算带来了哪些方便？
10. 拱的受力情况和内力计算与梁和刚架有何异同？
11. 使荷载的大小改变，其他因素不变，三铰拱的合理拱轴线改变吗？
12. 静定结构的一般特性都有哪些？

习　　题

1. 试用叠加法绘制图 3-48 中梁的弯矩图。

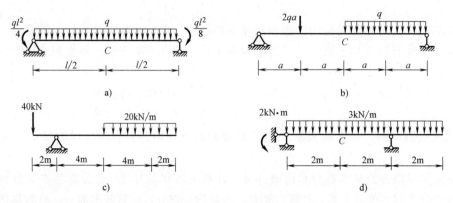

图　3-48

2. 求图 3-49 所示多跨静定梁的支座反力，并绘制内力图。

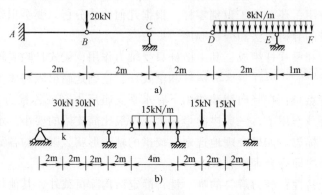

图　3-49

3. 试选择图 3-50 中铰的位置 x，使中间一跨的跨中弯矩与支座弯矩绝对值相等。

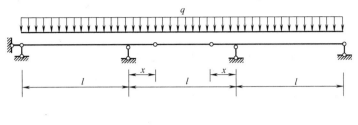

图　3-50

4. 不求或少求支座反力，绘制图 3-51 所示多跨静定梁的弯矩图。

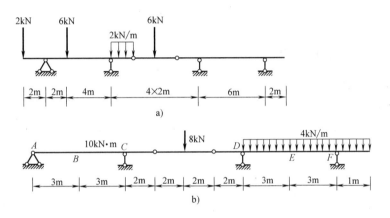

图　3-51

5. 绘制图 3-52 所示刚架的内力图。

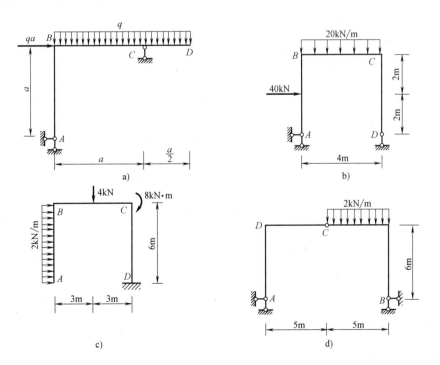

图　3-52

6. 绘制图 3-53 所示刚架弯矩图。

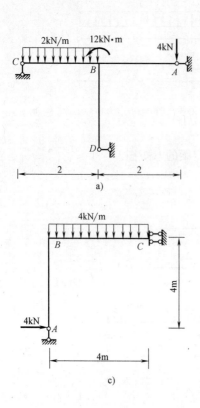

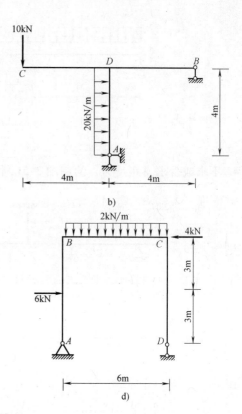

图 3-53

7. 绘制图 3-54 所示刚架弯矩图。

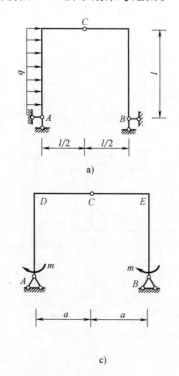

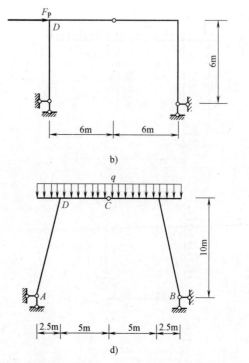

图 3-54

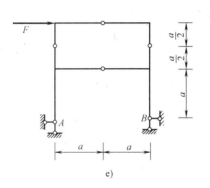

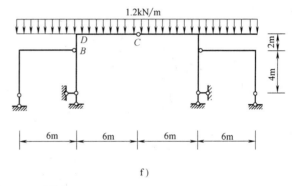

$$图　3-54（续）$$

8. 试用结点法计算图 3-55 所示桁架各杆轴力。

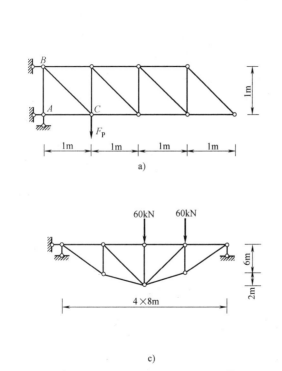

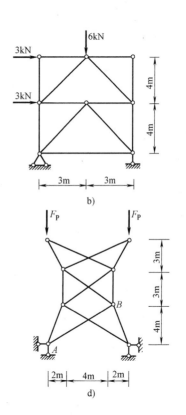

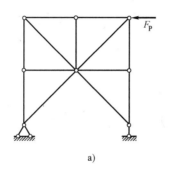

$$图　3-55$$

9. 试判断图 3-56 所示桁架中的零杆。

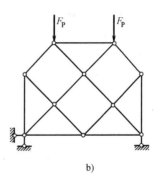

$$图　3-56$$

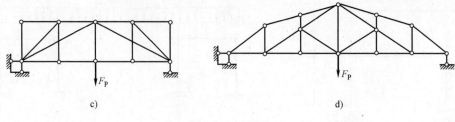

图 3-56（续）

10. 试用截面法计算图 3-57 所示桁架中指定杆件的内力。

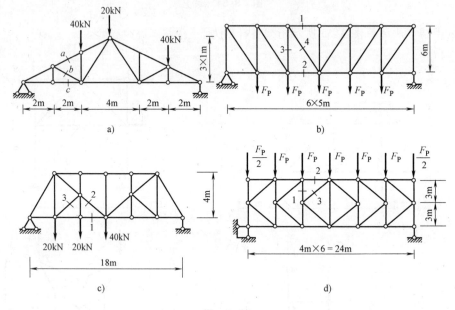

图 3-57

11. 试用较简便的方法计算图 3-58 所示桁架中指定杆件的内力。

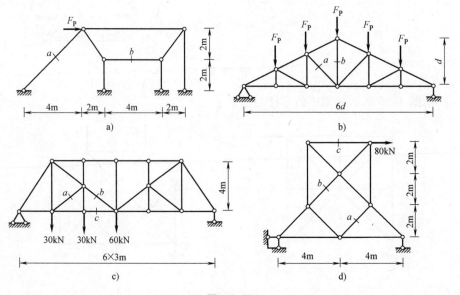

图 3-58

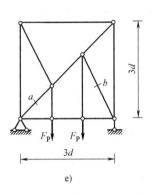

e)

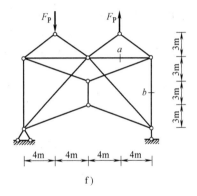

f)

图　3-58（续）

12. 试作图 3-59 所示组合结构的内力图。

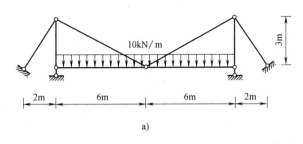

a)

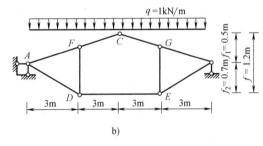

b)

图　3-59

13. 图 3-60 所示抛物线三铰拱轴线方程为 $y = \dfrac{4f}{l^2} x(l-x)$，$l = 16\text{m}$，$f = 4\text{m}$。试求：

（1）支座反力；

（2）截面 E 的 M、F_Q、F_N 值；

（3）D 点左右两侧截面的 F_Q、F_N 值。

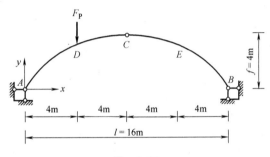

图　3-60

14. 试求图 3-61 所示均布荷载作用下三铰拱的合理拱轴线。

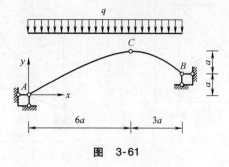

图 3-61

第4章　结构位移计算

结构的位移计算是结构力学分析的一个重要内容。本章主要介绍在荷载和温度改变、支座移动等外界因素作用下结构位移计算的一般公式。该公式既适用于静定结构也适用于超静定结构。本章以静定结构为例对位移计算的一般公式进行了应用，超静定结构的位移计算在后面的章节中涉及。静定结构的位移计算既是静定结构设计的要求，也为超静定结构的设计奠定基础。

4.1　结构位移计算概述

4.1.1　结构位移

结构在荷载及其他因素作用下，杆件原有的形状会发生改变，这称为结构的变形。由于结构的变形，其上各点将会发生移动，各截面也将发生移动和转动，我们将截面的移动和转动称为结构的位移。

结构的位移分为线位移和角位移。线位移是指结构截面某点沿直线方向移动的距离；角位移是指结构上某截面转动的角度。例如，图 4-1 所示刚架在荷载作用下，其变形如图中虚线所示。以 C 点为例，在荷载 F_P 作用下 C 点移动到 C_1 点，产生了水平位移 Δ_{CH}、竖向位移 Δ_{CV} 和转角位移 φ_C。

除荷载引起结构的位移外，其他非荷载因素，如温度改变、材料收缩、支座移动和制造误差等，也都会使结构产生位移。

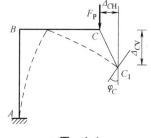

图　4-1

4.1.2　结构位移计算的目的

结构位移计算是结构力学的一项重要内容，具有理论上和工程上的意义。

1. 验算结构的刚度

结构在荷载作用下如果变形过大，即使不破坏也不能正常使用。即在结构设计时，不仅要考虑其强度要求，还需保证其刚度要求，结构位移不能超过一定的限值。例如，钢筋混凝土屋盖和楼盖的挠度限值是其跨度的 $1/400 \sim 1/200$，工业建筑中吊车梁的挠度限值是其跨度的 $1/600 \sim 1/500$。

2. 为超静定结构内力计算做好知识准备

计算超静定结构的内力时，除了利用静力平衡条件外，还需考虑结构的变形协调条件，这就要求会计算结构的位移。

3. 保证施工

在结构构件（以预制构件为主）的制作、施工等过程中，需要预先知道其位移，以便采取一定的措施。例如图 4-2a 所示的屋架，在屋盖自重作用下，下弦各结点将产生图中虚线所示的竖向位移。为了减小屋架在使用阶段下弦各结点的竖向位移，可将某些杆件的实际长度制作得比设计长度短些，屋架拼装后下弦向上起拱，如图 4-2b 所示。这样，屋盖系统施工完毕后，屋架在屋盖自重作用下，其下弦各杆能接近于原设计的水平位置。

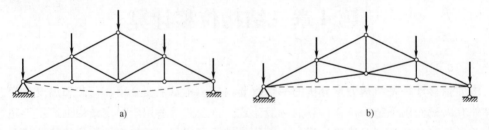

图 4-2

4. 研究振动和稳定

在结构的动力计算和稳定计算中，也需要计算结构的位移。

4.1.3 位移计算的有关假设

在计算结构的位移时，为使计算简化，常采用如下假定：

1）结构的材料服从胡克定律，即应力应变呈线性关系。

2）结构的变形很小，不致影响荷载的作用。在建立平衡方程时，仍然用结构原有几何尺寸进行计算。由于变形微小，应力应变与位移呈线性关系。

3）结构各部分之间为理想连接，不需要考虑摩擦阻力等影响。

对于实际的大多数工程结构，按照上述假定计算的结果具有足够的精确度。满足上述条件的理想化的体系，其位移与荷载之间为线性关系，常称为线性变形体系。当荷载全部去掉后，位移即全部消失。对于此种体系，计算其位移可以应用叠加原理。

位移与荷载之间呈非线性关系的体系称为非线性变形体系。线性变形体系和非线性变形体系称为变形体系。本书只讨论线性变形体系的位移计算。

4.2 变形体系的虚功原理

4.2.1 实功与虚功

广义的功是指力与沿着力方向产生的位移的乘积，包含实功和虚功。下面举例介绍实功和虚功的区别。

力与由该力引起的沿其作用方向位移的乘积称为实功。如图 4-3a 所示简支梁，其上作用一静力荷载，荷载值由零逐渐增加至最终值 F_{P1}。随着荷载的增大，力的作用点的位移也逐渐增大，其最终值为 Δ_{11}。对于线性变形体系，力与位移之间呈线性关系，如图 4-3b 所示。因此，在加载过程中力所做的元功为

$$\mathrm{d}W = F_{P1} \cdot \mathrm{d}\Delta$$

那么，荷载 F_{P1} 所做的总功 W_{11} 为

$$W_{11} = \int_0^{\Delta_{11}} \mathrm{d}W = \frac{1}{2} F_{P1} \Delta_{11}$$

此处的位移 Δ_{11} 是由荷载 F_{P1} 产生的，并且荷载 F_{P1} 及其产生的竖向位移 Δ_{11} 是在同一作用方向，因此 W_{11} 是实功。另外，需要指出的是静力荷载 F_{P1} 所做的实功 W_{11} 是由零逐渐增加到

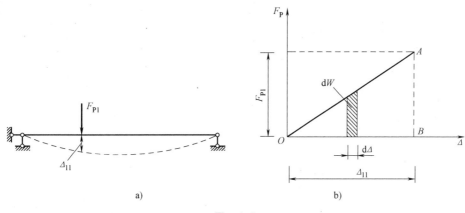

图　4-3

最后值$\frac{1}{2}F_{P1}\Delta_{11}$的，它与物理里面讲的常力所做的功在概念上是不同的。

　　虚功是指力在其他原因（如其他荷载、温度变化、支座移动等）引起的位移上所做的功。如图 4-4 所示简支梁，在荷载 F_{P1} 作用下产生弯曲变形，使其达到曲线 I 所示位置，所产生的竖向位移为 Δ_{11}。如果在所示简支梁上继续施加荷载 F_{P2}，梁又继续变形到曲线 II，在荷载 F_{P2} 位置产生竖向位移 Δ_{22}，所做的功为

$$W_{22}=\frac{1}{2}F_{P2}\Delta_{22}$$

式中，W_{22} 也是实功。在荷载 F_{P2} 施加过程中，在荷载 F_{P1} 作用方向产生了新的竖向位移 Δ_{12}，由于荷载 F_{P1} 的值保持不变，所以 F_{P1} 在位移 Δ_{12} 上所做的功为

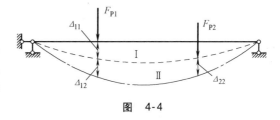

图　4-4

$$W_{12}=F_{P1}\Delta_{12}$$

　　此时，位移 Δ_{12} 是由荷载 F_{P2} 引起的，与荷载 F_{P1} 是无关的，因此 W_{12} 是虚功。所谓的虚功，主要强调的是力与位移是彼此独立无关的两个因素。在做虚功时，力不随位移变化而改变，是常力，因此计算公式里没有系数"1/2"。

　　对于实功，由于力自身引起的位移与力的方向总是一致时，故其值恒为正值。对于虚功，由于引起位移的因素与位移无关，其方向也不一定一致，若一致时，虚功为正值，反之为负值。

4.2.2　广义力与广义位移

　　在虚功表达式中包含了两个方面的因素：一个是与力有关的因素，它可以是单个力或力偶，也可以是一组力或一组力偶，甚至还可以是一个力系，这些与力有关的因素称为广义力；另一个是与广义力相应的位移因素，这些与位移有关的因素称为广义位移。广义力与广义位移的关系是：两者的乘积为虚功，即

$$W=P\Delta$$

式中　　W——虚功；

　　　　P——广义力；

　　　　Δ——与广义力相应的广义位移。

下面介绍常见的广义力和广义位移的情况：

1）若广义力为单个力，则相应的广义位移为该力作用点沿该力方向上的线位移，如图 4-5 所示。

2）若广义力为单个力偶，则相应的广义位移为该力偶作用截面的转角，如图 4-6 所示。

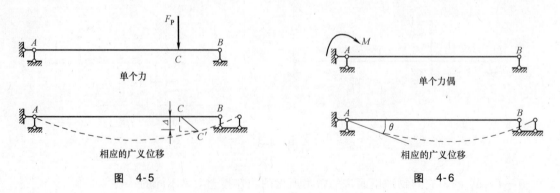

图　4-5　　　　　　　　　　　　　　　　　图　4-6

3）若广义力为大小相等、方向相反的一对力，则相应的广义位移为这一对力作用点沿力方向的相对位移。如图 4-7 所示，大小相等、方向相反的一对力 F_P 作用在图示结构的 A、B 两点上，A、B 两点分别沿 F_P 方向发生位移 Δ_A 和 Δ_B。相对位移 $\Delta_{AB} = \Delta_A + \Delta_B$。

4）若广义力为大小相等、方向相反的一对力偶，则相应的广义位移为这一对力偶作用截面的相对转角。如图 4-8 所示，大小相等、方向相反的一对力偶 M 作用在图示结构的 A、B 两点上，A、B 两点分别沿力偶 M 方向发生位移 θ_A 和 θ_B。相对转角 $\theta_{AB} = \theta_A + \theta_B$。

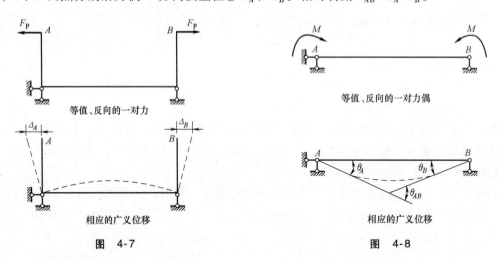

图　4-7　　　　　　　　　　　　　　　　　图　4-8

4.2.3　刚体体系的虚功原理

1. 刚体体系虚功原理

对于具有理想约束的刚体体系，其虚功原理可表述如下：设体系上作用任意的平衡力系，又设体系发生符合约束条件的无限小刚体体系位移，则主动力在位移上所做虚功总和恒等于零。

一般情况，体系上的主动力除了荷载以外，还包括支座位置的约束力，因此刚体体系虚功原理的具体表达式为

$$\sum F_{Pi}\Delta_i + \sum F_{Rk}c_k = 0$$

式中 F_{Pi}——体系所受荷载；

F_{Rk}——体系的约束力；

Δ_i——与力 F_{Pi} 相应的位移，与力 F_{Pi} 同向取正，反向取负；

c_k——与约束力 F_{Rk} 相应的位移，与力 F_{Rk} 同向取正，反向取负。

2. 刚体体系虚功原理的两种应用

由于在虚功原理中所涉及的力的状态和位移状态是彼此独立无关的两种状态，因此既可以把位移看作是虚设的，也可以把力看作虚设的。相应的虚功原理有两种应用：一是虚位移原理，即虚设位移状态，求实际力状态中的未知力；二是虚力原理，即虚设力的状态，求实际位移状态中的未知位移。

（1）虚位移原理 如图 4-9a 所示为一静定梁，在荷载 F_P 作用下，拟求 A 支座反力 X。为使梁能发生刚体位移，将与拟求未知力 X 相应的约束撤除，代以相应的力 X（这时 X 是主动力）。原结构变成具有一个自由度的几何可变体系，在荷载 F_P、B 支座反力 F_{xB} 和 F_{yB}、以及未知力 X 作用下，形成一个平衡体系。此时，如果让该可变体系发生满足约束条件的刚体虚位移（绕支座 B 发生微小转动），得到一虚设的可能位移状态，如图 4-9b 所示。在图 4-9a 所示的力的状态与图 4-9b 所示位移状态之间建立体系的虚功方程，可得

$$X\Delta_X + F_P\Delta_P = 0$$

$$X = -F_P\frac{\Delta_P}{\Delta_X}$$

式中，Δ_X 和 Δ_P 分别是沿 X 和 F_P 方向的虚位移。

根据几何关系，有

$$\Delta_X = l\varphi, \Delta_P = -a\varphi$$

这里，Δ_X 与 X 方向一致，取正号；Δ_P 与 F_P 方向相反，取负号。所以

$$\frac{\Delta_P}{\Delta_X} = -\frac{a}{l}, \quad X = F_P\frac{a}{l}$$

$\dfrac{\Delta_P}{\Delta_X}$ 的比值不随 Δ_X 的大小而变，因此，为了计算简便，可虚设 X 方向的位移为单位位移，

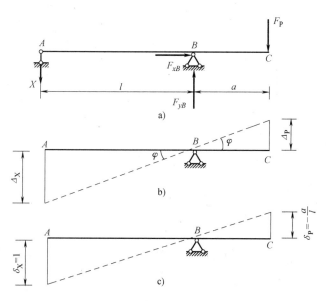

图 4-9

如图 4-9c 所示。此时，沿 F_P 方向的位移为 δ_P，则

$$X = -F_P\delta_P$$

再由图示几何关系，可知

$$\delta_P = -\frac{a}{l}, \quad X = F_P\frac{a}{l}$$

上述计算是在给定的平衡力系与虚设的可能位移状态之间应用虚功原理，这种虚拟位移求未知力的应用即为虚位移原理。虚位移原理是虚功原理的一种形式。

【例 4-1】 利用单位位移法计算图 4-10a 所示的多跨静定梁的 C 支座反力 F_{RC}，G 截面的剪力 F_{QG} 及弯矩 M_G。

【解】 （1）计算 C 支座反力 F_{RC}

1）撤除 C 支座的支杆，代以相应的未知力 X，得到图 4-10b。

2）假设此机构沿 X 方向发生单位虚位移，得到刚体系虚位移图，如图 4-10c 所示。由几何关系，求得

$$\delta_{P1} = -2, \quad \delta_{P2} = 1, \quad \delta_M = 1/a,$$

3）建立虚功方程

$$X \cdot 1 + F_{P1}\delta_{P1} + F_{P2}\delta_{P2} + M\delta_M = 0$$

4）代入几何关系，得

$$F_{RC} = X = -2qa\times(-2) - qa\times1 - qa^2\times\frac{1}{a} = 2qa(\uparrow)$$

（2）计算 G 截面剪力 F_{QG}

1）撤除 G 截面与 F_{QG} 相应的约束，即将 G 截面左右两侧用平行与杆轴的平行链杆连接，并代以一对大小相等、方向相反的剪力 X，得到图 4-10d。

2）假设此机构沿 X 方向发生单位虚位移，得到刚体系虚位移图，如图 4-10e 所示。由几何关系，求得

$$\delta_{P1} = 1, \quad \delta_{P2} = -\frac{1}{2}, \quad \delta_M = -\frac{1}{2a}$$

3）建立虚功方程

$$X \cdot 1 + F_{P1}\delta_{P1} + F_{P2}\delta_{P2} + M\delta_M = 0$$

4）代入几何关系，得

$$F_{QG} = X = -2qa\times1 - qa\times\left(-\frac{1}{2}\right) - qa^2\times\left(-\frac{1}{2a}\right) = -qa$$

（3）计算 G 截面弯矩 M_G

1）撤除 G 截面与 M_G 相应的约束，即将 G 截面由刚结点改为铰结点，并代以一对大小相等、方向相反的力偶 X，得到图 4-10f。

2）假设此机构沿 X 方向发生单位虚位移，得到刚体系虚位移图，如图 4-10g 所示。由几何关系，求得

$$\delta_{P1} = -a, \quad \delta_{P2} = \frac{a}{2}, \quad \delta_M = \frac{1}{2}$$

3）建立虚功方程

$$X \cdot 1 + F_{P1}\delta_{P1} + F_{P2}\delta_{P2} + M\delta_M = 0$$

4）代入几何关系，得

$$F_{QG} = X = -2qa \times (-a) - qa \times \frac{a}{2} - qa^2 \times \frac{1}{2} = qa^2 (\text{下侧受拉})$$

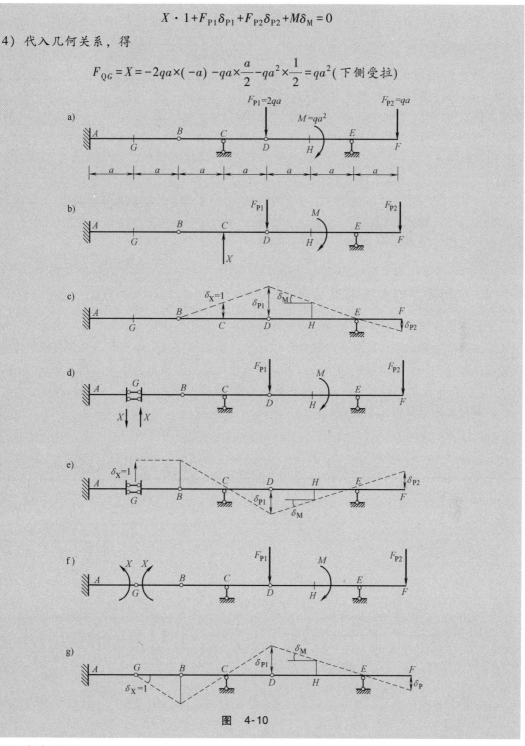

图 4-10

（2）虚力原理

如图 4-11a 所示简支梁，支座 A 向上移动一个已知距离 c_1，现在拟求 C 点的竖向位移 Δ_{CV}。

为此，应先虚设一平衡力系。为了在虚功方程中只包含拟求位移，而不再含有其他未知位移，应只在拟求位移点沿拟求位移方向虚设一集中力 F_P，此力与相应的支座反力组成一平衡

力系，如图 4-11b 所示。根据平衡条件，可求

出支座 A 的反力 $F_{RA} = -\dfrac{a}{l}F_P$。

令图 4-11b 所示的虚设平衡力系在图 4-11a所示的实际的刚体位移上做虚功，建立虚功方程如下：

$$F_P\Delta_{CV} + F_{RA}c_1 = 0$$

由此解得

$$\Delta_{CV} = -\frac{F_{RA}}{F_P}c_1 = \frac{a}{l}c_1$$

由上式可以看出，Δ_{CV} 与 F_P 无关。为计算简便，可在虚设力系中令 $F_P = 1$，如图 4-11c 所示。

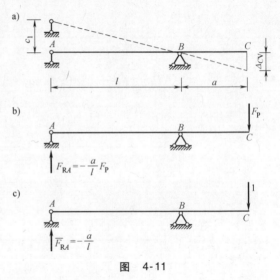

图　4-11

4.2.4　变形体系的虚功原理

变形体系的虚功原理可表述为：设变形体系在力系作用下处于平衡状态，又设变形体系由于其他原因产生满足变形连续条件的微小位移和变形，则体系上所有外力在相应位移上所做外虚功之和恒等于体系各微段截面上的内力在相应微段变形上所做内虚功之和。即：

$$W_外 = W_变 \quad 或 \quad W_e = W_v$$

下面对上述原理的正确性加以论证，如图 4-12 所示。

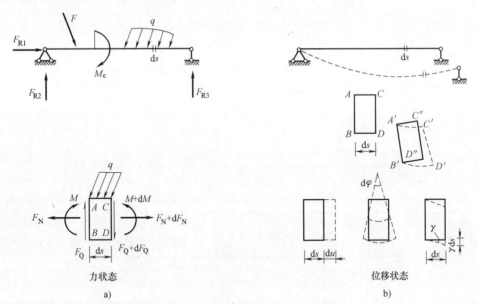

图　4-12

做虚功需要两个状态，一个是力的状态，另一个是与力的状态无关的位移状态。如图 4-12a 所示，一平面杆件结构在力系作用下处于平衡状态，称此状态为力状态。如图 4-12b 所示，该结构由于某种原因而产生了位移，称此状态为位移状态。这里的位移可以是由与力状态无关的其他任何原因（如另一组力系、温度变化、支座移动等）引起的，也可以是假设的。但位移必须是微小的，并为支座约束条件如变形连续条件所允许的，即应是所谓协调的位移。

现从图 4-12a 所示力状态任取出一微段，作用在微段上的力既有外力又有内力，这些力将在图 4-12b 所示位移状态中的对应微段 $ABCD$ 移到 $A'B'C'D'$ 的位移上做虚功。把所有微段的虚功总和起来，便得到整个结构的虚功。

1. 按外力虚功和内力虚功计算结构总虚功

设作用于微段上所有各力所做虚功总和为 dW，它可分为两部分：一部分是微段表面上外力所做的功 dW_e，另一部分是微段上内力所做的功 dW_i，即

$$dW = dW_e + dW_i$$

沿杆段积分求和，得整个结构的虚功为

$$\sum \int dW = \sum \int dW_e + \sum \int dW_i$$

简写为

$$W = W_e + W_i$$

W_e 是整个结构的所有外力（包括荷载和支座反力）所做的虚功总和，简称外力虚功；W_i 是所有微段截面上的内力所做虚功总和。

由于任何相邻截面上的内力互为作用力反作用力，它们大小相等、方向相反，且具有相同位移，因此每一对相邻截面上的内力虚功总是互相抵消。因此有

$$W_i = 0$$

于是整个结构的总虚功便等于外虚功，即

$$W = W_e \tag{4-1}$$

2. 按刚体虚功和变形虚功计算结构总虚功

我们可以把如图 4-12b 所示位移状态中微段的虚位移分解为两部分，第一部分仅发生刚体位移（由 $ABCD$ 移到 $A'B'C''D''$），然后再发生第二部分变形位移（由 $A'B'C''D''$ 移到 $A'B'C'D'$）。

作用在微段上的所有力在微段刚体位移上所做虚功为 dW_s，由于微段上的所有力包含微段表面的外力及截面上的内力，构成一平衡力系，根据刚体体系的虚功原理，$dW_s = 0$。

作用在微段上的所有力在微段变形位移上所做的虚功为 dW_v，由于当微段发生变形位移时，仅其两侧面有相对位移，故只有作用在两侧面上的内力做功，而外力不做功。dW_v 实质是内力在变形位移上所做虚功，即

$$dW = dW_s + dW_v$$

沿杆段积分求和，得整个结构的虚功为

$$\sum \int dW = \sum \int dW_s + \sum \int dW_v$$

简写为

$$W = W_s + W_v$$

由于 $dW_s = 0$，$W_s = 0$，所以有

$$W = W_v \tag{4-2}$$

结构力状态上的力在结构位移状态上的虚位移所做虚功只有一个确定值，比较式（4-1）和式（4-2）可得

$$W = W_e + W_v$$

这就是要证明的结论。

W_v 的计算如下：

对于平面杆系结构，微段的变形如图 4-12b 所示，可以分解为轴向变形 du、弯曲变形 $d\varphi$ 和剪切变形 γds。

微段上的外力无对应的位移因而不做功，而微段上的轴力、弯矩和剪力的增量 $\mathrm{d}F_N$、$\mathrm{d}M$ 和 $\mathrm{d}F_Q$ 在变形位移所做虚功为高阶微量，可略去。

因此微段上各内力在其对应的变形位移上所做的虚功为

$$\mathrm{d}W_v = F_N\mathrm{d}u + M\mathrm{d}\varphi + F_Q\gamma\mathrm{d}s$$

对于整个结构有

$$W_v = \sum \int \mathrm{d}W_v = \sum \int F_N\mathrm{d}u + \sum \int M\mathrm{d}\varphi + \sum \int F_Q\gamma\mathrm{d}s \qquad (4\text{-}3)$$

由于 $W = W_e = W_v$，故虚功方程为

$$W = \sum \int F_N\mathrm{d}u + \sum \int M\mathrm{d}\varphi + \sum \int F_Q\gamma\mathrm{d}s \qquad (4\text{-}4)$$

上面讨论中，没有涉及材料的物理性质，因此对于弹性、非弹性、线性、非线性的变形体系，虚功原理都适用。刚体虚功原理是变形体系虚功原理的一种特殊情况，即 $W = W_v = 0$。

4.3　结构位移计算的一般公式

根据前面所讲述的可知，要推导结构位移计算的一般公式，是利用虚功原理中的虚力原理，在位移状态给定的情况下，通过虚设平衡力状态而建立虚功方程求解结构实际存在的位移。

如图 4-13a 所示，刚架在荷载、支座移动及温度变化等因素影响下，产生了如虚线所示的实际变形，此状态为位移状态。为求此状态的位移需在所求位移相对应位置虚设一个力的状态。若求如图 4-13a 所示刚架 K 点沿 $k—k$ 方向的位移 Δ_K，现虚设如图 4-13b 所示刚架的力状态，即在刚架 K 点沿拟求位移 Δ_K 的 $k—k$ 方向虚加一个集中力 F_K，为使计算简便令 $F_K = 1$。

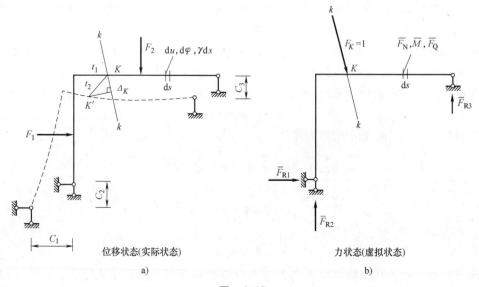

图　4-13

为求外力虚功 W，在位移状态中给出了实际位移 Δ_K、C_1、C_2 和 C_3，在力状态中可根据 $F_K = 1$ 的作用求出 $\overline{F}_{R1}$、$\overline{F}_{R2}$、$\overline{F}_{R3}$ 支座反力。力状态上的外力在位移状态上的相应位移做虚功为

$$W = F_K\Delta_K + \overline{F}_{R1}C_1 + \overline{F}_{R2}C_2 + \overline{F}_{R3}C_3 = 1\times\Delta_K + \sum \overline{F}_R C$$

为求变形虚功，在位移状态中任取一微段（$\mathrm{d}s$），微段上的变形位移分别为 $\mathrm{d}u$、$\mathrm{d}\varphi$ 和

$\gamma\mathrm{d}s$。在力状态中，可在与位移状态相对应的相同位置取一微段（$\mathrm{d}s$），并根据 $F_K=1$ 的作用求出微段上的内力。力状态微段上的内力 $\overline{F}_\mathrm{N}$、$\overline{M}$、$\overline{F}_\mathrm{Q}$ 在位移状态微段上的变形位移 $\mathrm{d}u$、$\mathrm{d}\varphi$、$\gamma\mathrm{d}s$ 上所做的虚功为

$$\mathrm{d}W_\mathrm{v} = \overline{F}_\mathrm{N}\mathrm{d}u + \overline{M}\mathrm{d}\varphi + \overline{F}_\mathrm{Q}\gamma\mathrm{d}s$$

整个结构的变形虚功为

$$W_\mathrm{v} = \sum\int \overline{F}_\mathrm{N}\mathrm{d}u + \sum\int\overline{M}\mathrm{d}\varphi + \sum\int\overline{F}_\mathrm{Q}\gamma\mathrm{d}s$$

由虚功原理 $W=W_\mathrm{v}$ 有

$$1\times\Delta_K + \sum\overline{F}_\mathrm{R}C = \sum\int\overline{F}_\mathrm{N}\mathrm{d}u + \sum\int\overline{M}\mathrm{d}\varphi + \sum\int\overline{F}_\mathrm{Q}\gamma\mathrm{d}s$$

$$\Delta_K = -\sum\overline{F}_\mathrm{R}C + \sum\int\overline{F}_\mathrm{N}\mathrm{d}u + \sum\int\overline{M}\mathrm{d}\varphi + \sum\int\overline{F}_\mathrm{Q}\gamma\mathrm{d}s \qquad (4\text{-}5)$$

式（4-5）就是平面杆件结构位移计算的一般公式。

如果确定了虚拟力状态，其反力 $\overline{F}_\mathrm{R}$ 和微段上的内力 $\overline{F}_\mathrm{N}$、$\overline{M}$ 和 $\overline{F}_\mathrm{Q}$ 可求。同时，若已知了实际位移状态支座的位移 C，并可求解微段的变形 $\mathrm{d}u$、$\mathrm{d}\varphi$ 和 $\gamma\mathrm{d}s$，则位移 Δ_K 可求。若计算结果为正，表示单位荷载所做虚功为正，即所求位移 Δ_K 的指向与单位荷载 $F_K=1$ 的指向相同，为负则相反。

4.4　荷载作用下的位移计算

4.4.1　荷载作用下的位移计算公式

这里所说的结构在荷载作用下的位移计算，仅限于线弹性结构，即位移与荷载呈线性关系，因而计算位移时荷载的影响可以叠加，而且当荷载全部撤除后位移也完全消失，这样的结构，位移应是微小的，应力与应变的关系符合胡克定律。

当位移仅是由荷载引起的，而无支座移动时，式（4-5）中的 $\sum\overline{F}_\mathrm{R}C$ 一项为零，位移计算公式简化为

$$\Delta = \sum\int\overline{F}_\mathrm{N}\mathrm{d}u + \sum\int\overline{M}\mathrm{d}\varphi + \sum\int\overline{F}_\mathrm{Q}\gamma\mathrm{d}s \qquad (4\text{-}6)$$

该式是荷载作用下位移计算的一般公式，要想进行位移计算，仍需对公式进一步变化。式中，$\overline{F}_\mathrm{N}$、$\overline{M}$ 和 $\overline{F}_\mathrm{Q}$ 表示虚拟力状态中微段上的内力，可以虚设单位荷载在虚拟结构中求出。$\mathrm{d}u$、$\mathrm{d}\varphi$ 和 $\gamma\mathrm{d}s$ 是实际位移状态中微段发生的变形位移，如图4-14所示，设荷载作用下微段上的内力为 F_NP、M_P、F_QP，分别引起的变形位移为

$$\mathrm{d}u = \frac{F_\mathrm{NP}}{EA}\mathrm{d}s = \varepsilon\mathrm{d}s \qquad (4\text{-}7\mathrm{a})$$

$$\mathrm{d}\varphi = \frac{M_\mathrm{P}}{EI}\mathrm{d}s = \kappa\mathrm{d}s \qquad (4\text{-}7\mathrm{b})$$

$$\gamma\mathrm{d}s = \frac{kF_\mathrm{QP}}{GA}\mathrm{d}s \qquad (4\text{-}7\mathrm{c})$$

式中　EA、GA、EI——分别为杆件截面的抗拉、抗剪和抗弯刚度；

　　　　k——切应力沿截面分布不均匀而引用的修正系数，其值与截面形状有关，

矩形截面 $k = 6/5$，圆形截面 $k = 10/9$，薄壁圆环截面 $k = 2$，工字形截面 $k = A/A'$，A' 为腹板截面面积。

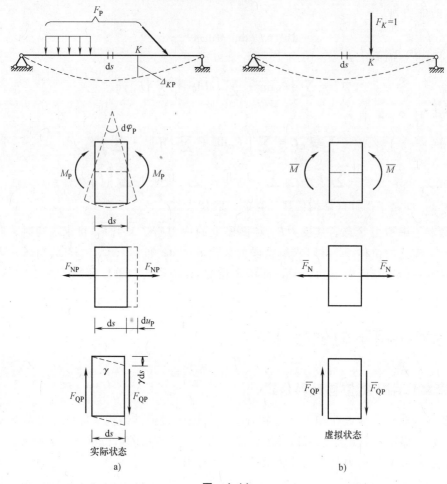

图　4-14

应该指出：上述关于微段变形位移计算，对于直杆是正确的，而对于曲杆还需要考虑曲率对变形的影响。不过对于工程中常用的曲杆结构，由于其截面高度与曲率半径相比很小（称小曲率杆），曲率的影响不大，仍按直杆公式计算。

将前面的式（4-7a）~式（4-7c）代入式（4-6），得

$$\Delta = \sum \int \frac{\overline{F}_N F_{NP}}{EA} ds + \sum \int \frac{\overline{M} M_P}{EI} ds + \sum \int \frac{k \overline{F}_Q F_{QP}}{GA} ds \tag{4-8}$$

式（4-8）既适用于静定结构，也适用于超静定结构，但必须是线弹性体系。

在荷载作用下的实际结构中，不同的结构形式其受力特点不同，各内力项对位移的影响也不同。为简化计算，常忽略对位移影响较小的内力项，这样既满足工程精度要求，又使计算简化。

1）对于梁和刚架，位移主要由杆件的弯曲变形引起，轴向变形和剪切变形的影响可忽略不计。于是，式（4-8）可简化为

$$\Delta = \sum \int \frac{\overline{M} M_P}{EI} ds \tag{4-9}$$

2）对于桁架结构，由于在结点荷载作用下各杆只产生轴力，而且每一杆件的轴力、截面及材料沿杆长都是不变的。故其位移计算公式可简化为

$$\Delta = \sum \int \frac{\overline{F}_N F_{NP}}{EA} ds = \sum \frac{\overline{F}_N F_{NP}}{EA} l \tag{4-10}$$

3）对于组合结构，通常梁式杆主要考虑弯曲变形，链杆只有轴向变形。故其位移计算公式简化为

$$\Delta = \sum \int \frac{\overline{F}_N F_{NP}}{EA} ds + \sum \int \frac{\overline{M} M_P}{EI} ds \tag{4-11}$$

4.4.2　荷载作用下的位移计算举例

【例 4-2】　试求图 4-15 所示矩形截面简支梁中点 C 的竖向位移 Δ_{CV}。

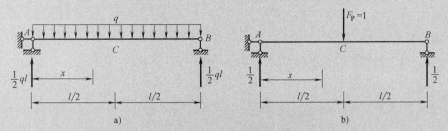

图　4-15

【解】　（1）虚设力状态　在梁中点 C 加一竖向单位力 $F_P = 1$，如图 4-15b 所示。

（2）分别计算梁在实际荷载和虚设单位荷载作用下的内力　取 A 为原点，当 $0 \leqslant x \leqslant l/2$ 时，

由平衡条件得任意截面 x 的内力表达式为

实际荷载：$M = \dfrac{q}{2}(lx - x^2)$

虚设单位荷载：$\overline{M} = \dfrac{1}{2}x$。

（3）计算 Δ_{CV}　由于梁及荷载对称，故积分限取长度一半，再把计算结果乘以 2 倍。

$$\Delta_{CV} = \int \frac{\overline{M} M_P}{EI} ds = 2 \int_0^{\frac{l}{2}} \frac{\frac{1}{2}x \times \frac{q}{2}(lx - x^2)}{EI} dx = \frac{5ql^4}{384EI} \quad (\downarrow)$$

【例 4-3】　试求图 4-16a 所示半径为 R 的圆弧曲杆（1/4 圆周）B 点竖向位移 Δ_{BV}，并分析轴向变形与剪切变形对其影响。

【解】　（1）虚设力状态　在 B 点加一竖向单位力 $F_P = 1$，如图 4-16b 所示。

（2）分别计算在实际荷载和虚设单位荷载作用下的内力　在与 OB 成 θ 角的截面 K 上，各内力分量如图 4-16c、d 所示，其表达式为

实际荷载：$M_P = \dfrac{1}{2}R^2 \sin^2\theta$，　　$F_{QP} = qR\sin\theta\cos\theta$，　　$F_{NP} = qR\sin^2\theta$

虚设单位荷载：$\overline{M} = R\sin\theta$，　　$\overline{F}_Q = \cos\theta$，　　$\overline{F}_N = \sin\theta$

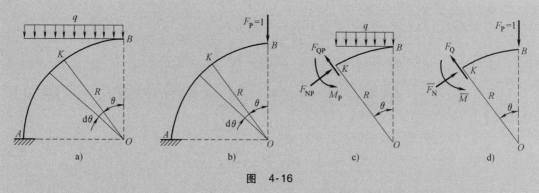

图 4-16

（3）计算 Δ_{BV}

$$\Delta_{BV} = \sum \int_B^A \frac{\overline{F}_N F_{NP}}{EA} ds + \sum \int_B^A k \frac{\overline{F}_Q F_{QP}}{GA} ds + \sum \int_B^A \frac{\overline{M} M_P}{EI} ds$$

$$= \int_0^{\pi/2} \frac{qR^2 \sin^3 \theta}{EA} d\theta + \int_0^{\pi/2} k \frac{qR^2 \sin\theta \cos^2\theta}{GA} d\theta + \int_0^{\pi/2} \frac{qR^4 \sin^3 \theta}{2EI} d\theta$$

$$= \frac{2qR^2}{3EA} + \frac{kqR^2}{3GA} + \frac{qR^4}{3EI} \quad (\downarrow)$$

式中三项分别表示曲杆轴向变形、剪切变形和弯曲变形引起的 B 点竖向位移，即

$$\Delta_{BV}^N = \frac{2qR^2}{3EA} \qquad \Delta_{BV}^Q = \frac{kqR^2}{3GA} \qquad \Delta_{BV}^M = \frac{qR^4}{3EI}$$

（4）分析轴向变形和剪切变形对 Δ_{BV} 的影响

若曲杆截面为矩形，截面尺寸为 $b \times h$，则有

$$k = 1.2, \quad A = \frac{12}{h^2}I$$

此外，设 $G = 0.4E$，于是得轴向变形、剪切变形对位移的影响与弯曲变形对位移的影响的比值分别为

$$\frac{\Delta_{BV}^N}{\Delta_{BV}^M} = \frac{\dfrac{2qR^2}{3EA}}{\dfrac{qR^4}{3EI}} = \frac{1}{6}\left(\frac{h}{R}\right)^2, \quad \frac{\Delta_{BV}^Q}{\Delta_{BV}^M} = \frac{\dfrac{kqR^2}{3GA}}{\dfrac{qR^4}{3EI}} = \frac{1}{4}\left(\frac{h}{R}\right)^2$$

设 $h/R = 1/10$，则

$$\frac{\Delta_{BV}^N}{\Delta_{BV}^M} = \frac{1}{600}, \quad \frac{\Delta_{BV}^Q}{\Delta_{BV}^M} = \frac{1}{400}$$

上述计算结果表明，轴向变形和剪切变形引起的位移很小，可忽略不计，因而只计算弯曲变形一项引起的位移即可。

【例 4-4】 试求图 4-17 所示桁架结点 C 的竖向位移 Δ_{CV}。各杆截面面积 A 分别注于杆旁（单位为 cm^2），弹性模量 $E = 2.0 \times 10^8 kPa$。

【解】 （1）虚设力状态 在结点 C 加一竖向单位力 $F_P = 1$，如图 4-17c 所示。

（2）分别计算桁架在实际荷载和虚设单位荷载作用下的各杆内力 结果分别如图 4-17b、c 所示。

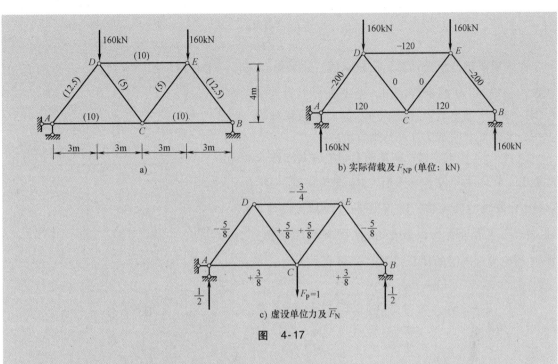

图　4-17

（3）计算 Δ_{CV}　计算过程列于表4-1。

表4-1　位移计算

杆件	$\overline{F}_N$	F_{NP}/kN	l/cm	$E/(kN/cm^2)$	A/cm^2	$\dfrac{\overline{F}_N F_{NP}}{EA}l/cm$
AC	3/8	120	600	2.0×10^4	10	0.135
BC	3/8	120	600	2.0×10^4	10	0.135
AD	-5/8	-200	600	2.0×10^4	12.5	0.25
BE	-5/8	-200	600	2.0×10^4	12.5	0.25
CD	5/8	0	600	2.0×10^4	5	0
CE	5/8	0	600	2.0×10^4	5	0.
DE	-3/4	-120	600	2.0×10^4	10	0.27
Σ						1.04

4.5　图乘法

4.5.1　图乘法计算公式

由前面章节可知，计算梁和刚架在荷载作用下的位移时，先要写出 M_P 和 $\overline{M}$ 的表达式，然后代入式（4-9）计算，即

$$\Delta = \sum \int \frac{\overline{M} M_P}{EI} ds \tag{a}$$

此式需要进行积分计算，比较麻烦。如果符合条件：①杆段轴线为直线；②杆段的 EI 为常数；③M_P 和 $\overline{M}$ 两个弯矩图，至少有一个为直线图形。则可用图乘法来代替积分运算，以简化计算工作。下面推导图乘法计算基本方法。

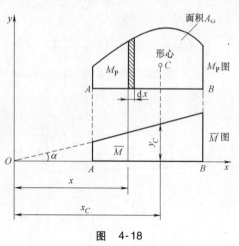

图 4-18

如图 4-18 所示，设等截面直杆 AB 段上的两个弯矩图，$\overline{M}$ 图为一段直线图形，M_P 图为任意形状。以 AB 杆段轴线为 x 轴，以 $\overline{M}$ 图的直线延长线与 x 轴的交点 O 为原点，以 α 表示 $\overline{M}$ 图直线的倾角，则 $\overline{M}$ 图中坐标为 x 的任意截面上 $\overline{M}$ 可表示为

$$\overline{M} = y = x\tan\alpha \tag{b}$$

由于 EI 和 $\tan\alpha$ 为常数，将式（b）代入式（a），于是有

$$\int_A^B \frac{\overline{M} M_P}{EI} ds = \frac{1}{EI} \int_A^B x\tan\alpha M_P dx = \frac{1}{EI}\tan\alpha \int_A^B xM_P dx = \frac{1}{EI}\tan\alpha \int_A^B x dA_\omega \tag{c}$$

式中，$dA_\omega = M_P dx$ 表示 M_P 图的微面积，因而积分 $\int_A^B x dA_\omega$ 就是 M_P 图形面积 A_ω 对 y 轴的静矩。根据静矩定理，$\int_A^B x dA_\omega$ 等于 M_P 图的面积 A_ω 乘以其形心 C 到 y 轴的距离 x_C，即

$$\int_A^B x dA_\omega = A_\omega x_C \tag{d}$$

将式（d）代入式（c），得

$$\int_A^B \frac{\overline{M} M_P}{EI} ds = \frac{1}{EI} A_\omega x_C \tan\alpha = \frac{1}{EI} A_\omega y_C \tag{4-12}$$

其中，$y_C = x_C \tan\alpha$ 为 M_P 图的形心 C 处所对应的 $\overline{M}$ 图中的竖标。式（4-12）即为图乘法计算公式。它将积分运算简化为图形面积、形心和纵坐标的数学计算。根据上面的推证过程，在应用图乘法时要注意以下几点：

1）结构必须满足上述三个条件，且纵坐标 y_C 应取自于直线图形中，对应另一图形的形心处。

2）面积 A_ω 与纵坐标在 y_C 在基线的同侧时，其乘积取正号；面积 A_ω 与纵坐标 y_C 在基线的异侧时，其乘积取负号。

4.5.2 常见图形的面积及其形心位置

用图乘法计算位移时，必须知道常见弯矩图形的面积及其形心位置。为了方便计算，现将几种常见图形的面积及形心位置示于图 4-19 中。需要指出的是图形中所示抛物线均为标准抛物线，其顶点在图中所示位置。当弯矩图为标准抛物线，在顶点处切线斜率为零，即在顶点处截面剪力 $F_Q = 0$。

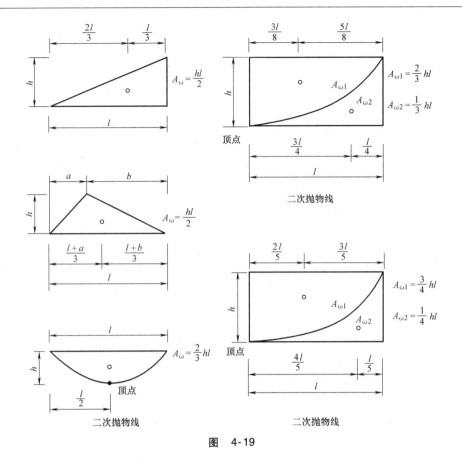

图　4-19

4.5.3　应用图乘法时需要注意的几个问题

1）如果两个图形都是直线图形，则竖向纵坐标 y_C 可取自其中任意一个图形。

2）当 y_C 所在图形是折线图形，或各杆段截面不相等时，应分段图乘，再进行叠加，如图 4-20 所示。

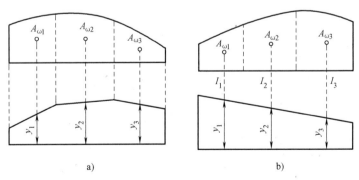

图　4-20

对图 4-20a：

$$\Delta = \frac{1}{EI}(A_{\omega 1}y_1 + A_{\omega 2}y_2 + A_{\omega 3}y_3)$$

对图 4-20b：

$$\Delta = \frac{A_{\omega 1}y_1}{EI_1} + \frac{A_{\omega 2}y_2}{EI_2} + \frac{A_{\omega 3}y_3}{EI_3}$$

3）当遇到面积和形心位置不易确定时，可将它分解为几个简单的图形，分别与另一图形相乘，然后将结果叠加。

如图 4-21a 所示，两个梯形相乘时梯形的形心不易确定，我们可以把它分解为两个三角形（也可以分解为一个矩形和一个三角形），分别与另一个图形图乘再叠加，即

$$\int M_i M_k \mathrm{d}x = A_1 y_1 + A_2 y_2$$

式中，$A_1 = \dfrac{1}{2} la$，$y_1 = \dfrac{2}{3} c + \dfrac{1}{3} d$；$A_2 = \dfrac{1}{2} lb$，$y_2 = \dfrac{1}{3} c + \dfrac{2}{3} d$，代入上式，可得

$$\int M_i M_k \mathrm{d}x = \frac{l}{6} (2ac + 2bd + ad + bc) \tag{4-13}$$

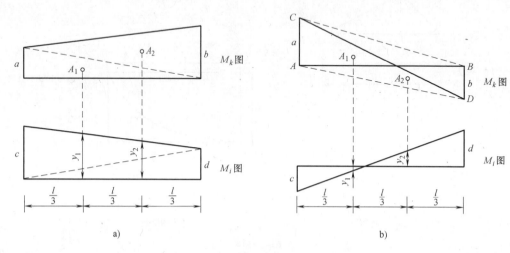

图 4-21

各种直线图形与直线图形相乘，都可用式（4-13）处理。其中，纵坐标在基线同侧时其乘积为正，在异侧时其乘积为负。对于图 4-21b 所示情形，由式（4-13）可得：

$$\int M_i M_k \mathrm{d}x = \frac{l}{6} (-2ac - 2bd + ad + bc)$$

当然此情形也可按图 4-21b 所示将 M_k 图分解为 ABC 和 ABD 两个三角形，分别与 M_i 图相乘后再叠加，所得的计算结果相同。其中面积和纵坐标计算如下：

$$A_1 = \frac{1}{2} la , y_1 = -\frac{2}{3} c + \frac{1}{3} d$$

$$A_2 = \frac{1}{2} lb , y_2 = \frac{1}{3} c - \frac{2}{3} d$$

4.5.4 图乘法位移计算举例

【例 4-5】 试求如图 4-22a 所示外伸梁 C 点的竖向位移 Δ_{CV}。梁的 EI 为常数。

【解】 （1）虚设力状态 在结点 C 加一竖向单位力 $F_P = 1$，如图 4-22c 所示。

（2）绘制弯矩图 分别绘制外伸梁在实际荷载和虚设单位荷载作用下的弯矩图 M_P 和 $\overline{M}$，如图 4-22b、c 所示。BC 段 M_P 图是标准二次抛物线图形；AB 段 M_P 图不是标准二次抛物线图形，现将其分解为一个三角形和一个标准二次抛物线图形。

（3）代入公式，计算位移

$$\Delta_{CV} = \frac{1}{EI}\left[\left(\frac{1}{3}\times\frac{ql^2}{8}\times\frac{l}{2}\right)\frac{3l}{8}-\left(\frac{2}{3}\times\frac{ql^2}{8}\times l\right)\times\frac{l}{4}+\left(\frac{1}{2}\times\frac{ql^2}{8}\times l\right)\times\frac{l}{3}\right] = \frac{ql^4}{128EI} \quad (\downarrow)$$

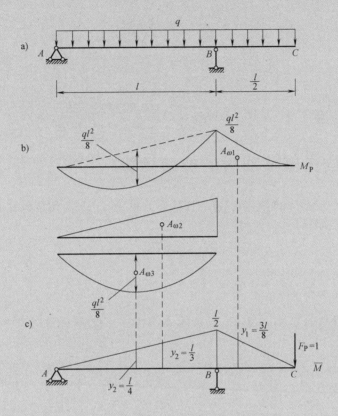

图　4-22

【例 4-6】　试求如图 4-23a 所示刚架 B 点的水平位移 Δ_{BH}。各杆 EI 为常数。

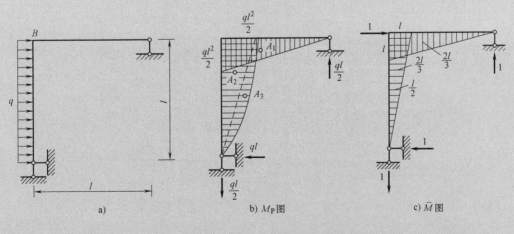

图　4-23

【解】 （1）虚设力状态 在 B 点加一水平单位力 $F_P=1$，如图 4-23c 所示。

（2）绘制弯矩图 分别绘制刚架在实际荷载和虚设单位荷载作用下的弯矩图 M_P 和 $\overline{M}$，如图 4-23b、c 所示。

（3）代入公式，计算位移 Δ_{BH}

$$\Delta_{BH}=\frac{1}{EI}\left(\frac{1}{2}\times l\times ql^2\times\frac{2}{3}\times l+\frac{1}{2}\times l\times ql^2\times\frac{2}{3}\times l+\frac{2}{3}\times l\times\frac{ql^2}{8}\times\frac{1}{2}\times l\right)$$

$$=\frac{17ql^4}{24EI}(\rightarrow)$$

正值表示实际位移方向和所设虚力方向相同。

4.6 静定结构支座移动时的位移计算

由于静定结构在支座移动时不会引起结构的内力和变形，只会使结构发生刚体位移，静定结构在支座移动时的位移计算公式为

$$\Delta_{RC}=-\sum\overline{F}_R C \qquad (4-14)$$

式中 $\overline{F}_R$——虚拟单位力状态的支座反力；

C——实际状态的支座位移；

$\sum\overline{F}_R C$——反力虚功的总和，当 $\overline{F}_R$ 与实际支座位移 C 方向一致时其乘积取正，相反时取负。

【例 4-7】 如图 4-24a 所示三铰刚架，若支座 B 发生如图 4-24a 所示位移，水平位移 Δ_{BH} 为 $a=4\mathrm{cm}$，竖向位移 Δ_{BV} 为 $b=6\mathrm{cm}$，$l=8\mathrm{m}$，$h=6\mathrm{m}$，求由此而引起的左支座处杆段截面的转角 φ_A。

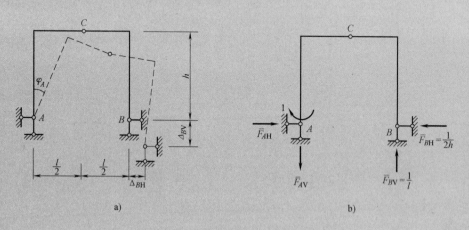

图 4-24

【解】 在 A 点处加一单位力偶，建立虚拟力状态。求出支座反力，如图 4-24b 所示。代入式（4-14）得

$$\varphi_A=-\left[\left(-\frac{1}{2h}\times a\right)+\left(-\frac{1}{l}\times b\right)\right]=\frac{a}{2h}+\frac{b}{l}=0.0108\mathrm{rad} \quad (顺时针方向)$$

4.7　静定结构温度改变时的位移计算

静定结构温度变化时不产生内力，但产生变形，从而产生位移。

如图 4-25a 所示，结构外侧温度升高 t_1 时内侧温度升高 t_2，现要求由此引起的 K 点竖向位移 Δ_{Kt}，此时，位移计算的一般公式（4-5）写为

$$\Delta_{Kt} = \sum \int \overline{F}_N du_t + \sum \int \overline{M} d\varphi_t + \sum \int \overline{F}_Q \gamma_t ds \qquad (4\text{-}15)$$

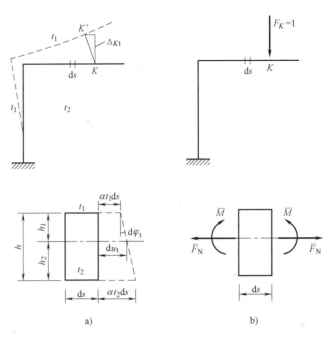

图　4-25

为求 Δ_{Kt}，需先求微段上由于温度变化而引起的变形位移 du_t、$d\varphi_t$、$\gamma_t ds$。

取实际位移状态中的微段 ds，如图 4-25a 所示，微段上、下边缘处的纤维由于温度升高而伸长，分别为 $\alpha t_1 ds$ 和 $\alpha t_2 ds$，这里 α 是材料的线膨胀系数。为简化计算，可假设温度沿截面高度呈直线变化，这样在温度变化时截面仍保持为平面。由几何关系可求出微段在杆轴处的伸长为

$$du_t = \alpha t_1 ds + (\alpha t_2 ds - \alpha t_1 ds)\frac{h_1}{h}$$

$$= \alpha \left(\frac{h_2}{h} t_1 + \frac{h_1}{h} t_2 \right) ds = \alpha t ds \qquad (4\text{-}16)$$

式中，$t = \dfrac{h_2}{h} t_1 + \dfrac{h_1}{h} t_2$，为轴线处的温度变化。若杆件的截面对称于形心轴，即 $h_1 = h_2 = h/2$，则 $t = \dfrac{t_1 + t_2}{2}$。

而微段两端截面的转角为

$$d\varphi_t = \frac{\alpha t_2 ds - \alpha t_1 ds}{h} = \frac{\alpha (t_2 - t_1) ds}{h} = \frac{\alpha \Delta t ds}{h} \qquad (4\text{-}17)$$

式中，$\Delta t = t_2 - t_1$，为两侧温度变化之差。

对于杆件结构，温度变化并不引起剪切变形，$\gamma_t = 0$。

将式（4-16）、式（4-17）代入式（4-15），如果各杆均为等截面杆件，则

$$
\begin{aligned}
\Delta_{Kt} &= \sum \int \overline{F}_N \alpha t \mathrm{d}s + \sum \int \overline{M} \frac{\alpha \Delta t \mathrm{d}s}{h} \\
&= \sum \alpha t \int \overline{F}_N \mathrm{d}s + \sum \frac{\alpha \Delta t}{h} \int \overline{M} \mathrm{d}s \\
&= \sum \alpha t A_{\omega \overline{F}_N} + \sum \frac{\alpha \Delta t}{h} A_{\omega \overline{M}}
\end{aligned}
\tag{4-18}
$$

式中　$A_{\omega \overline{F}_N}$ ——$\overline{F}_N$ 图的面积；

　　　$A_{\omega \overline{M}}$ ——$\overline{M}$ 图的面积。

在应用式（4-18）时，应注意右边各项正负号的确定。由于它们均为内力所做虚功，故对右边两项的正负号做如下规定：若虚拟力状态的变形与实际位移状态的温度变化所引起的变形方向一致，则取正号，反之取负号。对于梁和刚架，在计算温度变化所引起的位移时，一般不能略去轴向变形的影响；对于桁架，在温度变化时，其位移计算公式为

$$
\Delta_{Kt} = \sum \overline{F}_N \alpha t l
\tag{4-19}
$$

当桁架的杆件长度因制造而存在误差时，由此引起的位移计算与温度变化类似，设各杆长度误差为 Δl，则位移计算公式为

$$
\Delta_K = \sum \overline{F}_N \Delta l
\tag{4-20}
$$

式（4-20）中，Δl 以伸长为正，$\overline{F}_N$ 以拉力为正；否则反之。

【例 4-8】 如图 4-26a 所示刚架，已知刚架各杆内侧温度无变化，外侧温度下降 16℃，各杆截面均为矩形，高度为 h，线膨胀系数为 α，试求温度变化引起的 C 点竖向位移 Δ_{CV}。

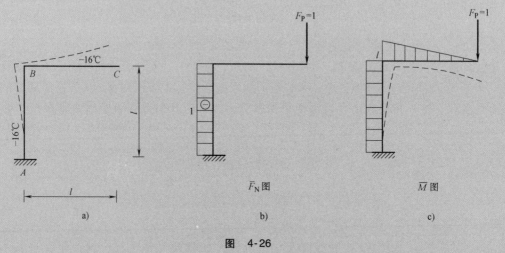

图　4-26

【解】 设虚拟单位力状态 $F_P = 1$，作出相应的 $\overline{F}_N$ 和 $\overline{M}$ 的图，分别如图 4-26b、c 所示。

$$
t_1 = -16℃ , t_2 = 0
$$

$$
t = \frac{t_1 + t_2}{2} = \frac{-16 + 0}{2}℃ = -8℃
$$

$$\Delta t = t_2 - t_1 = 0 - (-16)\ ℃ = 16\ ℃$$

AB 杆由于温度变化产生轴向收缩变形，与 $\overline{F}_N$ 所产生的变形（压缩）方向相同，而 AB 和 BC 杆由于温度变化产生的弯曲变形（外侧纤维缩短，向外侧弯曲）与由 $\overline{M}$ 所产生的弯曲变形（外侧受拉，向内侧弯曲）方向相反，故计算时，第一项取正号而第二项取负号，代入式（4-18）得

$$\Delta_{CV} = \alpha \times 8 \times l - \alpha \frac{16}{h} \times \frac{3}{2} l^2$$

$$= 8\alpha l - 24 \frac{\alpha l^2}{h} \quad (\downarrow)$$

由于 $l > h$，即所得结果为负值，表示 C 点竖向位移与单位力方向相反，即实际位移向上。

本 章 小 结

使结构产生位移的原因有荷载、温度改变、材料收缩、支座移动和制造误差等。结构不仅要满足承载力要求，同时也要满足刚度要求，所以对结构位移的计算是结构设计中的一项重要内容。另外位移计算为超静定结构计算做准备，在施工过程、研究振动和稳定问题时也要用到位移计算。

应用变形体系的虚功原理可得平面杆件结构位移计算的一般公式。针对不同受力类型的结构可将一般公式进行简化。对于梁和刚架，位移主要由杆件的弯曲变形引起，计算位移的公式可简化为 $\Delta = \sum \int \dfrac{\overline{M} M_P}{EI} \mathrm{d}s$。当杆段轴线为直线，杆段的 EI 为常数，M_P 和 $\overline{M}$ 两个弯矩图至少有一个为直线图形时，可采用图乘法计算由荷载作用所产生的位移。

由于静定结构在支座移动时不会引起结构的内力和变形，只会使结构发生刚体位移，静定结构在支座移动时的位移计算公式为 $\Delta_{RC} = -\sum \overline{F}_R C$。

温度改变时位移计算公式为 $\Delta_{kt} = \sum \alpha t A_{\omega \overline{F}_N} + \sum \dfrac{\alpha \Delta t}{h} A_{\omega \overline{M}}$。

思 考 题

1. 没有变形就没有位移，此结论是否成立？
2. 什么是相对线位移和相对转角位移？请举例说明。
3. 何谓实功和虚功？两者的区别是什么？
4. 为什么虚功原理对弹性体、非弹性体、刚体都成立？它的适用条件是什么？
5. 结构上原本没有虚拟单位荷载作用，但求位移时，却加上了虚拟单位力，这样求出的位移等于原结构的实际位移吗？为什么？
6. 何谓线弹性结构？它需满足哪些条件？
7. 图乘法的应用条件及注意事项是什么？变截面杆及曲杆可否用图乘法？
8. 温度变化引起的结构位移计算时如何确定各项正负号？
9. 用单位荷载法计算结构位移时有何前提条件？此法是否适合超静定结构的位移计算？

习 题

1. 用图乘法求图 4-27 所示结构的最大挠度。

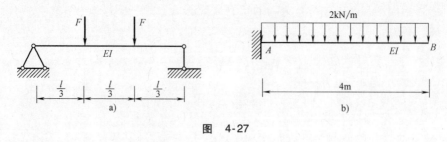

图 4-27

2. 用图乘法求图 4-28 所示结构的 φ_B。

3. 求图 4-29 所示外伸梁 C 点的竖向位移 Δ_{CV}。已知 $EI = 2.0 \times 10^8 \, kN \cdot cm^2$。

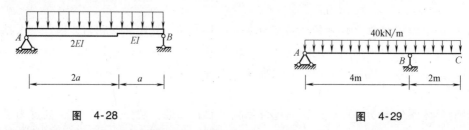

图 4-28　　　　　　　　　　　　　　　　图 4-29

4. 求图 4-30 所示 A、B 两点相对水平位移。

5. 结构的温度变化如图 4-31 所示,求 C 点的竖向位移 Δ_{CV}。各杆截面相同且对称于形心轴,$h = 1/10$,材料的线膨胀系数为 α。

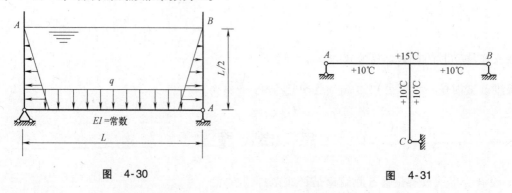

图 4-30　　　　　　　　　　　　　　　　图 4-31

6. 如图 4-32 所示刚架支座 B 下沉 b,试求结点 C 的水平位移 Δ_{CH}。

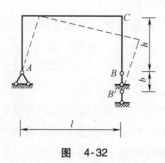

图 4-32

第 5 章 力 法

前面讨论的是静定结构的内力与位移计算问题，但在实际工程中，许多结构为超静定结构。所以本章讨论超静定结构的内力及位移计算问题。力法是计算超静定结构的基本方法之一。

5.1 概述

所谓超静定结构，就是有多余约束的几何不变体系。它与静定结构的最大差别在于：其反力、内力不能由静力平衡条件全部确定。超静定结构的主要类型有超静定梁、超静定拱、超静定刚架、超静定排架、超静定组合结构、超静定桁架等，分别如图 5-1a～f 所示。

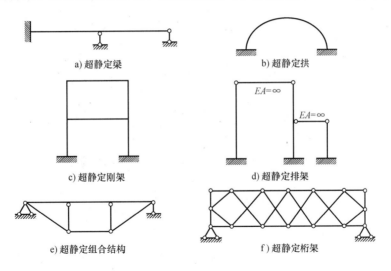

图 5-1

结构的多余约束数，即多余未知力的数目，称为超静定次数。结构的超静定次数可通过去掉多余约束的方法来确定。结构若去掉 n 个多余约束后成为静定结构，该结构即为 n 次超静定。去掉多余约束的方法有如下几种：

1）去掉或切断 1 根链杆，相当于去掉 1 个约束。

例如把图 5-2 所示单跨超静定梁 B 端的竖直链杆去掉，代之以多余力 X_1，结构就变成了静定的悬臂梁，因此该结构是一次超静定。

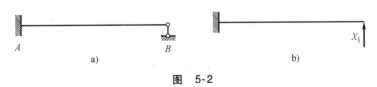

图 5-2

2）去掉 1 个单铰，相当于去掉 2 个约束。

例如把图 5-3a 所示刚架 C 点处的铰去掉，代之以多余力 X_1、X_2，结构就变成了由 2 个静定悬臂组成的静定结构（图 5-3b），因此该结构是二次超静定。

3）去掉 1 个固定端，相当于去掉 3 个约束。

例如把图 5-4a 所示拱结构 B 点处的固定端去掉，代之以多余力 X_1、X_2、X_3，结构就变成了静定的悬臂曲梁（图 5-4b），因此该结构是三次超静定。

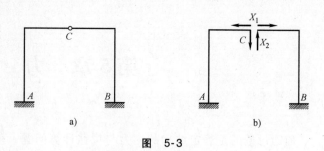

图　5-3

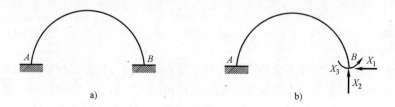

图　5-4

4）将刚性连接改为单铰连接，相当于去掉 1 个约束。

例如把图 5-5a 所示刚架 C 点处的刚性连接改成单铰连接，并代之以多余力 X_1，结构就变成了静定的三铰刚架（图 5-5b），因此该结构是一次超静定。

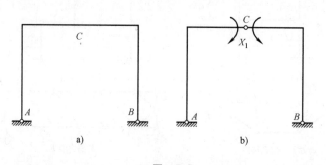

图　5-5

5）切断 1 个刚性连接，相当于去掉 3 个约束。

例如将图 5-6a 所示刚架 C 点处的刚性连接切断，并代以多余力 X_1、X_2、X_3，结构就变成了由 2 个静定悬臂组成的静定结构（图 5-6b），因此该结构是三次超静定。

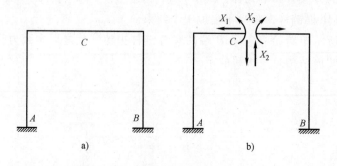

图　5-6

要注意的是：对同一个超静定结构，可以采取不同的方式去掉多余约束，从而得到不同形式的静定结构，但去掉的多余约束的数目应是相同的。另外，去掉多余约束后的体系，必须是几何不变的，因此，某些约束是不能去掉的。下面举例说明超静定次数的确定方法。

图 5-7a 所示为三跨超静定梁，有 2 个多余约束，在 4 根竖直链杆中可以任意去掉 2 根，得到静定结构（图 5-7b、c、d）。为了保证体系的不可变性，其中水平链杆是不能去掉的，如图 5-7e 所示，去掉水平链杆后得到的是可变体系。

图 5-8a 所示刚架有 3 个多余约束，可取静定结构如图 5-8b ~ e 所示。图 5-8f 所示方式不可取，因为所得到的是瞬变体系。

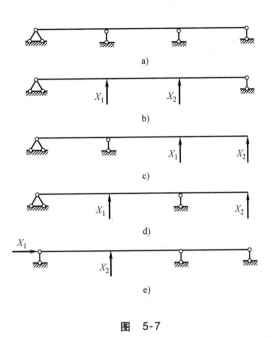

图 5-7

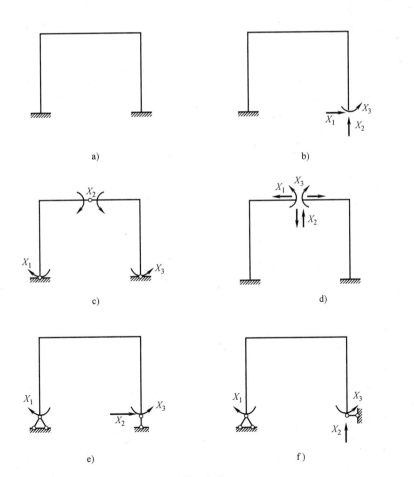

图 5-8

图 5-9a 所示桁架有 2 个多余约束，可取静定结构如图 5-9b、c 所示。

图 5-10a 所示刚架有 4 个多余约束，可取静定结构如图 5-10b 所示。

图 5-11a 所示排架有 2 个多余约束，可取静定结构如图 5-11b 所示。

对图 5-8 所示刚架的分析可知，1 个无铰封闭框刚架有 3 个多余约束，那么由多个无铰封闭框组成的刚架，其超静定次数为无铰封闭框数乘以 3。

如图 5-12a 所示是由 5 个无铰封闭框组成的刚架，其超静定次数为

无铰封闭框数×3 = 5×3 = 15

由于 1 个单铰能减少 1 个约束，因此有铰刚架的超静定次数为无铰封闭框数乘以 3 减去单铰数。单铰是连接 2 根杆件的铰，而连接 2 根以上杆件的铰为复铰，因此复铰等价的单铰数为复铰连接的杆件数减 1。

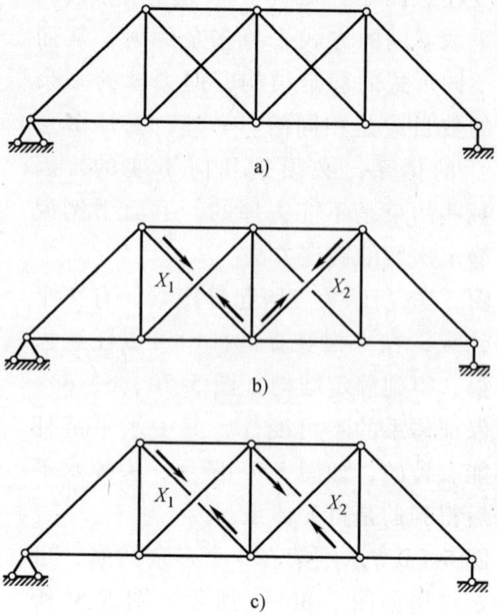

如图 5-12b 所示的铰刚架，其超静定次数为

无铰封闭框数×3−5 = 5×3−5 = 10

图 5-9

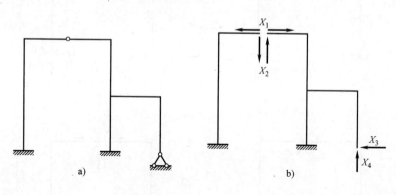

图 5-10

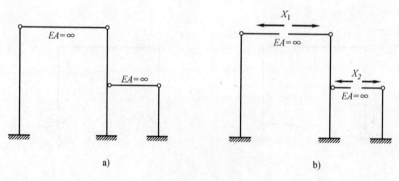

图 5-11

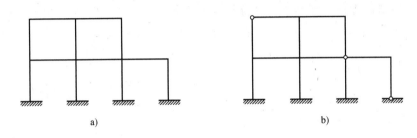

图 5-12

5.2 力法的基本概念

如前所述，超静定结构由于有多余的约束，相应的就有多余约束反力，故单凭静力平衡方程无法解出所有的未知量，因此需要考虑变形协调条件，列出补充方程，才能把多余力求出，再利用静力平衡条件将其他内力或反力求出。力法是计算超静定结构的最基本的方法。力法解决这个问题的思路是：首先将超静定结构的多余约束去掉，代之以多余力，得到一个静定结构，称为基本结构。该基本静定结构上同时作用有原荷载与多余力，称为基本体系。然后利用基本体系在去掉多余约束处、在多余力方向上的位移应与原结构有相同的位移的条件下建立补充方程，将多余未知力求出。下面以图 5-13a 所示的单跨超静定梁来说明运用力法解题的思路与步骤。

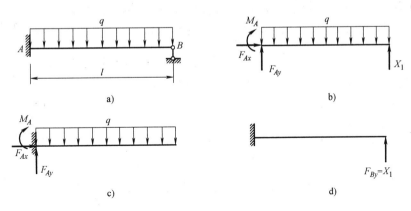

图 5-13

1. 力法的基本未知量

如图 5-13a 所示的一次超静定结构，共有四个支座反力 F_{Ax}、F_{Ay}、M_A、F_{By}，不能完全用三个平衡方程求出，若撤去支座 B，代之以一个相应的多余未知力 X_1 作用，如图 5-13b 所示。根据叠加原理，图 5-13b 所示状态为图 5-13c、d 状态的叠加，如设法求出 X_1，则原结构就转化为在荷载 q 和 X_1 共同作用下的静定结构的计算问题，因此解决问题的关键是求解 X_1。处于关键地位的多余未知力称为力法的基本未知量，力法的名称也由此而来。

2. 取基本体系

在超静定结构中，力法的基本结构是去掉多余约束所得到的静定结构。如图 5-14a 所示的悬臂梁就是图 5-13a 的基本结构之一。力法的基本体系是指基本结构在荷载和多余未知力共同作用下的体系，如图 5-14b 所示。需要注意的是原结构和基本体系是不同的，基本体系是静定结构。若 X_1 与原结构 B 端支座竖直方向链杆的反力在大小、方向上完全相同，那么就认为基本体系与原结构是完全等价的，原结构的计算问题就可以在基本体系上进行。

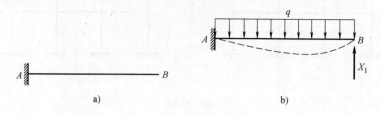

图 5-14

基本体系的取法：把原结构的多余约束去掉，代之以多余未知力，用 X 表示，至于多余未知力的方向，由于它是未知的，可以任意假设，最后求出若是正值，表示与假设的方向一致，若是负值，表示真实的力与假设的方向相反。另外原结构的基本体系可以有多种取法。

3. 力法基本方程

根据上面分析可知，超静定结构用静定平衡方程是无法求解的。但如果能把多余未知力求解出来，就转化为静定结构的问题。因此计算多余未知力是解决超静定结构问题的关键所在，此时，计算多余未知力就必须补充新的条件。如图 5-15a 所示的基本结构是荷载和 X_1 共同作用下的情形。图 5-15a 原结构（图 5-13a）由于有支座 B 的存在，因此 B 支座竖向位移为零。这里的 X_1 作为主动力的时候，B 点可以有位移。如果 X_1 过大，则梁的 B 端有向上的位移；如果 X_1 过小，则梁的 B 端有向下的位移。只有当梁的 B 端位移刚好等于零时，基本体系的受力才能等价于原结构，也即基本体系中的 X_1 刚好等于原结构中的多余约束力 F_{By}。

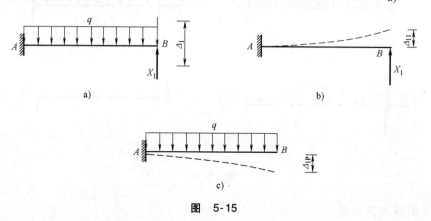

图 5-15

由此可知，基本体系等价于原结构的条件是：基本体系沿多余未知力 X_1 方向的位移等于结构真实位移，即

$$\Delta_1 = 0 \tag{a}$$

这就是用以确定 X_1 的变形条件或位移条件。

下面来讨论线性变形体系的叠加。根据叠加原理，如图 5-15a 所示的状态应等于如图 5-15b 所示状态和如图 5-15c 所示状态的总和。因此根据变形条件有

$$\Delta_1 = \Delta_{11} + \Delta_{1P} = 0 \tag{b}$$

式中 Δ_{11}——基本结构在 X_1 作用下，沿 X_1 方向产生的位移；

Δ_{1P}——基本结构在荷载作用下，沿 X_1 方向产生的位移；

Δ_1——基本结构沿 X_1 方向的总位移。

方程的物理意义为基本体系沿未知力方向的位移等于结构的真实位移（位移协调条件）。

在线性变形体系中，设 δ_{11} 是 $X_1 = 1$ 时，基本结构沿 X_1 方向产生的位移，则有

$$\Delta_{11} = \delta_{11} X_1 \qquad (c)$$

式中　δ_{11}——系数，基本结构在单位力 $X_1 = 1$ 单独作用下沿 X_1 方向产生的位移。

将式（a）、式（b）代入式（c）得

$$\delta_{11} X_1 + \Delta_{1P} = 0 \qquad (5\text{-}1)$$

这就是线性变形条件下一次超静定结构的力法基本方程，简称力法方程。

式（5-1）中 δ_{11} 和 Δ_{1P} 被称为系数和自由项，可用求解静定结构位移的方法求出，最后根据式（5-1）即可求出基本未知量 X_1。

4. 力法方程的求解

为了具体求解 δ_{11} 和 Δ_{1P}，需要作基本结构在单位力 $X_1 = 1$ 作用下的 $\overline{M}_1$ 图，如图 5-16a 所示。荷载作用下的 M_P 图如图 5-16b 所示，应用图乘法可得

$$\delta_{11} = \int \frac{\overline{M}_1 \overline{M}_1}{EI} dx = \frac{1}{EI} \times \frac{l}{2} \times l \times \frac{2l}{3} = \frac{l^3}{3EI}$$

$$\Delta_{1P} = \int \frac{\overline{M}_1 M_P}{EI} dx = -\frac{1}{EI} \times \frac{1}{3} \times \frac{ql^2}{2} \times l \times \frac{3l}{4} = -\frac{ql^4}{8EI}$$

代入式（5-1），可得　$X_1 = -\dfrac{\Delta_{1P}}{\delta_{11}} = \dfrac{3ql}{8}$　（↑）

求得的 X_1 为正号，表示未知力 X_1 的方向与所设的方向一致，竖直向上。

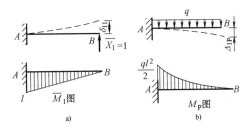

图　5-16

5. 叠加法作弯矩图

多余未知力 X_1 求出后，其余所有反力、内力的计算都是静定问题，在绘制最后弯矩图时，可以利用已经绘出的 $\overline{M}_1$ 图和 M_P 图按叠加法绘制，即

$$M = \overline{M}_1 X_1 + M_P \qquad (5\text{-}2)$$

也就是将 $\overline{M}_1$ 图的竖标乘以 X_1 倍，再与 M_P 图的竖标对应相叠加。例如截面 A 的弯矩为

$$M_A = l \times \frac{3}{8} ql + \left(-\frac{ql^2}{2} \right) = -\frac{ql^2}{8} \quad （上侧受拉）$$

绘制弯矩图时只要把关键截面弯矩求出，绘制弯矩图的大概形状即可，如图 5-17 所示。

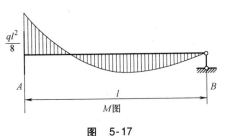

图　5-17

5.3 力法的典型方程

5.3.1 三次超静定结构的力法方程

前面用一次超静定结构讨论了力法的基本概念，下面结合三次超静定结构进一步说明力法求解多次超静定结构的原理以及力法典型方程的建立。

如图 5-18a 所示的刚架为三次超静定结构，则该刚架有三个多余约束，在力法计算时，需要先去掉三个多余约束。假设去掉固定支座 B，在 B 端代之以相应的多余未知力 X_1、X_2、X_3，得到图 5-18b 所示的基本体系。由于原结构的 B 端为固定端，所以没有水平位移、竖向位移和角位移。因此，基本体系要和原结构体系保持一致，基本结构在荷载和多余未知力 X_1、X_2、X_3 共同作用下，在 B 端产生的 X_1（水平力）、X_2（竖向力）、X_3（力矩）方向（水平方向、竖直方向、转角方向）上的位移必须等于零，即

$$\Delta_1 = 0, \Delta_2 = 0, \Delta_3 = 0$$

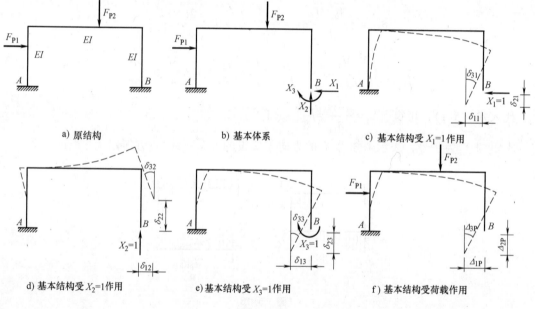

a) 原结构　　　　　b) 基本体系　　　　　c) 基本结构受 X_1=1 作用

d) 基本结构受 X_2=1 作用　　　e) 基本结构受 X_3=1 作用　　　f) 基本结构受荷载作用

图　5-18

根据前面分析可知，力法计算中的关键是求解多余未知力 X_1、X_2、X_3。下面讨论分别假设 $X_1 = 1$、$X_2 = 1$、$X_3 = 1$ 和荷载单独作用在基本结构上时所产生的位移。

当 $X_1 = 1$ 单独作用在基本结构时，设在 B 端沿 X_1、X_2、X_3 方向的位移分别是 δ_{11}、δ_{21}、δ_{31}，如图 5-18c 所示；当 $X_2 = 1$ 单独作用在基本结构时，设在 B 端沿 X_1、X_2、X_3 方向位移分别是 δ_{12}、δ_{22}、δ_{32}，如图 5-18d 所示；当 $X_3 = 1$ 单独作用在基本结构时，设在 B 端沿 X_1、X_2、X_3 方向位移分别是 δ_{13}、δ_{23}、δ_{33}，如图 5-18e 所示；当荷载单独作用在基本结构时，设在 B 端沿 X_1、X_2、X_3 方向位移分别是 Δ_{1P}、Δ_{2P}、Δ_{3P}，如图 5-18f 所示。根据叠加原理，基本结构应满足的变形条件可写为

$$\begin{cases} \Delta_1 = \delta_{11} X_1 + \delta_{12} X_2 + \delta_{13} X_3 + \Delta_{1P} = 0 \\ \Delta_2 = \delta_{21} X_1 + \delta_{22} X_2 + \delta_{23} X_3 + \Delta_{2P} = 0 \\ \Delta_3 = \delta_{31} X_1 + \delta_{32} X_2 + \delta_{33} X_3 + \Delta_{3P} = 0 \end{cases} \tag{5-3}$$

需要注意的是同一个超静定结构可以选择不同力法基本结构和基本未知量，如图 5-18a 所示的结构，其基本结构也可用图 5-19a、b、c 所示的基本结构，这时力法方程在形式上与式（5-3）完全相同。但由于 X_1、X_2、X_3 的实际含义不同，因而变形协调条件的含义也不同。此外，还须注意，基本结构必须是几何不变的，瞬变体系不能用作基本结构。

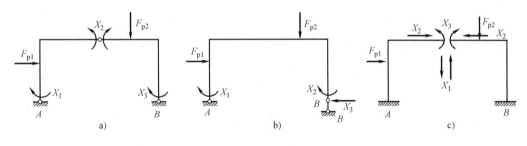

图 5-19

5.3.2 n 次超静定结构的力法方程

对于 n 次超静定结构，则有 n 个多余未知力，而每一个多余未知力都对应着一个多余约束力，相应也就有一个已知位移条件，故可据此建立 n 个方程，从而可解出 n 个多余未知力。当原结构上各多余未知力作用处的位移为零时，这时 n 个方程可写为

$$\begin{cases} \Delta_1 = \delta_{11}X_1 + \delta_{12}X_2 + \cdots \delta_{1i}X_i + \cdots + \delta_{1n}X_n + \Delta_{1P} = 0 \\ \qquad\cdots\cdots\cdots \\ \Delta_i = \delta_{i1}X_1 + \delta_{i2}X_2 + \cdots \delta_{ii}X_i + \cdots + \delta_{in}X_n + \Delta_{iP} = 0 \\ \qquad\cdots\cdots\cdots \\ \Delta_n = \delta_{n1}X_1 + \delta_{n2}X_2 + \cdots \delta_{ni}X_i + \cdots + \delta_{nn}X_n + \Delta_{nP} = 0 \end{cases} \quad (5\text{-}4)$$

这就是 n 次超静定结构的力法基本方程。这一组方程的物理意义为：基本结构在全部多余未知力和荷载共同作用下沿各多余未知力方向的位移，应与原结构相应的位移相等。在式（5-4）中，系数 δ_{ij} 和自由项 Δ_{iP} 分别表示基本结构在单位力和荷载作用下的位移。位移符号中采用两个下标：第一个下标表示位移的方向，第二个下标表示产生位移的原因。例如：δ_{ij} 表示单位力 $X_j = 1$ 单独作用于基本结构时产生的沿 X_i 方向的位移，也称为柔度系数；Δ_{iP} 表示荷载单独作用于基本结构时产生的沿 X_i 方向的位移。

在上述方程组中，主对角线上的系数 δ_{11}、δ_{22}、$\cdots\cdots$、δ_{nn}，称为主系数。主系数均为正值且不为零。不在对角线上的系数 δ_{ij}（$i \neq j$）称为副系数。副系数可能为正值，也可能为负值，或者为零。

典型方程中的各系数和自由项，都是基本结构在已知力作用下的位移计算，完全可用第 4 章静定结构位移计算所述方法求得。

对于梁和刚架在荷载作用下，可按下式计算：

$$\delta_{ii} = \sum \int \frac{\overline{M_i}\,\overline{M_i}}{EI}\mathrm{d}x$$

$$\delta_{ij} = \sum \int \frac{\overline{M_i}\,\overline{M_j}}{EI}\mathrm{d}x \qquad (5\text{-}5)$$

$$\Delta_{iP} = \sum \int \frac{\overline{M_i}M_P}{EI}\mathrm{d}x$$

对于梁和刚架，在求解过程中，使用图乘法更为方便。显然副系数 δ_{ij} 与 δ_{ji} 是相等的，即 $\delta_{ij} = \delta_{ji}$。

对于桁架结构，按下式计算：

$$\delta_{ii} = \sum \frac{\overline{F}_{Ni}\,\overline{F}_{Ni}}{EA}l$$

$$\delta_{ij} = \sum \frac{\overline{F}_{Ni}\,\overline{F}_{Nj}}{EA}l \tag{5-6}$$

$$\Delta_{iP} = \sum \frac{\overline{F}_{Ni}F_{NP}}{EA}l$$

系数和自由项求得后，解力法方程组，即可以求得多余未知力 X_1、X_2、$\cdots\cdots$、X_n，然后根据静力平衡条件或叠加原理，计算各截面内力，绘制内力图。按叠加原理计算内力的公式为

$$M = \overline{M}_1 X_1 + \overline{M}_2 X_2 + \cdots + \overline{M}_n X_n + M_P$$

$$F_Q = \overline{F}_{Q1} X_1 + \overline{F}_{Q2} X_2 + \cdots + \overline{F}_{Qn} X_n + F_{QP}$$

$$F_N = \overline{F}_{N1} X_1 + \overline{F}_{N2} X_2 + \cdots + \overline{F}_{Nn} X_n + F_{NP}$$

式中　$\overline{M}_i$、$\overline{F}_{Qi}$、$\overline{F}_{Ni}$——基本结构由于 $X_i = 1$ 单独作用时产生的任一截面的内力（$i = 1$、2、$\cdots\cdots$、n）；

　　　M_P、F_{QP}、F_{NP}——基本结构由于荷载单独作用时产生的相应截面的内力。

5.3.3　力法的计算步骤

1. 力法的解题步骤

根据前面所述，力法的解题步骤如下：

1）判定超静定结构的次数。

2）选择基本结构，即去掉多余约束，以相应的多余未知力代替，得到基本体系。

3）根据基本体系在多余未知力处的变形与原结构在多余未知力处的变形相等的条件，写出力法方程。

4）作各单位力和荷载分别单独作用在基本结构上的弯矩图，再求力法方程中的系数和自由项。

5）把系数和自由项代入力法方程，求得基本未知量。

6）由叠加原理画弯矩图。

2. 力法的特点

从上面的解题过程可以看出，力法有以下特点：

1）以多余未知力作为基本未知量，并根据基本体系与原结构的变形协调条件建立力法方程。也就是说，力法的未知量是力，但求解的未知量则是位移。

2）若选取的基本体系是静定的，力法方程中的系数和自由项均为静定结构的位移，因此可以说，静定结构的内力和位移计算是力法的基础。但是若取的基本体系是超静定的，那么力法方程中的系数和自由项都是超静定结构的位移，这些内容要在学习了超静定结构的位移计算后再讨论。

3）基本体系与原结构在受力、变形和位移方面是完全相同的，二者是等价的。

4）由于多余力的确定不是唯一的，因此力法基本体系的选取也不是唯一的。

5.4 力法举例

5.4.1 超静定刚架

【例5-1】 试计算图5-20a所示的超静定刚架，并绘制内力图。

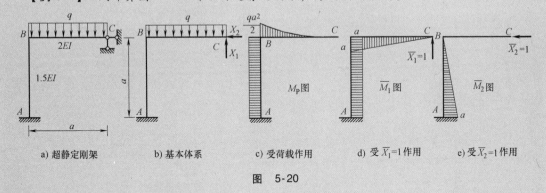

a) 超静定刚架　　　b) 基本体系　　　c) 受荷载作用　　　d) 受 $\overline{X}_1=1$ 作用　　　e) 受 $\overline{X}_2=1$ 作用

图 5-20

【解】 （1）选取基本结构和基本未知量 这是一个二次超静定结构，去掉 C 端铰支座的两个约束，得到一个基本结构，基本体系如图5-20b所示。

（2）建立力法方程 基本结构在荷载和多余未知力作用下，应该满足 C 点的水平和竖向位移为零的变形条件，建立力法方程为

$$\begin{cases} \delta_{11}X_1 + \delta_{12}X_2 + \Delta_{1P} = 0 \\ \delta_{21}X_1 + \delta_{22}X_2 + \Delta_{2P} = 0 \end{cases}$$

（3）求系数和自由项 分别绘制基本结构在荷载作用下的 M_P 图及在单位力 $X_1=1$、$X_2=1$ 作用下的 $\overline{M}_1$ 图和 $\overline{M}_2$ 图，如图5-20c、d、e所示。利用图乘法计算各系数和自由项如下：

$$\delta_{11} = \sum \int \frac{\overline{M}_1 \overline{M}_1}{EI}ds = \frac{1}{1.5EI}(a \times a \times a) + \frac{1}{2EI}\left(a \times a \times \frac{1}{2} \times \frac{2}{3}a\right) = \frac{5a^3}{6EI}$$

$$\delta_{22} = \sum \int \frac{\overline{M}_2 \overline{M}_2}{EI}ds = \frac{1}{1.5EI}\left(\frac{1}{2} \times a \times a \times \frac{2}{3}a\right) = \frac{2a^3}{9EI}$$

$$\delta_{12} = \delta_{21} = \sum \int \frac{\overline{M}_1 \overline{M}_2}{EI}ds = \frac{1}{1.5EI}\left(a \times a \times \frac{1}{2}a\right) = \frac{a^3}{3EI}$$

$$\Delta_{1P} = \sum \int \frac{\overline{M}_1 M_P}{EI}ds = -\frac{1}{1.5EI}\left(\frac{1}{2}qa^2 \times a \times a\right) - \frac{1}{2EI}\left(\frac{1}{3} \times \frac{1}{2}qa^2 \times a \times \frac{3}{4}a\right) = -\frac{19qa^4}{48EI}$$

$$\Delta_{2P} = \sum \int \frac{\overline{M}_2 M_P}{EI}ds = -\frac{1}{1.5EI}\left(\frac{1}{2}qa^2 \times a \times \frac{1}{2}a\right) = -\frac{qa^4}{6EI}$$

（4）求多余未知力 将求解出的系数和自由项代入力法方程，化简后得到

$$\begin{cases} \dfrac{5}{6}X_1 + \dfrac{1}{3}X_2 - \dfrac{19}{48}qa = 0 \\ \dfrac{1}{3}X_1 + \dfrac{2}{9}X_2 - \dfrac{1}{6}qa = 0 \end{cases}$$

解得

$$X_1 = \frac{7}{16}qa, \quad X_2 = \frac{3}{32}qa$$

（5）绘制内力图　利用叠加公式 $M = \overline{M}_1 X_1 + \overline{M}_2 X_2 + M_P$，计算各杆端弯矩值如下：

$$M_{CB} = 0$$

$$M_{BC} = \frac{7}{16}qa \times a - \frac{1}{2}qa^2 = -\frac{1}{16}qa^2 \quad （外侧受拉）$$

$$M_{AB} = \frac{7}{16}qa \times a + \frac{3}{32}qa \times a - \frac{1}{2}qa^2 = \frac{1}{32}qa^2 \quad （内侧受拉）$$

绘制弯矩图如图 5-21a 所示。剪力和轴力按分析静定结构的方法，利用平衡条件计算，绘制剪力图和轴力图，如图 5-21b、c 所示。

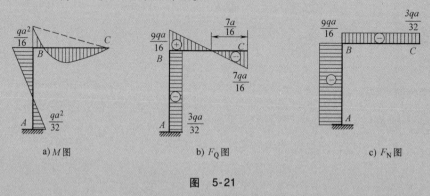

图　5-21

【例 5-2】　试计算图 5-22a 所示的超静定刚架，EI 为常数，并绘制内力图。

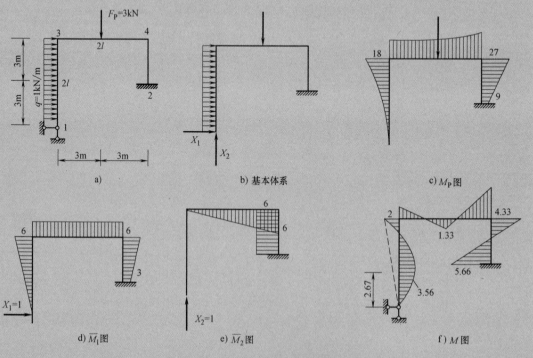

图　5-22

【解】　（1）选取基本结构和基本未知量　这是一个二次超静定结构，去掉 1 端铰支座的两个约束，得到一个基本结构，代之以多余未知力 X_1、X_2，基本体系如图 5-22b 所示。

（2）建立力法方程　基本结构在荷载和多余未知力作用下，应该满足 1 点的水平和竖向位移为零的变形条件，建立力法方程

$$\begin{cases} \delta_{11}X_1 + \delta_{12}X_2 + \Delta_{1P} = 0 \\ \delta_{21}X_1 + \delta_{22}X_2 + \Delta_{2P} = 0 \end{cases}$$

（3）求系数和自由项　先分别绘制基本结构在荷载，及单位力 $X_1 = 1$，$X_2 = 1$ 作用下的 M_P 图、$\overline{M}_1$ 图和 $\overline{M}_2$ 图，如图 5-22c、d、e 所示。利用图乘法计算各系数和自由项如下：

$$\delta_{11} = \sum \int \frac{\overline{M}_1 \overline{M}_1}{EI} ds = \frac{1}{2EI}\left(\frac{1}{2} \times 6 \times 6 \times \frac{2}{3} \times 6\right) + \frac{1}{2EI}(6 \times 6 \times 6) +$$

$$\frac{1}{EI}\left[\frac{1}{2} \times 3 \times 3 \times \left(\frac{2}{3} \times 3 + \frac{1}{3} \times 6\right) + \frac{1}{2} \times 3 \times 6 \times \left(\frac{1}{3} \times 3 + \frac{2}{3} \times 6\right)\right] = \frac{207}{EI}$$

$$\delta_{22} = \sum \int \frac{\overline{M}_2 \overline{M}_2}{EI} ds = \frac{1}{2EI}\left(\frac{1}{2} \times 6 \times 6 \times \frac{2}{3} \times 6\right) + \frac{1}{EI}(6 \times 3 \times 6) = \frac{144}{EI}$$

$$\delta_{12} = \delta_{21} = \sum \int \frac{\overline{M}_1 \overline{M}_2}{EI} ds = -\frac{1}{2EI}\left(\frac{1}{2} \times 6 \times 6 \times 6\right) -$$

$$\frac{1}{EI}\left[\frac{1}{2} \times (6 + 3) \times 3 \times 6\right] = -\frac{135}{EI}$$

$$\Delta_{1P} = \sum \int \frac{\overline{M}_1 M_P}{EI} ds = \frac{1}{2EI}\left(\frac{1}{3} \times 18 \times 6 \times \frac{3}{4} \times 6\right) +$$

$$\frac{1}{2EI}\left[18 \times 3 \times 6 + \frac{1}{2} \times (18 + 27) \times 3 \times 6\right] +$$

$$\frac{1}{EI}\left[\frac{1}{2} \times 27 \times 3 \times \left(\frac{2}{3} \times 6 + \frac{1}{3} \times 3\right) + \frac{1}{2} \times 9 \times 3 \times \left(\frac{2}{3} \times 3 + \frac{1}{3} \times 6\right)\right] = \frac{702}{EI}$$

$$\Delta_{2P} = \sum \int \frac{\overline{M}_2 M_P}{EI} ds$$

$$= -\frac{1}{2EI}\left[18 \times 3 \times \frac{1}{2} \times 3 + \frac{1}{2} \times 27 \times 3 \times \left(\frac{2}{3} \times 6 + \frac{1}{3} \times 3\right) + \frac{1}{2} \times 18 \times 3 \times \left(\frac{2}{3} \times 3 + \frac{1}{3} \times 6\right)\right] -$$

$$\frac{1}{EI}\left(\frac{9 + 27}{2} \times 3 \times 6\right) = -\frac{520}{EI}$$

（4）解力法方程　将系数和自由项代入力法方程，简化得

$$\begin{cases} 207X_1 - 135X_2 + 702 = 0 \\ -135X_1 + 144X_2 - 520 = 0 \end{cases}$$

解方程得

$$X_1 = -2.67, X_2 = 1.11$$

（5）用叠加法作弯矩图　$M = \overline{M}_1 X_1 + \overline{M}_2 X_2 + M_P$，计算各杆端弯矩值，如图 5-22f 所示。

5.4.2　铰接排架

　　铰接排架是由屋架（屋面梁）与柱组成的结构，屋架（或屋面梁）与柱为铰接，柱与基础为刚接。排架结构广泛用于工业建筑，比如单层工业厂房。在屋面荷载作用下，屋架按桁架计算。屋架、吊车梁等荷载作用于柱时，屋架对柱顶只起联系作用，故用力法分析排架时，常将屋架视为轴向刚度 EA 为无穷大的杆件。如图 5-23a 所示为一厂房排架结构，其计算简图如图 5-23b 所示。由于上柱常放置吊车梁，因此常做成牛腿柱，下柱的截面尺寸比上柱大。计算排架结构时，一般把简图所示的横梁作为多余联系切断，代之以多余未知力，确定基本结构。另外，利用切断杆件两侧相对位移为零的条件，建立力法平衡方程。

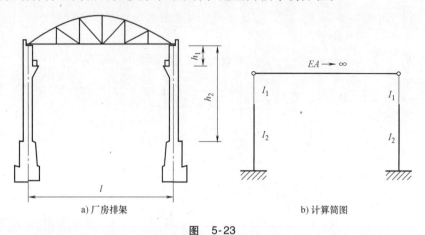

a) 厂房排架　　　　　　　　　　　　b) 计算简图

图　5-23

　　【例 5-3】　试计算图 5-23a 所示的超静定桁架在风荷载作用下的内力。已知：$h_1 = a$，$h_2 = 4a$，$EI_2 = 3EI_1$。

　　【解】　（1）选择基本体系　经分析此排架结构是一次超静定，受力如图 5-24a 所示。切断横梁以多余未知力 X_1 代替，得基本体系，如图 5-24b 所示。

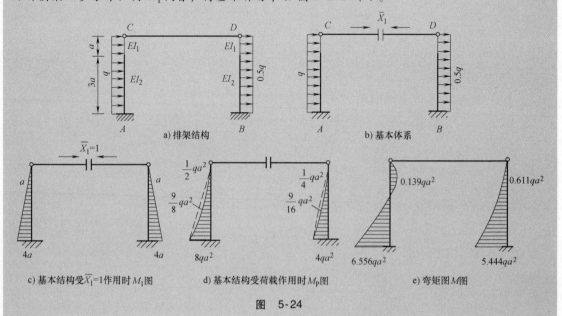

c) 基本结构受 $\overline{X}_1=1$ 作用时 M_1 图　　　d) 基本结构受荷载作用时 M_p 图　　　e) 弯矩图 M 图

图　5-24

（2）建立力法方程 根据横梁切口两侧的截面在荷载和多余未知力共同作用下相对水平位移为零的条件，建立力法基本方程。

$$\delta_{11}X_1 + \Delta_{1P} = 0$$

（3）求系数和自由项 令 $EI_1 = EI$，$EI_2 = 3EI$，分别绘制基本结构在单位力 $X_1 = 1$ 及荷载作用下的 $\overline{M}_1$ 图和 M_P 图，如图 5-24c、d 所示。利用图乘法计算各系数和自由项如下：

$$\delta_{11} = \sum \int \frac{\overline{M}_1 \overline{M}_1}{EI} ds = \frac{2}{EI}\left(\frac{1}{2} \times a^2 \times \frac{2}{3} \times a\right) +$$

$$\frac{2}{3EI}\left[\frac{1}{2} \times 3a \times a \times \left(\frac{2a}{3} + \frac{4a}{3}\right) + \frac{1}{2} \times 3a \times 4a \times \left(\frac{a}{3} + \frac{2}{3} \times 4a\right)\right]$$

$$= \frac{44a^3}{3EI}$$

$$\Delta_{1P} = \sum \int \frac{\overline{M}_1 M_P}{EI} ds = \frac{1}{EI}\left(\frac{1}{3} \times \frac{1}{2}qa^2 \times a \times \frac{3}{4} \times a - \frac{1}{3} \times \frac{1}{4}qa^2 \times a \times \frac{3}{4} \times a\right) +$$

$$\frac{1}{3EI}\left[\frac{3a}{6}\left(2 \times a \times \frac{1}{2}qa^2 + 2 \times 4a \times 8qa^2 + 4a \times \frac{1}{2}qa^2 + a \times 8qa^2\right) -\right.$$

$$\left.\frac{2}{3} \times \frac{9}{8}qa^2 \times 3a \times \frac{5}{2}a\right] +$$

$$\frac{1}{3EI}\left[\frac{3a}{6}\left(-2 \times a \times \frac{1}{2}qa^2 - 2 \times 4a \times 4qa^2 - 4a \times \frac{1}{4}qa^2 - a \times 4qa^2\right) +\right.$$

$$\left.\frac{2}{3} \times \frac{9}{16}qa^2 \times 3a \times \frac{5}{2}a\right]$$

$$= \frac{127qa^4}{24EI}$$

（4）解力法方程，计算多余未知力 将系数和自由项代入力法方程，得

$$X_1 = -\frac{\Delta_{1P}}{\delta_{11}} = -\frac{127qa^4}{24EI} \times \frac{3EI}{44a^3} = -0.361qa$$

（5）计算内力 由叠加公式 $M = \overline{M}_1 X_1 + M_P$，计算各杆端弯矩，绘制弯矩图，如图 5-24e 所示。

5.4.3 超静定桁架结构

前面章节介绍了桁架结构广泛用于大跨度屋架和桥梁建筑中。桁架结构在结点荷载作用下各杆件只产生轴力，因此用力法计算超静定桁架结构时，系数和自由项按式（5-6）计算。

【例 5-4】 计算图 5-25a 所示桁架结构各杆的内力，各杆的 EI 为常数。

【解】 （1）选择基本体系 经过分析，该桁架是一次超静定结构。切断 AC 杆并以相应的多余未知力 X_1 代替，得到如图 5-25b 所示的基本体系。

（2）建立力法方程 基本体系在荷载和多余未知力作用下，满足的条件是切口两侧截面沿 X_1 方向的位移即相对轴向位移为零，建立力法方程为

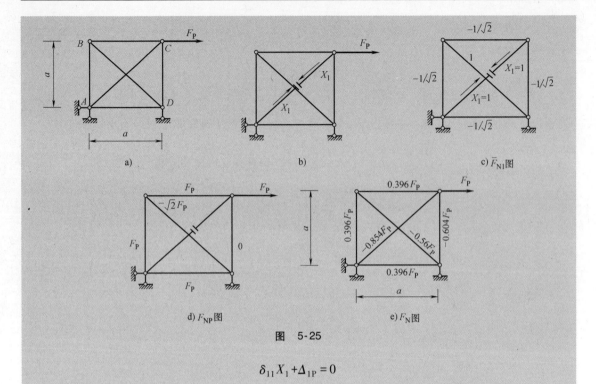

图 5-25

$$\delta_{11}X_1 + \Delta_{1P} = 0$$

（3）求系数和自由项 基本结构在单位力 $X_1 = 1$ 作用下的各杆轴力 $\overline{F}_{N1}$，如图 5-25c 所示；在荷载作用下各杆轴力 F_{NP} 图，如图 5-25d 所示；计算各系数和自由项过程如下：

$$\delta_{11} = \sum \frac{\overline{F}_{N1}\overline{F}_{N1}}{EA}l = \frac{1}{EA}\sum_{i=1}^{6}\overline{F}_{Ni}^2 l = \frac{1}{EA}\left(2 + 2\sqrt{2}\right)a$$

$$\Delta_{1P} = \sum \frac{\overline{F}_{Ni}F_{NP}}{EA}l = \frac{1}{EA}\sum_{i=1}^{6}\overline{F}_{Ni}F_{NP}l = \frac{1}{EA}\left[-\frac{F_P a}{\sqrt{2}}\left(3 + 2\sqrt{2}\right)\right]$$

（4）解力法方程，求多余未知力

$$\frac{1}{EA}\left(2+2\sqrt{2}\right)a \cdot X_1 - \frac{1}{EA}\frac{F_P a}{\sqrt{2}}\left(3+2\sqrt{2}\right) = 0$$

$$X_1 = \frac{3+2\sqrt{2}}{2\sqrt{2}+4}F_P = 0.854F_P$$

（5）计算内力 由叠加公式 $F_N = \overline{F}_{N1}X_1 + F_{NP}$，计算各杆件轴力，绘制内力图，如图 5-25e 所示。

5.4.4 超静定组合结构

组合结构是由梁式杆和链杆组成的结构，如图 5-26 所示。超静定组合结构的优点在于节约材料、制造方便。在组合结构中，链杆只受轴力，梁式杆既承受弯矩，也承受剪力和轴力。在计算力法方程中的系数和自由项时，对于链杆只考虑轴力的影响；对于梁式杆一般只考虑弯矩的影响，忽略轴力和剪力的影响。因此，力法方程中系数和自由项由下式计算可得：

$$\delta_{ii} = \sum \int \frac{\overline{M}_i\overline{M}_i}{EI}dx + \sum \frac{\overline{F}_{Ni}\overline{F}_{Ni}}{EA}l$$

$$\delta_{ij} = \sum \int \frac{\overline{M}_i \overline{M}_j}{EI} dx + \sum \frac{\overline{F}_{Ni} \overline{F}_{Nj}}{EA} l$$

$$\Delta_{iP} = \sum \int \frac{\overline{M}_i M_P}{EI} dx + \sum \frac{\overline{F}_{Ni} F_{NP}}{EA} l$$

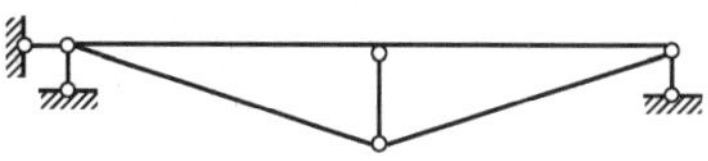

图 5-26

各杆内力可按以下叠加公式计算：

$$M = \overline{M}_1 X_1 + \overline{M}_2 X_2 + \cdots + \overline{M}_n X_n + M_P$$

$$F_N = \overline{F}_{N1} X_1 + \overline{F}_{N2} X_2 + \cdots + \overline{F}_{Nn} X_n + F_{NP}$$

【例 5-5】 计算图 5-27a 所示超静定组合结构的内力。横梁 $I = 1 \times 10^{-4} \, \mathrm{m}^4$，链杆 $A = 1 \times 10^{-3} \, \mathrm{m}^2$，各杆的 E 为常数。

【解】 （1）选择基本体系 该组合结构是一次超静定结构。切断竖向链杆并代之以相应的多余未知力 X_1，得到如图 5-27b 所示的基本体系。

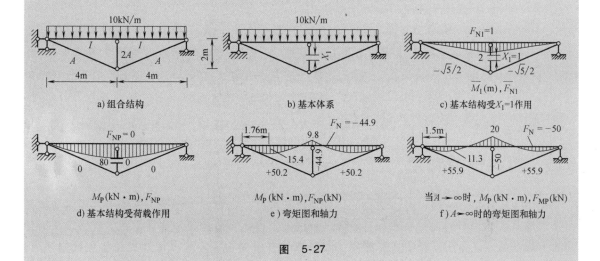

图 5-27

（2）建立力法方程 基本体系在荷载和多余未知力作用下，满足的条件是切口两侧截面沿 X_1 方向的位移即相对轴向位移为零，建立力法方程为

$$\delta_{11} X_1 + \Delta_{1P} = 0$$

（3）求系数和自由项 分别绘制基本结构在单位力 $X_1 = 1$ 作用下的各杆轴力 $\overline{F}_{N1}$ 和弯矩图 $\overline{M}_1$，如图 5-27c 所示。在荷载作用下作各杆轴力图 F_{NP} 和弯矩图 M_P，如图 5-27d 所示。计算各系数和自由项，过程如下：

$$\delta_{11} = \sum \int \frac{\overline{M}_1 \overline{M}_1}{EI} dx + \sum \frac{\overline{F}_{N1} \overline{F}_{N1}}{EA} l$$

$$= \frac{2}{E \times 1 \times 10^{-4}} \left(\frac{4 \times 2}{2} \times \frac{2 \times 2}{3} \right) + \frac{1}{E \times 1 \times 10^{-3}} \left[\frac{1^2 \times 2}{2} + 2 \left(-\frac{\sqrt{5}}{2} \right)^2 \times 2\sqrt{5} \right]$$

$$= \frac{1}{E} (1.067 \times 10^5 + 0.122 \times 10^5) = 1.189 \times 10^5 \frac{1}{E}$$

$$\Delta_{1P} = \sum \int \frac{\overline{M}_1 M_P}{EI} dx + \sum \frac{\overline{F}_{N1} F_{NP}}{EA} l$$

$$= \frac{2}{E \times 1 \times 10^{-4}} \left(\frac{1}{2} \times 2 \times 4 \times \frac{2 \times 80}{3} + \frac{2}{3} \times 4 \times 20 \times 1 \right) + 0 = 5.333 \times 10^6 \frac{1}{E}$$

（4）解力法方程，求多余未知力

$$X_1 = -\frac{\Delta_{1P}}{\delta_{11}} = -\frac{5.333 \times 10^6}{1.189 \times 10^5} kN = -44.9 \ (kN)$$

（5）计算内力　由叠加公式 $M = \overline{M}_1 X_1 + M_P$，$F_N = \overline{F}_{N1} X_1 + F_{NP}$，计算各杆件轴力和梁的弯矩，绘制内力图，如图5-27e所示。

（6）讨论

由图5-27e所示的 M 图可以看出，由于横梁中点有下部链杆的支承作用，横梁的最大弯矩值为15.4kN·m，比同样荷载作用下没有下部链杆支承的简支梁的最大弯矩80kN·m小很多。

如果改变链杆的截面 A，组合结构的内力将随之改变。当 A 减小时，δ_{11} 增大，X_1 绝对值减小，梁的正弯矩值增大，负弯矩值减小；当 $A \to 0$ 时，梁的弯矩图与简支梁弯矩图相同，如图5-27d所示。A 增大时，梁的正弯矩值减小，负弯矩值增大，当 $A = 1.7 \times 10^{-3} m^2$ 时，梁内正、负弯矩相等；当 $A \to \infty$ 时，梁的中点相当于有一刚性支座，梁的弯矩图与两跨连续梁的弯矩图相同，如图5-27f所示。

5.5　对称性的利用

用力法计算超静定结构时，结构的超静定次数越高，计算的工作量也就越大。而主要工作在于求解力法方程中的大量系数和自由项，解线性方程组。因此要使计算简化，就必须从简化力法方程开始。在力法方程中，若能使一些系数和自由项为零，则可使计算简化。我们知道，主系数是恒为正且不等于零的，因此力法的简化原则是使尽可能多的副系数和自由项为零。能达到这一目的的方法很多，如对称性的利用、弹性中心法等。而各种方法的关键在于选择合理的基本结构，以及设置合适的基本未知量。另一方面，在工程中很多结构是对称的，对称结构可以利用对称性质使计算得到简化。

5.5.1　对称性概述

1. 对称结构

如图5-28所示均为对称结构。结构的对称，是指对结构中某一轴的对称，所以对称结构必须有对称轴，对称的意义是：

1）结构的几何形式和支承情况对某轴对称。

2）杆件截面和材料性质（刚度）也对该轴对称。

2. 对称荷载

对称荷载是指作用在对称结构对称轴两侧、大小相等、作用点和方向对称的荷载，如图5-29a所示。

3. 反对称荷载

反对称荷载是指作用在对称结构对称轴两侧、大小相等、作用点对称，方向反对称的荷

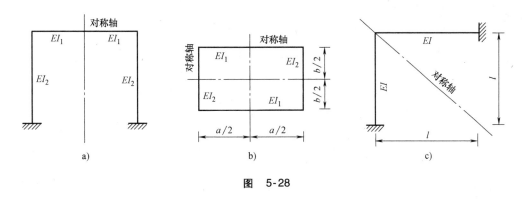

图 5-28

载，如图 5-29b 所示。

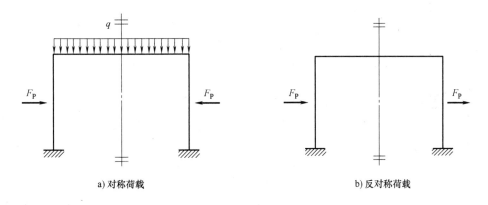

图 5-29

4. 对称结构弯矩图的特点

1）对称荷载（内力）作用下的弯矩图是对称的。

2）反对称荷载（内力）作用下的弯矩图是反对称的。

3）正、反对称的弯矩图进行图乘的结果为零。

因此，在选择基本未知量时，尽量利用对称性选对称未知力和反对称未知力，使计算简化。

5.5.2 对称结构的选取

如图 5-30a 所示的对称结构，将此结构沿对称轴上的截面切开，便得到一个对称的基本体系，如图 5-30b 所示。此时多余未知力包括三对力：一对轴力 X_1、一对弯矩 X_2 和一对剪力 X_3。根据力的对称性分析，X_1、X_2 是对称力，X_3 是反对称力。

基本体系在荷载和 X_1、X_2、X_3 共同作用下切口两侧截面的相对水平位移、相对转角和相对竖向位移应等于零，力法方程可写为

$$\begin{cases} \Delta_1 = \delta_{11}X_1 + \delta_{12}X_2 + \delta_{13}X_3 + \Delta_{1P} = 0 \\ \Delta_2 = \delta_{21}X_1 + \delta_{22}X_2 + \delta_{23}X_3 + \Delta_{2P} = 0 \\ \Delta_3 = \delta_{31}X_1 + \delta_{32}X_2 + \delta_{33}X_3 + \Delta_{3P} = 0 \end{cases} \quad (5-7)$$

图 5-30c、d、e 分别为各单位未知力作用时的单位弯矩图，从图中可以看出对称未知力 X_1、X_2 所产生的弯矩图是对称的，而反对称力 X_3 所产生的弯矩图是反对称的。由于正、反对

称的两图相乘时恰好正负抵消使结果为零，因此，力法方程的系数为

$$\delta_{13} = \delta_{31} = \sum \int \frac{\overline{M}_1 \overline{M}_3}{EI} dx = 0$$

$$\delta_{23} = \delta_{32} = \sum \int \frac{\overline{M}_2 \overline{M}_3}{EI} dx = 0$$

于是力法方程可以简化为

$$\Delta_1 = \delta_{11}X_1 + \delta_{12}X_2 + \Delta_{1P} = 0$$
$$\Delta_2 = \delta_{21}X_1 + \delta_{22}X_2 + \Delta_{2P} = 0 \tag{5-8}$$
$$\Delta_3 = \delta_{33}X_3 + \Delta_{3P} = 0$$

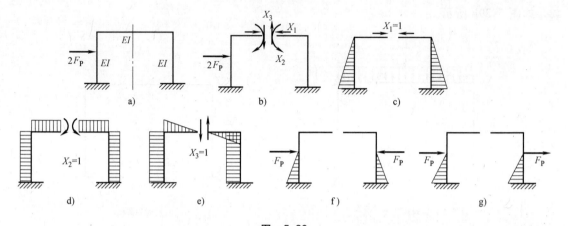

图　5-30

从式（5-8）可以看出，力法方程可以分解为独立的两组：前两式只包含对称力 X_1 和 X_2，而第三个式中只包含反对称力 X_3，即一组只含对称未知力，另一组只含反对称未知力。同样力法方程中的自由项也可以简化。

在对称荷载作用下，基本结构的弯矩图也是对称的。如图 5-30f 所示。M_P 图是对称的，而 M_3 图是反对称的，因此有

$$\Delta_{3P} = \sum \int \frac{\overline{M}_3 M_P}{EI} ds = 0$$

将上式代入（5-8）第三个公式，可得反对称未知力 $X_3 = 0$，这时只需按式（5-8）的前两个公式计算未知力 X_1 和 X_2。因此，在正对称荷载作用下，对称轴截面上只产生正对称的多余未知力 X_1 和 X_2。

在反对称荷载作用下，基本结构的弯矩图也是反对称的。如图 5-30g 所示 M_P 图是反对称的，而 M_1 图和 M_2 图是正对称的，因此有

$$\Delta_{1P} = \sum \int \frac{\overline{M}_1 M_P}{EI} ds = 0$$

$$\Delta_{2P} = \sum \int \frac{\overline{M}_2 M_P}{EI} ds = 0$$

将上式代入式（5-8）前两个公式，可得正对称未知力 $X_1 = X_2 = 0$，这时只需按式（5-8）的第三个公式计算未知力 X_3。因此，在反对称荷载作用下，对称轴截面上只产生反对称的多

余未知力 X_3。

一般来说，对称结构在对称荷载作用下，内力、反力、位移是正对称的，因此在对称的基本体系中，反对称未知力必等于零，只需计算对称未知力。对称结构在反对称荷载作用下，内力、反力、位移是反对称的，因此在对称的基本体系中，对称未知力必等于零，只需计算反对称未知力。

5.5.3 对称结构的简化

1. 奇数跨的对称结构

（1）对称荷载作用下　如图 5-31a 所示的单跨对称刚架，在对称荷载作用下的变形是对称的，对称轴上 C 点只有竖向位移，而水平位移和转角为零。同时在对称荷载作用下的受力也是对称的，在对称截面上只有对称内力（弯矩和轴力），而反对称内力（剪力）为零。因此，从对称轴切开取半边结构计算时，对称轴截面 C 处的支座可取为滑动支座，计算简图如图 5-31c 所示。

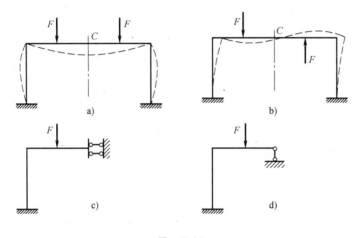

图 5-31

（2）反对称荷载作用下　如图 5-31b 所示的单跨对称刚架，在反对称荷载作用下的变形是反对称，对称轴上的 C 点有水平位移和转角，而竖向位移为零。同时在反对称荷载作用下的受力也是反对称的，在对称截面 C 上只有反对称内力（剪力），而正对称内力（弯矩和轴力）均为零。因此，取半边结构计算时，对称轴截面 C 处的支座可取为可动铰支座，计算简图如图 5-31d 所示。

2. 偶数跨的对称结构

（1）对称荷载作用下　如图 5-32a 所示的两跨对称刚架，在对称荷载作用下，如果忽略柱的轴向变形，则 C 点的竖向位移等于零。同时由于变形的对称性，C 点的水平位移和转角也等于零。由对称性分析可知，柱上没有弯矩和剪力，只有轴力。因此，根据上述变形和受力分析，忽略柱的轴向变形后，沿对称轴切开取半边结构计算时，C 端可取为固定支座，如图5-32b 所示。

（2）反对称荷载作用下　如图 5-32c 所示的两跨对称刚架，在反对称荷载作用下，可将中间柱视为两根刚度为 $I/2$ 的竖杆组成，在顶点与梁刚结，如图 5-32e 所示。然后设想将此两柱中间的横梁切开，由于荷载是反对称的，故切口上只有剪力 F_{QC}，如图 5-32f 所示。这对剪力将使两柱分别产生等值反号的轴力，而不使其他杆件产生内力。而原结构中间柱的内力等于该两柱内力的代数和，故剪力 F_{QC} 实际上对原结构的内力和变形均无影响。因此，最终的半边计算结构如图 5-32d 所示。

当力法计算出半边结构的多余未知力后，即可绘出半边结构的内力图，而另一侧半边结构

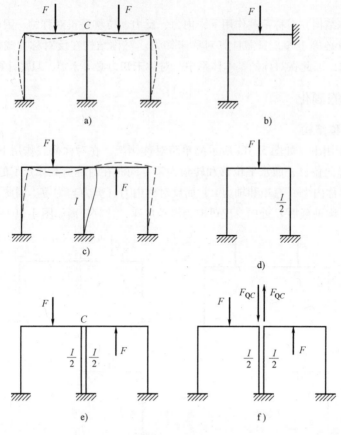

图 5-32

的内力图即可根据图形的对称关系画出。

5.5.4 非对称荷载的处理

对称结构上的荷载均可处理为对称和反对称荷载，如图 5-33 所示。

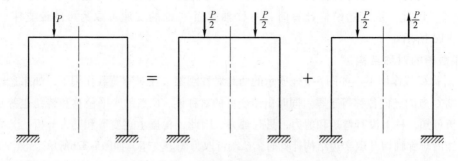

图 5-33

【例 5-6】 试作图 5-34a 所示双跨对称刚架的弯矩图。

【解】 （1）对称性的分析 这是一个四次超静定结构，对称荷载。利用对称性，选取图 5-34b 所示的半边结构。

（2）取基本体系 此半架结构为两次超静定刚架，可取基本体系如图 5-34c 所示的三铰刚架，基本未知力为 X_1 和 X_2。

（3）建立力法方程 根据基本体系在 X_1、X_2 和荷载共同作用下，在铰结点 D 处两侧截面相对转角为零和截面 E 的转角为零的变形条件，可列出力法方程

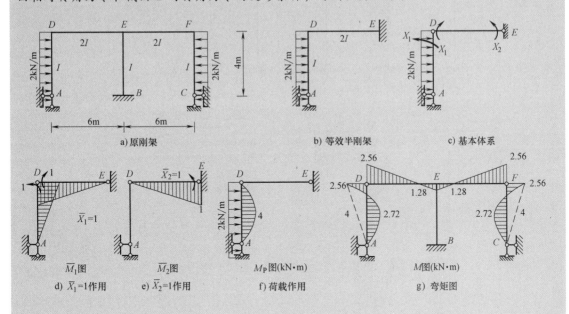

a) 原刚架　　　　　b) 等效半刚架　　　　　c) 基本体系

d) $\overline{X}_1=1$ 作用　　e) $\overline{X}_2=1$ 作用　　f) 荷载作用　　g) 弯矩图

图 5-34

$$\begin{cases} \delta_{11}X_1+\delta_{12}X_2+\Delta_{1P}=0 \\ \delta_{21}X_1+\delta_{22}X_2+\Delta_{2P}=0 \end{cases}$$

（4）求系数和自由项 分别绘制基本结构在单位力 $X_1=1$，$X_2=1$ 作用下 $\overline{M}_1$ 图、$\overline{M}_2$ 图及荷载作用下的 M_P 图，如图 5-34d、e、f 所示。利用图乘法计算各系数和自由项如下：

$$\delta_{11}=\frac{7}{3EI},\delta_{12}=\frac{1}{2EI},\delta_{22}=\frac{1}{EI},\Delta_{1P}=\frac{16}{3EI},\Delta_{2P}=0$$

（5）解力法方程，可得

$$X_1=-2.56\text{kN}\cdot\text{m},X_2=1.28\text{kN}\cdot\text{m}$$

（6）作弯矩图 用叠加法作弯矩图，$M=\overline{M}_1X_1+\overline{M}_2X_2+M_P$，计算各杆端弯矩值，如图 5-34g 所示。

【例 5-7】 试作图 5-35a 所示单跨对称刚架的弯矩图。

【解】 （1）对称性的分析 这是一个两次超静定结构，荷载 P 是一个非对称荷载。P 可以分解为对称荷载和反对称荷载，如图 5-35b、c 所示。

在对称荷载作用下，如图 5-35b 所示，如果忽略轴向变形，则只有横梁承受压力 $P/2$，其他杆件无内力。因此，为了作原刚架的内力图，只需作在反对称荷载 5-35c 作用下的弯矩图即可。

（2）对称性的利用 利用对称性，选取图 5-35c 的半边结构，如图 5-35d 所示，可知该结构是一个静定结构，可以很简单地绘出弯矩图，如图 5-35e 所示。

（3）画弯矩图 利用对称性，可以绘出另外一半的弯矩图，如图 5-35f 所示。

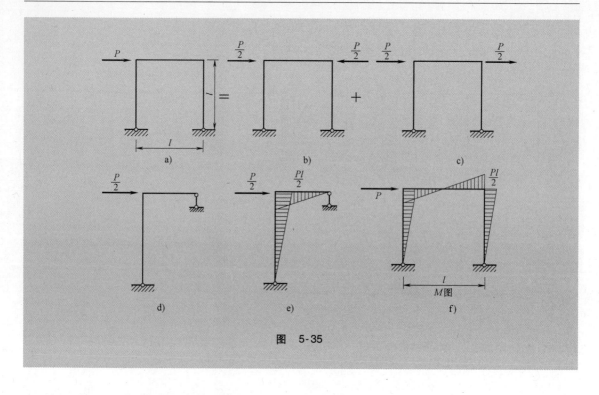

图 5-35

5.6 温度改变和支座移动时超静定结构的计算

超静定结构和静定结构的一个主要区别在于有多余约束。超静定结构由于存在多余约束，在非荷载因素（如温度改变、支座移动、材料收缩、制造误差等）作用下，通常会使结构产生内力，这种内力称为自内力。这是超静定结构不同于静定结构的一个重要特性之一。

如上所述，用力法计算超静定结构，要根据位移条件来建立求解多余未知力的力法典型方程。位移条件即指基本结构在外在因素和多余未知力的共同作用下，在去掉多余联系处产生的位移与原结构的位移是相等的。因此，用力法计算超静定结构在非荷载因素作用下的内力时，其原理和步骤与荷载作用时基本相同。以下分别介绍超静定结构由于温度改变和支座移动的内力计算方法。

5.6.1 温度改变时超静定结构的内力计算

如图 5-36a 所示超静定刚架结构，设各杆外侧温度升高 t_1，内测温度升高 t_2，现在用力法计算其温度改变产生的内力。

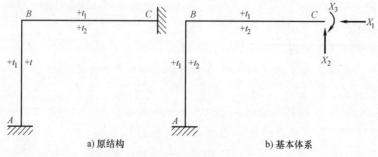

a) 原结构　　　　　　　　b) 基本体系

图 5-36

设去掉支座 C 处的三个多余约束力，代以多余未知力 X_1、X_2、X_3，得到基本结构如图 5-36b所示。设由于温度改变使基本结构的 C 点沿 X_1、X_2、X_3 方向所产生的位移分别为 Δ_{1t}、Δ_{2t}、Δ_{3t}，它们可按下式计算：

$$\Delta_{it} = \sum (\pm) \int \overline{M}_i \frac{\alpha \Delta t}{h} ds + \sum (\pm) \int \overline{F}_{Ni} \alpha t_0 ds \quad (i = 1,2,3) \qquad (5-9)$$

式中 $t_0 = \dfrac{t_1 + t_2}{2}$——杆件轴线平均温度差；

$\Delta t = t_2 - t_1$——内外边缘温度变化差。

如果每一杆件沿其全长的温度改变相同，且截面高度不变，则有

$$\Delta_{it} = \sum (\pm) \frac{\alpha \Delta t}{h} A_M + \sum (\pm) \alpha t_0 A_N \qquad (5-10)$$

式中 A_M——弯矩图围成的面积；

A_N——轴力图围成的面积。

正负号的确定：对于温度变化，若规定以升温为正，降温为负，则轴力 $\overline{F}_N$ 以拉力为正，压力为负；弯矩 $\overline{M}$ 则与 Δt 引起弯曲变形相同为正，反之为负。

根据基本结构在多余未知力 X_1、X_2、X_3 以及温度改变的共同作用下，C 点位移应与原结构相同的条件，可以列出如下的力法方程：

$$\begin{cases} \Delta_1 = \delta_{11} X_1 + \delta_{12} X_2 + \delta_{13} X_3 + \Delta_{1t} = 0 \\ \Delta_2 = \delta_{21} X_1 + \delta_{22} X_2 + \delta_{23} X_3 + \Delta_{2t} = 0 \\ \Delta_3 = \delta_{31} X_1 + \delta_{32} X_2 + \delta_{33} X_3 + \Delta_{3t} = 0 \end{cases} \qquad (5-11)$$

其中各系数的计算仍与以前所述相同，自由项 Δ_{it} 是温度变化在基本结构中沿 X_i 方向产生的位移，按式（5-10）计算。

由于基本结构是静定的，温度的改变并不使其产生内力。因此，由式（5-11）解出多余未知力 X_1、X_2、X_3 后，原结构的内力按下式计算：

$$\begin{cases} M = \overline{M}_1 X_1 + \overline{M}_2 X_2 + \overline{M}_3 X_3 \\ F_Q = \overline{F}_{Q1} X_1 + \overline{F}_{Q2} X_2 + \overline{F}_{Q3} X_3 \\ F_N = \overline{F}_{N1} X_1 + \overline{F}_{N2} X_2 + \overline{F}_{N3} X_3 \end{cases} \qquad (5-12)$$

即最后内力只与多余未知力有关。

【例 5-8】 如图 5-37a 所示刚架，已知 $EI =$ 常数，温度膨胀系数为 α，求此时温度变化在刚架中所引起的内力。

【解】 (1) 确定超静定次数和选取基本体系 此结构为一次超静定结构，去掉 B 支座水平支杆，基本结构选取简支刚架，代之以多余未知力 X_1，如图 5-37b 所示。

(2) 建立力法方程 基本体系在温度变化和荷载的共同作用下，去掉约束处的位移为零。

$$\delta_{11} X_1 + \Delta_{1t} = 0$$

(3) 求系数和自由项 绘制基本结构在 X_1 作用下的内力图 $\overline{M}$ 和 $\overline{F}_{N1}$，如图 5-37c、d 所示，求系数和自由项如下：

$$t_0 = \frac{t_1 + t_2}{2} = \frac{0 - 50}{2} ℃ = -25℃$$

$$\Delta t = t_2 - t_1 = 0℃ - (-50℃) = 50℃$$

$$\delta_{11} = \sum \int \frac{\overline{M}_1 \overline{M}_1}{EI} dx = \frac{1}{EI} \left(\frac{1}{2} \times 6 \times 8 \times \frac{2}{3} \times 6 + \frac{1}{2} \times 6 \times 6 \times \frac{2}{3} \times 6 \right) = \frac{168}{EI}$$

$$\Delta_{1t} = \sum \int \overline{M}_i \frac{\alpha \Delta t}{h} ds + \sum \overline{F}_{Ni} \alpha t_0 l$$

$$= -\alpha \times \frac{50}{0.6} \times \left(\frac{1}{2} \times 6 \times 6 + \frac{1}{2} \times 8 \times 6 \right) + \alpha \times (-25) \times \left(-1 \times 8 - \frac{3}{4} \times 6 \right)$$

$$= -3187.5\alpha$$

（4）解力法方程

$$X_1 = -\frac{\Delta_{1t}}{\delta_{11}} = 18.97 EI \alpha$$

（5）用叠加法绘弯矩图　基本结构（静定）在温度改变时，不产生内力，故内力只由多余约束力引起。故 $M = \overline{M}_1 X_1$，$F_N = \overline{F}_{N1} X_1$，如图 5-37e、f 所示。

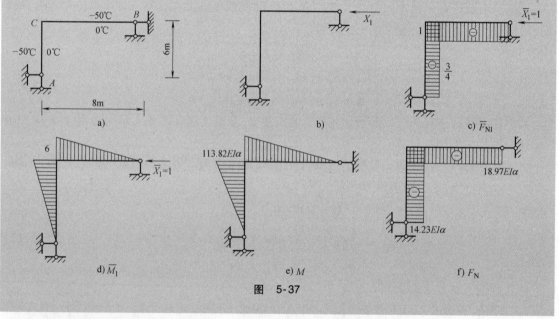

图 5-37

通过上面的例题分析可知，用力法计算温度改变时超静定结构的内力有以下特点：

1）温度改变时，超静定结构中引起内力，且内力与刚度绝对值成正比。

2）增加截面刚度不能提高结构抵抗温度变化的能力。

3）拉应力出现在（超静定结构中）温度较低一侧。

4）计算自由项 Δ_{it} 时，不能忽略轴向变形影响。

5）内力全部由多余未知力产生。

5.6.2 支座移动时超静定结构的内力计算

对于静定结构，支座移动时将使其产生位移，但并不产生内力，如图 5-38a 所示。在支座移动过程中，梁发生了刚体位移，但不产生内力。

对于超静定结构，在支座移动情况下，梁有弯曲变形，有位移的同时将产生内力，如图 5-38b 所示。

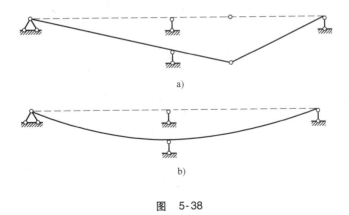

图　5-38

【例5-9】　图5-39a 所示为一等截面超静定梁，EI 为常数，固定端支座 A 有一转动角度 θ，计算梁中引起的自内力，并绘制内力图。

【解】　(1) 确定超静定次数和选取基本体系　此结构为一次超静定结构，去掉 B 支座水平支杆为基本结构，代之以多余未知力 X_1，如图 5-39b 所示。

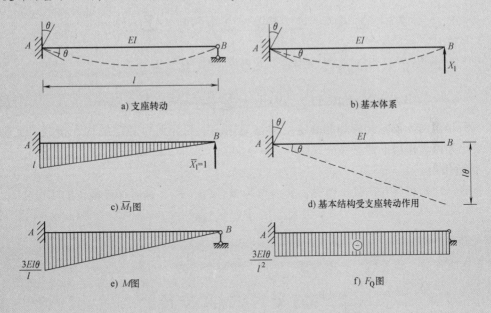

a) 支座转动　　　　　　　　　　b) 基本体系

c) $\overline{M}_1$图　　　　　　　　　d) 基本结构受支座转动作用

e) M图　　　　　　　　　f) F_Q图

图　5-39

(2) 建立力法方程　变形条件为：基本体系在多余约束力 X_1 和支座移动共同作用下，在 B 点的竖向位移 Δ_1 应与原结构在 B 点的竖向位移相同，原结构在 B 点的竖向位移等于零。因此力法方程为

$$\delta_{11}X_1+\Delta_{1c}=0$$

(3) 求系数和自由项　系数 δ_{11} 可由图 5-39c 所示 $\overline{M}_1$ 图计算。

$$\delta_{11} = \sum \int \frac{\overline{M}_1 \overline{M}_1}{EI} dx = \frac{1}{EI}\left(\frac{1}{2} \times l \times l\right) \times \frac{2}{3} \times l = \frac{l^3}{3EI}$$

自由项 Δ_{1c} 是当支座 A 产生转角 θ 时在基本结构中沿 X_1 方向产生的位移，则有

$$\Delta_{1c} = -\overline{F}_R c = -l\theta$$

（4）解力法方程，求多余约束力

$$X_1 = -\frac{\Delta_{1c}}{\delta_{11}} = \frac{3EI\theta}{l^2}$$

（5）作内力图　基本结构是静定结构，在支座移动时不引起内力，故内力只由多余约束力引起。内力叠加公式为 $M = \overline{M}_1 X_1$，内力图如图 5-39e、f 所示。

通过上面的例题分析可知，用力法计算支座移动时超静定结构内力有以下特点：

1）对于超静定结构，支座位移引起的内力及支座反力与刚度成正比。

2）内力全部由多余未知力产生。

5.7　超静定结构的位移计算

在静定结构位移计算一章中讲到平面结构位移计算的一般公式即式（4-5）为

$$\Delta = -\sum \overline{F}_R C + \sum \int \overline{M} d\varphi + \sum \int \overline{F}_N du + \sum \int \overline{F}_Q \gamma ds$$

其中，$du = \frac{F_{NP}}{EA} ds = \varepsilon ds$，$d\varphi = \frac{M_P}{EI} ds = \kappa ds$，上式可以简化为

$$\Delta = -\sum \overline{F}_R C + \sum \int \overline{M} \kappa ds + \sum \int \overline{F}_N \varepsilon ds + \sum \int \overline{F}_Q \gamma ds \qquad (5-13)$$

式（5-13）对于静定结构和超静定结构都适用。下面介绍超静定结构在荷载、支座移动和温度变化等因素作用下的位移公式。

1. 荷载作用

设超静定结构在只有荷载作用时，其内力为 M、F_N、F_Q，这时杆件微段的变形为

$$\kappa = \frac{M}{EI}, \quad \varepsilon = \frac{F_N}{EA}, \quad \gamma = \frac{kF_Q}{GA}$$

没有支座移动，则 $\sum \overline{F}_R C$ 一项为零。因此，位移公式为

$$\Delta = \sum \int \frac{\overline{M} M}{EI} ds + \sum \int \frac{\overline{F}_N F_N}{EA} ds + \sum \int \frac{k \overline{F}_Q F_Q}{GA} ds \qquad (5-14)$$

无论是静定结构还是超静定结构，在荷载单独作用下都适合使用该公式。但需要注意，这里的 $\overline{M}$、$\overline{F}_N$、$\overline{F}_Q$ 可以是任一基本结构（也可以是原计算超静定结构内力时取用的基本结构）在单位力作用下的内力。

2. 支座移动

设支座移动时超静定结构的内力为 M、F_N、F_Q，这时杆件微段的变形仍为

$$\kappa = \frac{M}{EI}, \quad \varepsilon = \frac{F_N}{EA}, \quad \gamma = \frac{kF_Q}{GA}$$

因此，位移公式为

$$\Delta = \sum \int \frac{\overline{M}M}{EI}\mathrm{d}s + \sum \int \frac{\overline{F}_\mathrm{N}F_\mathrm{N}}{EA}\mathrm{d}s + \sum \int \frac{k\overline{F}_\mathrm{Q}F_\mathrm{Q}}{GA}\mathrm{d}s - \sum \overline{F}_{\mathrm{R}i}C_i \qquad (5\text{-}15)$$

3. 温度变化

设温度变化时超静定结构的内力为 M、F_N、F_Q，这时，除内力引起弹性变形外，还有微段在自由膨胀的条件下由温度引起的变形，即

$$\kappa = \frac{M}{EI} + \frac{\alpha \Delta t}{h}, \quad \varepsilon = \frac{F_\mathrm{N}}{EA} + \alpha t_0, \quad \gamma = \frac{kF_\mathrm{Q}}{GA}$$

因此，位移公式为

$$\Delta = \sum \int \frac{\overline{M}M}{EI}\mathrm{d}s + \sum \int \frac{\overline{F}_\mathrm{N}F_\mathrm{N}}{EA}\mathrm{d}s + \sum \int \frac{k\overline{F}_\mathrm{Q}F_\mathrm{Q}}{GA}\mathrm{d}s + \sum \int \overline{M}\frac{\alpha \Delta t}{h}\mathrm{d}s + \sum \int \overline{F}_\mathrm{N}\alpha t_0 \mathrm{d}s \quad (5\text{-}16)$$

4. 荷载、支座移动、温度变化综合影响下的位移公式

如果超静定结构是在荷载、支座移动、温度变化等因素共同影响下，则位移计算公式为

$$\Delta = \sum \int \frac{\overline{M}M}{EI}\mathrm{d}s + \sum \int \frac{\overline{F}_\mathrm{N}F_\mathrm{N}}{EA}\mathrm{d}s + \sum \int \frac{k\overline{F}_\mathrm{Q}F_\mathrm{Q}}{GA}\mathrm{d}s + $$
$$\sum \int \overline{M}\frac{\alpha \Delta t}{h}\mathrm{d}s + \sum \int \overline{F}_\mathrm{N}\alpha t_0 \mathrm{d}s - \sum \overline{F}_{\mathrm{R}i}C_i \qquad (5\text{-}17)$$

式中，M、F_N、F_Q 是超静定结构在全部因素影响下的内力，而 $\overline{F}_\mathrm{N}$、$\overline{M}$ 和 $\overline{F}_\mathrm{Q}$ 则是基本结构在单位力作用下的内力和支座反力。

因为求解多余未知力的力法方程，是基本体系与原结构变形一致要满足的位移协调条件。所以，基本体系的受力状态和变形状态与原结构相同。因此，原结构的位移计算问题就可转化为基本体系（在荷载和多余未知力共同作用下的静定结构）的位移计算问题。用单位荷载法求基本体系的位移时，虚拟的单位荷载就可加在基本结构上。

如图 5-40a 所示超静定梁与图 5-40b 的基本体系，两者的受力和变形状态完全相同。超静定梁中点 C 的挠度可通过求基本体系中点 C 的挠度得到。虚拟单位荷载可加在基本结构上，如图 5-40d 所示。超静定结构的弯矩图如图 5-40c 所示。

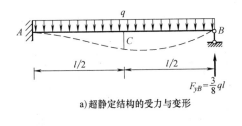

a) 超静定结构的受力与变形

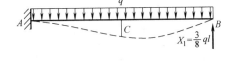

b) 基本体系的受力与变形

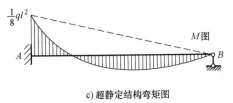

c) 超静定结构弯矩图

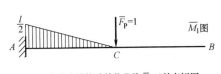

d) 基本结构受单位荷载 $\overline{F}_\mathrm{P}=1$ 的弯矩图

图　5-40

利用图乘法，得

$$\Delta_{1P} = \sum \int \frac{\overline{M}_1 M}{EI} dx$$

$$= \frac{1}{EI}\left[\left(\frac{1}{2}\times\frac{l}{2}\times\frac{l}{2}\right)\times\left(\frac{2}{3}\times\frac{1}{8}ql^2+\frac{1}{3}\times\frac{1}{16}ql^2\right)-\left(\frac{2}{3}\times\frac{l}{2}\times\frac{1}{8}ql^2\right)\times\frac{3}{8}\times\frac{l}{2}\right]$$

$$= \frac{ql^4}{192EI}$$

由此看出，计算超静定结构的位移时，单位荷载可加在基本结构上，这样绘制静定结构内力图比较简便。

由于超静定结构的内力并不因所取的基本结构不同而有所改变，因此我们可以将其内力看作是按任一基本结构而求得的。这样，在计算超静定结构的位移时，也就可以取任一基本结构作为虚拟状态。所采用的单位弯矩图虽然不同，但求得的位移是相同的。读者可以验证这个结论的正确性。为使计算简化，我们应当选取单位内力图比较简单的基本结构。

【例 5-10】 求图 5-41a 所示刚架 B 点的水平位移 Δ_{BH} 和横梁中点 D 的竖向位移 Δ_{DV}。

【解】 （1）作刚架弯矩图 此刚架最后的弯矩可由力法求出，如图 5-41b 所示。

（2）求 B 点的水平位移 Δ_{BH} 可选取图 5-41c 所示的基本结构作为虚设力状态。得到虚设力状态的 $\overline{M}_1$ 图，如图 5-41c 所示，应用图乘法求得

$$\Delta_{BH} = \frac{1}{EI}\left(\frac{1}{2}\times60\times4\times\frac{2}{3}\times4-\frac{1}{2}\times20\times4\times\frac{1}{3}\times4-\frac{2}{3}\times20\times4\times\frac{1}{2}\times4\right)$$

$$= \frac{160}{EI} \ (\rightarrow)$$

结果为正值，表示 B 点的实际位移方向与所假设单位力方向一致。

（3）求 D 点的竖向位移 Δ_{DV} 第一种方法：先选取图 5-41d 所示的基本结构作为虚设力状态。得到虚设力状态的 $\overline{M}_1$ 图，如图 5-41d 所示，应用图乘法求得

$$\Delta_{DV} = \frac{1}{EI}\left(\frac{1}{2}\times60\times4\times2-\frac{1}{2}\times20\times4\times2-\frac{2}{3}\times20\times4\times2\right)+$$

$$\frac{1}{EI}\left(-\frac{1}{2}\times20\times2\times\frac{2}{3}\times2-\frac{1}{2}\times10\times2\times\frac{1}{3}\times2\right)$$

$$= \frac{20}{EI} \ (\downarrow)$$

第二种方法：选取图 5-41e 所示的基本结构作为虚设力状态。得到虚设力状态的 $\overline{M}_1$ 图，如图 5-41e 所示，应用图乘法求得

$$\Delta_{DV} = \frac{1}{EI}\left(\frac{1}{2}\times4\times1\right)\times10 = \frac{20}{EI}(\downarrow)$$

在上例中，求 D 点的竖向位移 Δ_{DV} 时选用了两种不同的基本结构作为虚拟状态，计算结果完全相同，显然，后者更为简便一些。因此，基本结构的选取是否合适，对计算结果是否方便十分重要。

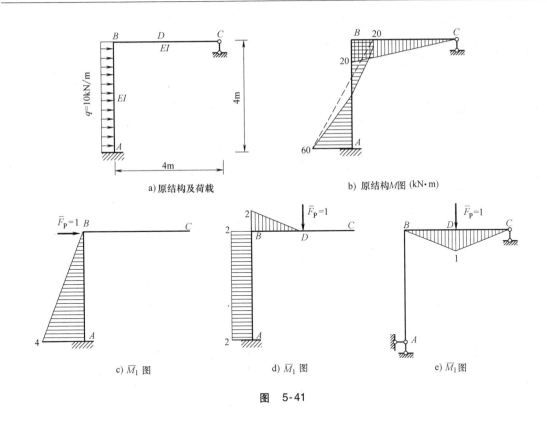

图 5-41

5.8 超静定结构计算的校核

在进行超静定结构计算时，其计算过程复杂，计算量大，很容易发生计算错误。为了保证计算结果的正确性，校核工作就显得十分重要。校核工作一般从以下三个方面进行：计算过程校核，平衡条件校核，变形条件校核。

5.8.1 计算过程校核

应根据计算过程按步骤进行校核，要求每一步仔细检查，验证是否正确。以下是常见容易出错的过程。

1）超静定次数的判断是否正确，选择的基本结构是否几何不变。

2）基本结构的荷载内力图及单位内力图是否正确。

3）系数和自由项的计算，包括用图乘法计算时各杆的 A，y_0 及杆件的 EI 值，是否有误。

4）求解力法方程是否正确，解出多余未知力 X 后应代回原方程，检查是否满足。

5）最后内力图的校核，应从平衡条件和变形条件两个方面进行。

5.8.2 平衡条件校核

超静定结构的最后内力图应完全满足静力平衡条件，即结构的整体或从结构中任意取出一部分（如从结构中截取的任一刚结点、任一杆件或任一部分杆件体系），都应当满足平衡条件。

1. 校核弯矩图

1）校核如图 5-42b 所示的 M 图，取结点 B（图 5-42e）为对象进行校核，过程如下：

$$\sum M_B = (-47.6 + 19.0 + 28.6) \text{kN} \cdot \text{m} = 0$$

满足平衡条件。

2）取各柱柱顶以上部分为对象进行校核，如图 5-42f 所示的隔离体，过程如下：

$$\sum M_A = (35 + 59.7 \times 5 - 19.0 - 100 \times 2.5 - 7.2 \times 9) \text{kN} \cdot \text{m} \approx 0$$

显然满足力矩平衡条件。

2. 校核剪力图和轴力图

1）校核图 5-42c 剪力图和 5-42d 轴力图，取结点 B（图 5-42e）：

$$\sum F_x = (13.1 - 4.8 - 8.3) \text{kN} = 0$$
$$\sum F_y = (59.7 - 52.5 - 7.2) \text{kN} = 0$$

满足平衡条件。

2）取各柱柱顶以上部分为对象进行校核，如图 5-42f 所示的隔离体：

$$\sum F_x = (13.1 - 4.8 - 8.3) \text{kN} = 0$$
$$\sum F_y = (47.5 - 100 + 59.7 - 7.2) \text{kN} = 0$$

满足平衡条件。

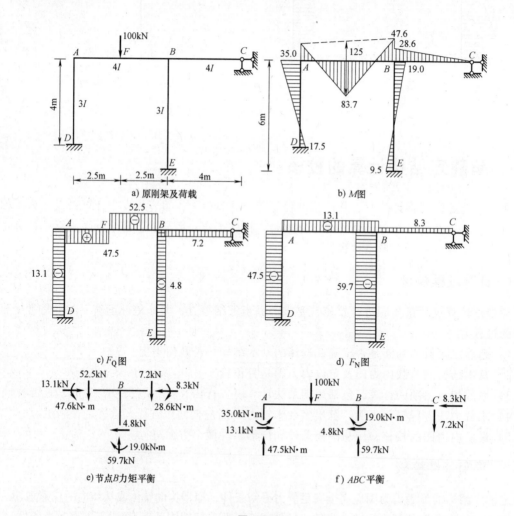

图 5-42

注意：力法基本未知力是根据变形协调方程（力法基本方程）求出的，未涉及平衡条件，所以即便基本未知力计算错误，最终的内力图仍可能是平衡的。因此，平衡条件只能作为校核的必要条件。

5.8.3　变形条件校核

计算超静定结构内力时，除了平衡条件外，同时应用了变形条件，多余未知力是从变形条件求得的，因此，校核工作应以变形条件为重点。

变形条件校核的一般做法是：任意选取基本结构，任意选取一个多余未知力 X_i，然后根据最后的内力图算出沿 X_i 方向的位移 Δ_i，并检查 Δ_i 是否与原结构中相应位移（给定值）相等，即检查是否满足下式：

$$\Delta_i = 给定值 \tag{5-18}$$

如果按式（5-18）求位移 Δ_i，则上式变为

$$
\begin{aligned}
\Delta_i = 给定值 = \sum \int \frac{\overline{M}M}{EI}\mathrm{d}s + \sum \int \frac{\overline{F}_N F_N}{EA}\mathrm{d}s + \sum \int \frac{k\,\overline{F}_Q F_Q}{GA}\mathrm{d}s + \\
\sum \int \overline{M}\frac{\alpha\Delta t}{h}\mathrm{d}s + \sum \int \overline{F}_N \alpha t_0 \mathrm{d}s - \sum \overline{F}_{Ri} C_i
\end{aligned}
\tag{5-19}
$$

式中，M、F_N、F_Q 是超静定结构在全部因素影响下的内力，而 $\overline{F}_N$、$\overline{M}$ 和 $\overline{F}_Q$ 则是基本结构在单位力作用下的内力和支座反力。

如果原结构只承受荷载作用，式（5-19）可写为

$$\Delta = \sum \int \frac{\overline{M}M}{EI}\mathrm{d}s + \sum \int \frac{\overline{F}_N F_N}{EA}\mathrm{d}s + \sum \int \frac{k\,\overline{F}_Q F_Q}{GA}\mathrm{d}s \tag{5-20}$$

对于梁和刚架在荷载作用下，主要考虑弯曲变形，则变形校核公式（5-20）为

$$\sum \int \frac{\overline{M}M}{EI}\mathrm{d}s = 0 \tag{5-21}$$

如果一个具有封闭框架的结构，可以利用封闭上任一截面相对转角等于零的条件来校核。

如图 5-43a 所示的封闭框架 ABCD 的内力图，利用任一截面相对转角为零的条件校核，$\overline{M}$ 图在封闭框架的所有截面的纵坐标都为 1，如图 5-43b 所示，则式（5-21）简化为

$$\oint \frac{M}{EI}\mathrm{d}s = 0 \tag{5-22}$$

即各杆 M 图面积除以各杆 EI 的代数和等于零。

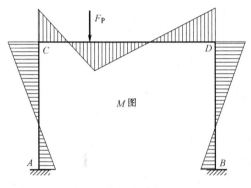

a）原超静定刚架弯矩图

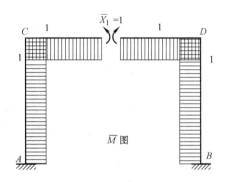

b）基本结构受 $\overline{X}_1 = 1$ 作用的弯矩图

图　5-43

　　因此，对于具有封闭框架的结构来说，当结构只承受荷载作用时，M 图的结果正确与否，可通过判断封闭框架各杆 M 图的面积除以相应各杆 EI 后的代数和是否等于零来校核。

【例 5-11】 图 5-44 给出了刚架的 M、F_N、F_Q 图，试校核内力图的正确性。

【解】 首先应采用变形条件校核 M 图。图 5-44a 所示刚架是一封闭框架，变形条件可用式（5-22）校核为

$$\oint \frac{M}{EI}\mathrm{d}s = \frac{1}{3}\left(-14.4 \times 6 + \frac{2}{3} \times 6 \times 18\right) +$$

$$\left(-\frac{1}{2} \times 4 \times 14.4 + \frac{1}{2} \times 4 \times 7.2\right) \times 2 \neq 0$$

可见 M 图不满足变形条件，虽然由图 5-44d、e、f 给出的部分隔离图都能满足平衡条件，但计算结果仍然是错误的。

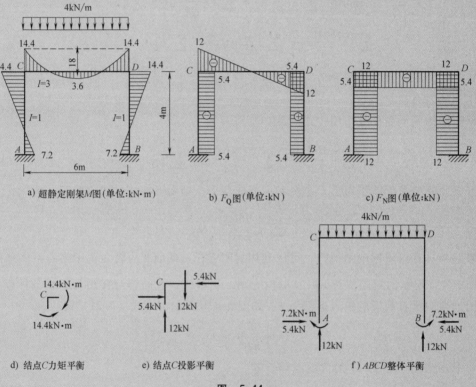

a) 超静定刚架 M 图（单位:kN·m）　　b) F_Q 图（单位:kN）　　c) F_N 图（单位:kN）

d) 结点 C 力矩平衡　　e) 结点 C 投影平衡　　f) $ABCD$ 整体平衡

图　5-44

【例 5-12】 图 5-45a 给出了刚架的 M、F_N、F_Q 图，试校核其是否满足变形条件。

【解】 为校核 M 图是否满足变形条件，可检查支座 A 处的水平位移 Δ_{AH} 是否等于零。取图 5-45b 所示基本结构并作其 M 图，利用图乘法可得

$$\Delta_{AH} = \sum \int \frac{\overline{M}M}{EI}\mathrm{d}s = \frac{1}{2EI}\left[\frac{a^2}{2} \times \left(\frac{2}{3} \times \frac{3Fa}{88} + \frac{1}{3} \times \frac{15Fa}{88}\right) - \right.$$

$$\left.\left(\frac{1}{2} \times a \times \frac{Fa}{4}\right) \times \frac{a}{2}\right] + \frac{1}{EI}\frac{a^2}{2} \times \frac{2}{3} \times \frac{3Fa}{88} = 0$$

可见 M 图满足变形条件。平衡条件的校核，读者可以自行检查。

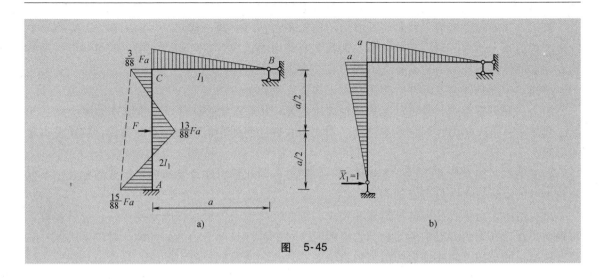

图 5-45

5.9 超静定结构的特性

通过对前面静定结构和超静定结构的学习，可以总结归纳出超静定结构有以下主要特性：

1. 超静定结构满足平衡条件和变形条件的内力解答才是唯一真实的解

超静定结构由于存在多余约束，仅用静力平衡条件不能确定其全部反力和内力，而必须综合应用超静定结构的平衡条件以及数量与多余约束数相等的变形协调条件，才能求得唯一的内力解答。

2. 超静定结构可产生自内力

在静定结构中，因几何不变且无多余约束，除荷载以外的其他因素，如温度变化、支座移动、制造误差、材料收缩等，都不引起内力。但在超静定结构中，由于这些因素引起的变形在其发展过程中，会受到多余约束的限制，因而都可能产生内力（称自内力）。

3. 超静定结构的内力与刚度有关

静定结构的内力只按静力平衡条件即可确定，其值与各杆的刚度（弯曲刚度 EI、轴向刚度 EA、剪切刚度 GA）无关。但超静定结构的内力必须综合应用平衡条件和变形条件后才能确定，故与各杆的刚度有关。

4. 超静定结构有较强的防护能力

超静定结构在某些多余约束被破坏后，仍能维持几何不变性；而静定结构在任一约束被破坏后，即变成可变体系而失去承载能力。因此，在抗震防灾、国防建设等方面，超静定结构比静定结构具有较强的防护能力。

5. 超静定结构的内力和变形分布比较均匀

静定结构由于没有多余约束，一般内力分布范围小，峰值大；刚度小、变形大。而超静定结构由于存在多余约束，较之相应静定结构，其内力分布范围大，峰值小；刚度大、变形小。

本 章 小 结

超静定结构是有多余约束的几何不变体系，其反力、内力不能由静力平衡条件全部确定。解超静定结构除了平衡条件外，还需要补充变形条件。

　　力法解超静定结构的思路是将超静定结构的多余约束去掉，代之以多余未知力，得到一个静定结构的基本体系，利用基本体系在去掉多余约束处，在多余未知力方向上的位移应与原结构有相同的位移条件下，建立补充方程，将多余未知力求出。

　　力法的特点是以多余未知力作为基本未知量，故称为力法。

　　用力法分析排架时，常将屋架视为轴向刚度 EA 为无穷大的杆件。把横梁作为多余联系切断，代之以多余未知力，确定基本结构。利用切断杆件两侧相对位移为零的条件，建立力法平衡方程。

　　桁架结构在结点荷载作用下各杆件只产生轴力，因此用力法计算超静定桁架结构时，系数和自由项的计算公式中只考虑轴力。

　　组合结构是由梁式杆和链杆组成的结构，链杆只受轴力，梁式杆既承受弯矩，也承受剪力和轴力。在计算力法方程中的系数和自由项时，对于链杆只考虑轴力的影响；对于梁式杆一般只考虑弯矩的影响，忽略轴力和剪力的影响。

　　对称结构必须有对称轴。结构的几何形式、支承情况、杆件截面和材料性质（刚度）对称于对称轴。

　　对称荷载是指作用在对称结构对称轴两侧，大小相等，作用点和方向对称的荷载。反对称荷载是指作用在对称结构对称轴两侧，大小相等，作用点对称，方向反对称的荷载。

　　对称结构在对称荷载作用下，内力、反力、位移是正对称的。因此在对称的基本体系中，反对称未知力必等于零，只需计算对称未知力。

　　对称结构在反对称荷载作用下，内力、反力、位移是反对称的。因此在对称的基本体系中，对称未知力必等于零，只需计算反对称未知力。

　　超静定结构和静定结构的一个主要区别在于有多余约束。超静定结构在非荷载因素（如温度改变、支座移动、材料收缩、制造误差等）作用下，通常将使结构产生内力，这种内力称为自内力。这是超静定结构不同于静定结构的一个重要特性之一。

　　超静定结构的位移计算方法和静定结构相同。因为求解多余未知力的力法方程，是基本体系与原结构变形一致要满足的位移协调条件。所以，基本体系的受力状态和变形状态与原结构相同。因此，原结构的位移计算问题就可转化为基本体系（在荷载和多余未知力共同作用下的静定结构）的位移计算问题。用单位荷载法求基本体系的位移时，虚拟的单位荷载就可加在基本结构上。由于超静定结构的内力并不因所取的基本结构不同而有所改变，因此可以将其内力看作是按任一基本结构而求得的。这样，在计算超静定结构的位移时，也就可以取任一基本结构作为虚拟状态。为使计算简化，我们应当选取单位内力图比较简单的基本结构。

　　在进行超静定结构计算时，其计算过程复杂，计算量大，很容易发生计算错误。为了保证计算结果的正确性，校核工作就显得十分重要。超静定结构的校核主要是从平衡条件和变形条件两个方面验证其正确与否。

思 考 题

　　1. 什么是超静定结构？它和静定结构有何区别？如何确定超静定次数？

　　2. 超静定结构为什么不能用静力平衡方程求解未知力？

　　3. 用力法求解超静定结构的思路是什么？力法典型方程的物理意义是什么？方程中各系数和自由项物理意义是什么？.

　　4. 为什么主系数恒大于零，而副系数及自由项可为正、负或零？

5. 用力法计算超静定梁、刚架和排架时，力法方程中的系数和自由项计算时主要考虑哪些变形因素？

6. 超静定结构的内力解答在什么情况下只与各杆刚度的相对大小有关？什么情况下与各杆刚度的绝对大小有关？

7. 在超静定桁架、组合结构及厂房排架中，用撤去多余链杆的基本体系代替切开多余链杆的基本体系，这种算法是否正确？二者的力法方程有何异同？

8. 什么是对称结构？什么是正对称和反对称的力和位移？怎样利用对称性简化力法的计算？

9. 为什么对称结构在对称荷载作用下，反对称未知力等于零？反之，在反对称荷载作用下，为什么对称未知力等于零？

10. 怎样求解超静定结构的位移？为什么可以将虚拟单位荷载加在任何一种基本结构上？

11. 计算超静定结构的位移与计算静定结构的位移，两者有何异同？

12. 用力法计算超静定结构在温度变化和支座位移影响下的内力与荷载作用下的内力有何异同？

习　　题

1. 判断图 5-46 所示的超静定结构的次数。

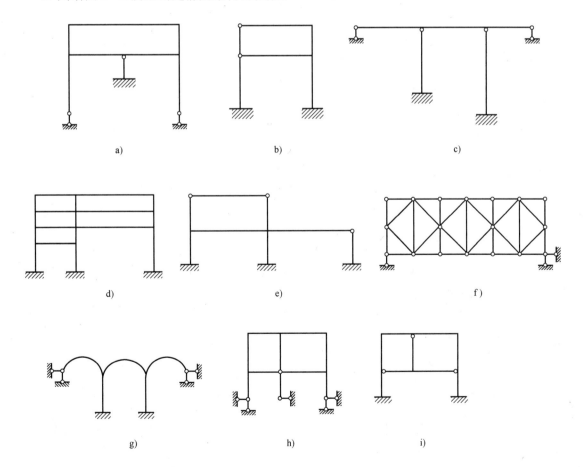

图　5-46

2. 用力法计算并作图 5-47 所示结构的 M 图。$EI=$ 常数。

3. 用力法计算并作图 5-48 所示排架的 M 图。已知 $A = 0.2\mathrm{m}^2$，$I = 0.05\mathrm{m}^4$，弹性模量为 E_0。

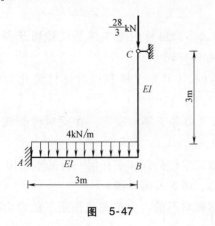

图 5-47

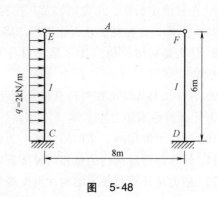

图 5-48

4. 用力法计算并作图 5-49 所示结构的 M 图。$EI=$ 常数。

5. 用力法计算并作图 5-50 所示结构的 M 图。$EI=$ 常数。

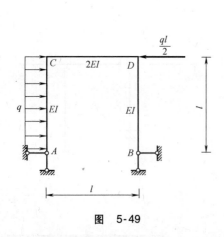

图 5-49

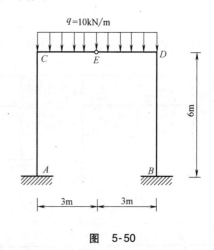

图 5-50

6. 用力法计算并作图 5-51 所示结构的 M 图。$EI=$ 常数。

7. 用力法计算并作图 5-52 所示结构的 M 图。$EI=$ 常数。

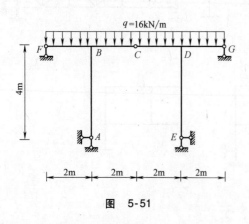

图 5-51

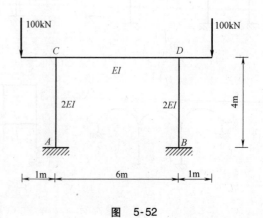

图 5-52

8. 用力法计算并作图 5-53 所示结构的 M 图。$EI =$ 常数。

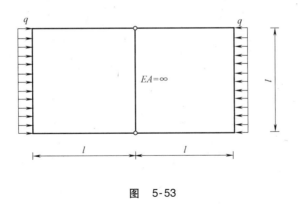

图 5-53

9. 用力法计算并作图 5-54 所示结构的 M 图。$EI =$ 常数。

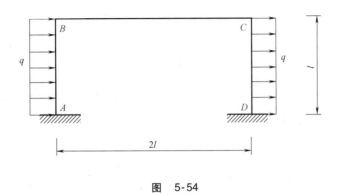

图 5-54

10. 用力法计算并作图 5-55 所示结构的 M 图。$EI =$ 常数。

11. 用力法计算并求图 5-56 所示桁架结构 AC 杆轴力。各杆 EI 相同。

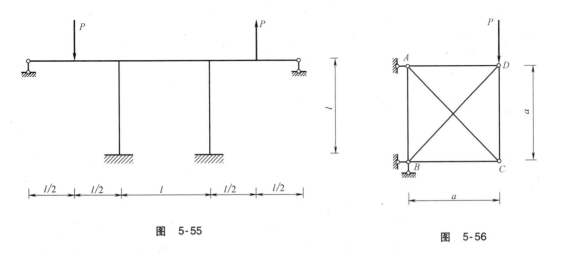

图 5-55

图 5-56

12. 用力法计算并求图 5-57 所示桁架结构 DB 杆内力。各杆 EI 相同。

13. 图 5-58 所示结构支座 A 转动角度 θ，EI = 常数，用力法计算并作 M 图。

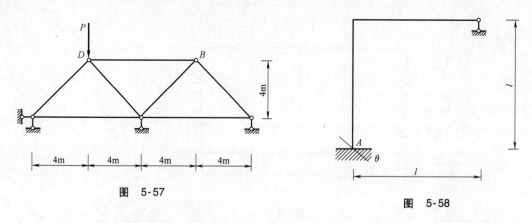

图 5-57

图 5-58

14. 如图 5-59a 所示结构，EI = 常数，取图 5-59b 为力法基本结构，列出典型方程，并求 Δ_1 和 Δ_2。

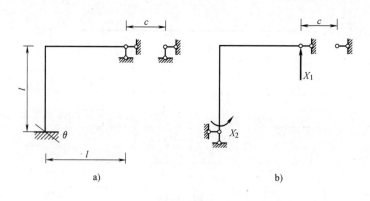

a)   b)

图 5-59

15. 用力法计算并作图 5-60 所示结构的 M 图。EI = 常数，截面高度 h 均为 1m，t = 20℃，$+t$ 为升高温度，$-t$ 为温度降低，线膨胀系数为 α。

16. 用力法计算并作图 5-61 所示结构的 M 图。已知 α = 0.00001℃$^{-1}$，各杆矩形截面高度 h 均为 0.3m，$EI = 2 \times 10^5$ kN·m。

17. 已知结构的弯矩图 5-62 所示，求 B 点的竖向位移，EI = 常数。

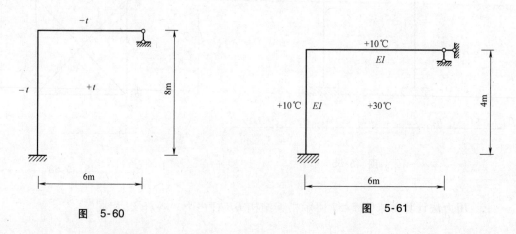

图 5-60

图 5-61

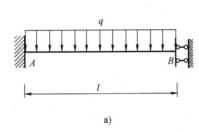

a)

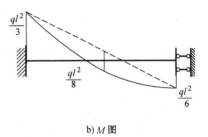

b) M 图

图 5-62

第6章 位 移 法

本章介绍计算超静定结构的第二个经典的基本解法——位移法。力法发展较早，19世纪末已经应用于分析各种超静定结构，而位移法稍晚，是在 20 世纪初为了计算复杂刚架而建立起来的。位移法适用于静定结构和超静定结构的计算，也是结构分析中常用的渐近法、近似法的基础。对于线弹性结构，体系中杆件的内力分布与其变形之间存在着——对应的关系。在结构分析时，可以根据位移—变形—内力之间对应的函数关系，利用某些结点位移表达出杆件变形，据此寻求内力分布。

6.1 位移法的基本概念

力法是以多余约束力为基本未知量，通过平衡条件建立力法方程，求出未知量后，即可通过平衡条件计算出结构的全部内力。位移法是以结构的结点位移作为基本未知量，通过平衡条件建立位移法方程，求出位移后，即可利用位移和内力之间的关系，求出杆件和结构的内力。

位移法计算中的重要一项内容在于杆件变形分布的描述。线弹性体系杆件的变形可以由杆端位移和其上作用的荷载分布唯一确定。由于荷载分布对内力和变形的影响比较容易确定，因此，关注的焦点在于杆件的杆端位移值对内力和变形分布的影响。体系中各杆件的杆端位移可以通过结点和支座的位移表达，因而，当支座位移和结点位移确定后，体系中所有杆件都将具有一个明确的杆端位移值。

现以图 6-1a 所示结构为例说明位移法的基本思路。

如图 6-1a 所示刚架，在给定荷载作用下，杆件 AC 和 CB 将发生变形，在忽略杆件轴向变形条件下，结点 C 只发生角位移 θ_C。当用位移法计算时，我们将结点角位移 θ_C 作为基本未知量（由刚结点的变形连续条件可知，结构在结点 C 的角位移也就是杆件 CB 和 CA 的杆端角位移）。如果能设法把位移 θ_C 求出，则 CB 和 CA 各杆的变形就可求出，从而可求出各杆的内力。

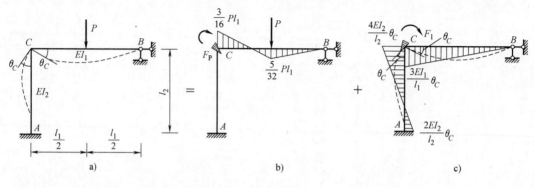

图 6-1

现讨论如何求基本未知量 θ_C 的问题，计算分为两步：

第一步，增加约束，将结点位移锁住。此时结构实际上变为两根超静定杆。在荷载作用下，这两根杆的弯矩可用力法求出，如图 6-1b 所示。这时，在结点 C 处施加了一个外部约束力矩 $F_P{}^{\ominus} = -3Pl_1/16$。

　　第二步，施加力偶，使结点 C 产生角位移 θ_C，两根超静定杆在 C 端有转角 θ_C 时弯矩图也可由力法求出，如图 6-1c 所示。这时，在结点 C 处施加了外部力矩 $F_1 = 3EI_1\theta_C/l_1 + 4EI_2\theta_C/l_2$。

　　这里将实际结构的受力和变形（图 6-1a）分解成了两部分：一部分是荷载单独作用下的结果，如图 6-1b 所示，此时只有荷载作用，而无结点 C 的角位移；另一部分是结点位移单独作用下的结果，如图 6-1c 所示，此时只有结点 C 的角位移，而无荷载作用。反过来，将图 6-1b 和图 6-1c 所示两种状态叠加起来，即成为实际结构。而实际结构在结点 C 处是没有外加约束力矩的，因此由图 6-1b 和图 6-1c 叠加后的结果，在结点 C 处也不应有外加力矩，即

$$F_1 + F_P = 0$$

$$\left(\frac{3EI_1}{l_1} + \frac{4EI_2}{l_2}\right)\theta_C - \frac{3Pl_1}{16} = 0 \tag{a}$$

从而求出

$$\theta_C = \frac{\dfrac{3Pl_1}{16}}{\dfrac{3EI_1}{l_1} + \dfrac{4EI_2}{l_2}} \tag{b}$$

　　将 θ_C 代回图 6-1c，将所得的结果再叠加上图 6-1b 的结果，即得到图 6-1a 所示原结构的解。

　　从以上分析过程可得位移法要点如下：

　　1）位移法的基本未知量是结点位移（图 6-1a 中结点 C 的角位移 θ_C）。

　　2）位移法的基本方程是平衡方程（结点 C 的力矩平衡方程式 a）。

　　3）建立基本方程的方法是：先将结点位移锁住，求各超静定杆在荷载作用下的结果，再求各超静定杆在结点位移作用下的结果，最后叠加以上两步结果，使外加约束中的约束力等于零，从而得到位移法的基本方程。

　　4）求解位移法方程，得到基本未知量，从而求出各杆内力。

　　以上就是位移法的基本思路和解题过程。

6.2　等截面直杆的形常数和载常数

　　从上一节的分析可以看出，针对每一根杆件，写出由杆端位移和外荷载共同作用所引起的杆端内力的表达式是位移法解题的关键。为此，本节将着重讨论如何建立杆端位移及外荷载与杆端内力的关系式，即杆件的刚度方程。

6.2.1　等截面直杆的形常数

　　图 6-2 所示为一等截面直杆 AB 的隔离体，杆件材料和截面抗弯刚度 EI 为常数，杆端 A 和 B 的角位移分别为 θ_A 和 θ_B，杆端 A 和 B 在垂直于杆轴 AB 方向的相对线位移为 Δ，弦转角 $\varphi = \Delta/l$，杆端 A 和 B 的弯矩和剪力分别为 M_{AB}、M_{BA}、Q_{AB}、Q_{BA}。

　　$\ominus$　在本章中，为了使表述简练，主动力用符号"P"表示，剪力用符号"Q"表示，而符号"F"表示的是广义的力，包括集中力和力矩等。

在位移法中，采用以下正负号规则：

1）杆端角位移 θ_A、θ_B 以顺时针转向为正；杆两端相对线位移 Δ（或 φ）以使杆件产生顺时针转动为正。

2）杆端弯矩 M_{AB}、M_{BA} 以顺时针转向为正；杆端剪力 Q_{AB}、Q_{BA} 以使作用截面产生顺时针转动为正。

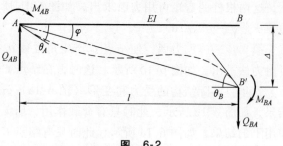

图 6-2

采用位移法分析等截面直杆时，关键是要用杆端位移表示杆端力。当杆端位移是单位值（即等于1）时，所得的杆端力称为等截面直杆的刚度系数。因刚度系数只与杆件材料性质、尺寸及截面几何形状有关，故也称为形常数。

1. 当 A 端作为固定端，有角位移 $\theta_A = 1$ 时的形常数

（1）B 端为固定支座（图 6-3a）　当 A 端位移为 θ_A 时，可由力法计算得到

$$\begin{cases} M_{AB} = 4i_{AB}\theta_A \\ M_{BA} = 2i_{AB}\theta_A \\ Q_{AB} = Q_{BA} = -\dfrac{6i_{AB}}{l}\theta_A \end{cases} \tag{6-1}$$

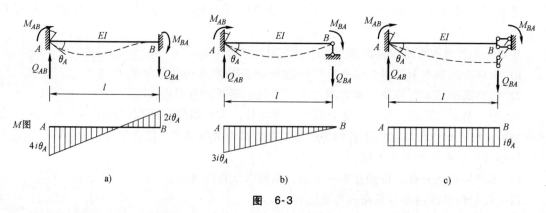

图 6-3

其中，$i_{AB} = EI/l$ 称为杆 AB 的线刚度。当 $\theta_A = 1$ 时，杆 AB 的 A 端弯矩的形常数为 $4i_{AB}$，B 端弯矩的形常数为 $2i_{AB}$，A 端和 B 端剪力的形常数为 $-6i_{AB}/l$。

（2）B 端为铰支座（图 6-3b）　当 A 端位移为 θ_A 时，同理可由力法求得

$$\begin{cases} M_{AB} = 3i_{AB}\theta_A \\ M_{BA} = 0 \\ Q_{AB} = Q_{BA} = -\dfrac{3i_{AB}}{l}\theta_A \end{cases} \tag{6-2}$$

可知当 $\theta_A = 1$ 时，杆 AB 的 A 端弯矩的形常数为 $3i_{AB}$，A 端和 B 端剪力的形常数则为 $-\dfrac{3i_{AB}}{l}$。

（3）B 端为滑动支座（图 6-3c）　当 A 端位移为 θ_A 时，可求得

$$\begin{cases} M_{AB} = i_{AB}\theta_A \\ M_{BA} = -i_{AB}\theta_A \\ Q_{AB} = Q_{BA} = 0 \end{cases} \tag{6-3}$$

可知当 $\theta_A = 1$ 时，杆 AB 的 A 端弯矩的形常数为 i_{AB}，B 端弯矩的形常数为 $-i_{AB}$，A 端和 B 端剪力的形常数则为零。

2. 当 A 端作为固定端，而 AB 两端有相对杆端线位移 $\Delta = 1$ 时的形常数

（1）B 端为固定支座（图 6-4a）　当 B 端有线位移 Δ 时，同样可由力法求得

$$
\begin{cases}
M_{AB} = M_{BA} = -\dfrac{6i_{AB}}{l}\Delta \\[3mm]
Q_{AB} = Q_{BA} = \dfrac{12i_{AB}}{l^2}\Delta
\end{cases}
\tag{6-4}
$$

当 $\Delta = 1$ 时，得到杆 AB 的 A 端和 B 端弯矩的形常数为 $-6i_{AB}/l$，剪力的形常数则为 $12i_{AB}/l^2$。

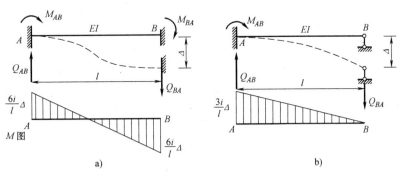

图　6-4

（2）B 端为铰支座（图 6-4b）　当 B 端有线位移 Δ 时，可得到

$$
\begin{cases}
M_{AB} = -\dfrac{3i_{AB}}{l}\Delta \\[3mm]
M_{BA} = 0 \\[3mm]
Q_{AB} = Q_{BA} = \dfrac{3i_{AB}}{l^2}\theta_A
\end{cases}
\tag{6-5}
$$

当 $\Delta = 1$ 时，得到杆 AB 的 A 端弯矩的形常数为 $-3i_{AB}/l$，B 端弯矩的形常数为 0，A 端和 B 端剪力的形常数则为 $3i_{AB}/l^2$。

各种情形的形常数见表 6-1。形常数用 $\overline{M}_{AB}$、$\overline{M}_{BA}$、$\overline{Q}_{AB}$、$\overline{Q}_{BA}$ 表示。

表 6-1　等截面直杆的形常数

约束类型	简图	弯矩		剪力	
		$\overline{M}_{AB}$	$\overline{M}_{BA}$	$\overline{Q}_{AB}$	$\overline{Q}_{BA}$
两端固定	$\theta_A = 1$ 图示	$4i$	$2i$	$-\dfrac{6i}{l}$	$-\dfrac{6i}{l}$
	$\Delta = 1$ 图示	$-\dfrac{6i}{l}$	$-\dfrac{6i}{l}$	$\dfrac{12i}{l^2}$	$\dfrac{12i}{l^2}$

（续）

约束类型	简图	弯矩		剪力	
		$\overline{M}_{AB}$	$\overline{M}_{BA}$	$\overline{Q}_{AB}$	$\overline{Q}_{BA}$
一端固定，一端铰支		$3i$	0	$-\dfrac{3i}{l}$	$-\dfrac{3i}{l}$
		$-\dfrac{3i}{l}$	0	$\dfrac{3i}{l^2}$	$\dfrac{3i}{l^2}$
一端固定，一端滑动		i	$-i$	0	0

6.2.2　等截面直杆的载常数

在等截面直杆中，当杆两端固定（或一端固定、一端铰支，或一端固定、一端滑动，均称为固端），只受荷载作用时，所得的杆端力通常称为固端力（包括固端弯矩和固端剪力）。因固端力与杆件所受荷载的形式有关，故也称为载常数。同样，可利用力法求得各种荷载作用下的杆件固端力。

常用的载常数见表 6-2。载常数用 M_{AB}^{F}、M_{BA}^{F}、Q_{AB}^{F}、Q_{BA}^{F} 表示。

表 6-1 和表 6-2 中的杆端弯矩（包括固端弯矩）、杆端剪力（包括固端剪力）一律以顺时针转向为正。

表 6-2　等截面直杆的载常数

约束类型	简图	弯矩		剪力	
		M_{AB}^{F}	M_{BA}^{F}	Q_{AB}^{F}	Q_{BA}^{F}
两端固定		$-\dfrac{Pl}{8}$	$+\dfrac{Pl}{8}$	$+\dfrac{P}{2}$	$-\dfrac{P}{2}$
		$-\dfrac{Pab^2}{l^2}$	$+\dfrac{Pa^2b}{l^2}$	$\dfrac{Pb^2}{l^2}\left(1+\dfrac{2a}{l}\right)$	$-\dfrac{Pa^2}{l^2}\left(1+\dfrac{2b}{l}\right)$
		$-\dfrac{1}{12}ql^2$	$+\dfrac{1}{12}ql^2$	$+\dfrac{ql}{2}$	$-\dfrac{ql}{2}$

（续）

约束类型	简图	弯矩		剪力	
		M_{AB}^{F}	M_{BA}^{F}	Q_{AB}^{F}	Q_{BA}^{F}
两端固定		$-\dfrac{1}{30}ql^2$	$+\dfrac{1}{20}ql^2$	$+\dfrac{3}{20}ql$	$-\dfrac{7}{20}ql$
	$\Delta t=t_1-t_2$	$\dfrac{EI\alpha\Delta t}{h}$	$-\dfrac{EI\alpha\Delta t}{h}$	0	0
一端固定，一端铰支		$-\dfrac{3}{16}Pl$	0	$+\dfrac{11}{16}P$	$-\dfrac{5}{16}P$
		$-\dfrac{Pb(l^2-b^2)}{2l^2}$	0	$+\dfrac{Pb(3l^2-b^2)}{2l^3}$	$-\dfrac{Pa^2(3l-a)}{2l^3}$
		$-\dfrac{1}{8}ql^2$	0	$+\dfrac{5}{8}ql$	$-\dfrac{3}{8}ql$
		$-\dfrac{1}{15}ql^2$	0	$+\dfrac{2}{5}ql$	$-\dfrac{1}{10}ql$
		$-\dfrac{7}{120}ql^2$	0	$+\dfrac{9}{40}ql$	$-\dfrac{11}{40}ql$
	$\Delta t=t_1-t_2$	$\dfrac{3EI\alpha\Delta t}{2h}$	0	$-\dfrac{3EI\alpha\Delta t}{2hl}$	$-\dfrac{3EI\alpha\Delta t}{2hl}$
		$-\dfrac{1}{2}Pl$	$-\dfrac{1}{2}Pl$	$+P$	$B_L:+P$ $B_R:0$

（续）

约束类型	简图	弯矩		剪力	
		M_{AB}^{F}	M_{BA}^{F}	Q_{AB}^{F}	Q_{BA}^{F}
一端固定，一端滑动	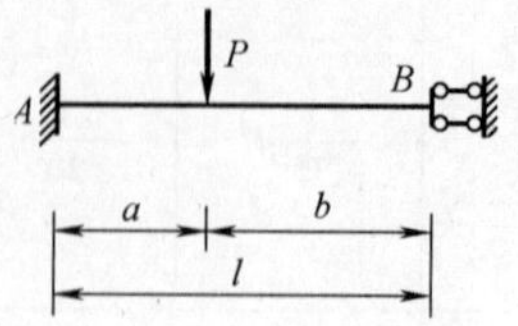	$-\dfrac{Pa}{2l}(2l-a)$	$-\dfrac{Pa^2}{2l}$	$+P$	0
	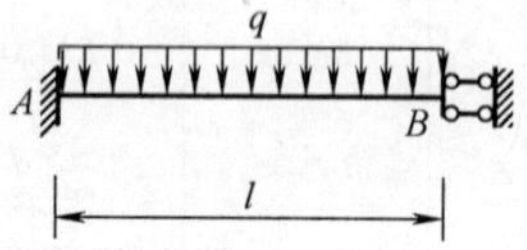	$-\dfrac{1}{3}ql^2$	$-\dfrac{1}{6}ql^2$	$+ql$	0
	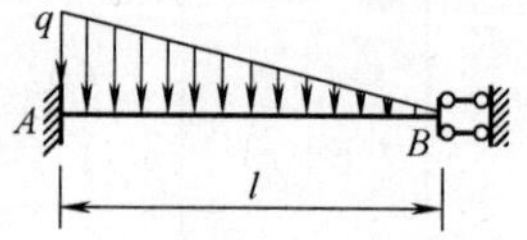	$-\dfrac{1}{8}ql^2$	$-\dfrac{1}{24}ql^2$	$+\dfrac{1}{2}ql$	0
	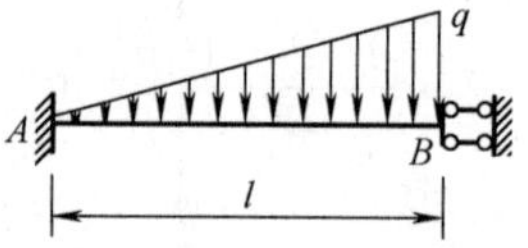	$-\dfrac{5}{24}ql^2$	$-\dfrac{1}{8}ql^2$	$+\dfrac{1}{2}ql$	0
	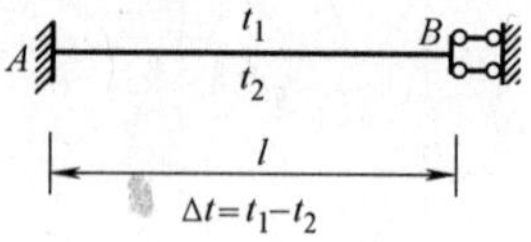	$\dfrac{EI\alpha\Delta t}{h}$	$-\dfrac{EI\alpha\Delta t}{h}$	0	0

6.3　位移法的基本未知量和基本体系

　　用位移法计算超静定结构时，首先需要确定基本未知量和基本体系。位移法的基本未知量是结点角位移和结点线位移。位移法的基本体系是将基本未知量完全锁住后，得到的超静定杆的综合体。下面将分别讨论如何确定基本未知量和选取基本体系。

6.3.1　位移法的基本未知量

　　首先讨论结点角位移基本未知量。如图 6-5 所示连续梁，结点 A、B、C、D 都没有线位移。A 是固定端，转角等于零；B 和 C 是刚结点，可以转动，转角分别为 θ_B 和 θ_C；D 是铰结点，转角为 θ_D。设 BA 杆在 B 端的转角为 θ_{BA}；BC 杆在 B 端的转角为 θ_{BC}，在 C 端的转角为 θ_{CB}；CD 杆在 C 端的转角为 θ_{CD}，在 D 端的转角为 θ_{DC}。共有 5 个杆端转角，但根据刚结点上各杆端转角相等的变形连续条件，有

$$\begin{cases} \theta_{BA}=\theta_{BC}=\theta_B \\ \theta_{CB}=\theta_{CD}=\theta_C \end{cases} \tag{a}$$

　　因 D 是铰结点，已知 $M_{DC}=0$，θ_D 可以不取作为基本未知量。

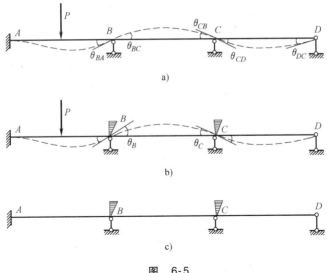

图　6-5

利用刚结点处的变形连续条件式（a）后，只要计算出结点角位移 θ_B 和 θ_C，也就可以得到杆端角位移 θ_{BA}、θ_{BC}、θ_{CB}、θ_{CD}。因此，将刚结点 B 和 C 的角位移 θ_B 和 θ_C 取作为基本未知量，用 Δ_1 和 Δ_2 表示。可见，结点角位移的数目就等于结构刚结点的数目。

再讨论结点线位移基本未知量。在第 2 章曾讨论过，平面杆件体系的一个结点在平面内有两个自由度，也就是说，平面内一个结点有两个线位移。如图 6-6a 所示刚架，有两个结点 C 和 D，每个结点分别有竖直方向和水平方向两个线位移，则共有四个结点线位移。如图 6-6b 所示排架，有三个结点 D、E、F，则共有六个结点线位移。

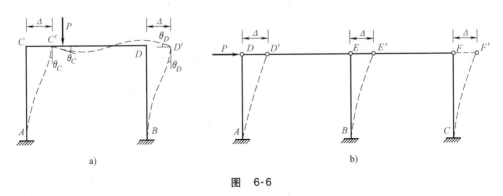

图　6-6

为减少计算工作量、减少基本未知量的个数，使计算得到简化，引入以下假设：

1）忽略各杆轴力引起的轴向变形。

2）结点转角 θ 和各杆弦转角 $\varphi(\varphi=\Delta/l)$ 都很微小。

根据假设 1），杆件变形前的直线长度与变形后的直线长度可以认为相等。根据假设 2），弯曲变形后的曲线长度与弦线长度可以认为相等。综合起来，可得出如下结论：杆件发生弯曲变形后，杆件两端结点之间的距离仍保持不变，或杆长保持不变。

根据以上假设，讨论独立的结点线位移的个数。图 6-6a 所示刚架，由于杆 AC 和 BD 两端距离保持不变，因此在微小位移的情况下，结点 C 和 D 都没有竖向线位移；在结点 C 和 D 虽然有水平线位移，但由于杆 CD 长度不变，因此结点 C 和 D 的水平线位移相等，可用一个符号 Δ 表示。因此，原来四个结点线位移减少为一个独立的结点线位移。该刚架的全部基本未知量只有三个：即结点角位移 $\Delta_1(\theta_C)$、$\Delta_2(\theta_D)$ 和独立的结点线位移 $\Delta_3(\Delta)$。同理，图 6-6b 所示排架，结点 D、E、F 的水平线位移相同，故该排架的基本未知量只有一个独立的结点线位移 Δ。

由于在刚架计算中，不考虑各杆长度的改变，因而结点独立线位移的数目可用几何组成分析的方法来判定。如果把所有的刚结点（包括固定支座）都改为铰结点，则此铰接体系的自由度就是原结构的独立结点线位移的数目。换句话说，为了使铰接体系成为几何不变而增加的链杆数就等于原结构的独立结点线位移的数目。

以图 6-7a 所示刚架为例，为确定独立结点线位移的数目，可把所有刚结点（包括固定支座）都改为铰结点，得到图 6-7b 实线所示的铰接杆件体系，该体系必须添加两根链杆（虚线所示）后，才能由几何可变成为几何不变。由此可知，图 6-7a 所示刚架有两个独立结点线位移。

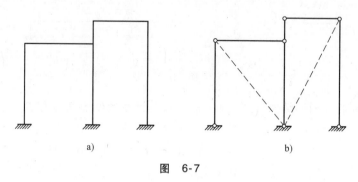

图 6-7

综上所述，用位移法计算刚架时，基本未知量包括结点角位移和独立结点线位移。结点角位移的数目等于结构刚结点的数目；独立结点线位移的数目等于将刚结点改为铰结点后得到的铰接体系的自由度数目。

在确定基本未知量时，由于既保证了刚结点各杆杆端转角彼此相等，又保证了各杆杆端距离保持不变，因此，在将分解的杆件再综合为结构的过程中，能够保证各杆杆端位移彼此协调，从而能够满足变形连续条件。

6.3.2 位移法的基本体系

图 6-8a 所示刚架，只有一个刚结点 D，所以只有一个结点角位移 $\Delta_1(\theta_D)$，没有结点线位移。我们在结点 D 加一个控制结点 D 转动的约束，用加斜线的三角符号表示（注意，这种约束不约束结点线位移）。这样得到的无结点位移的结构称为原结构的基本结构，如图 6-8c 所示。把基本结构在荷载和基本未知位移共同作用下的体系称为原结构的基本体系，图 6-8b 即为图 6-8a 的基本体系。由此可知，位移法的基本体系是通过增加约束将基本未知量完全锁住后，在荷载和基本未知位移的共同作用下的超静定杆的综合体。

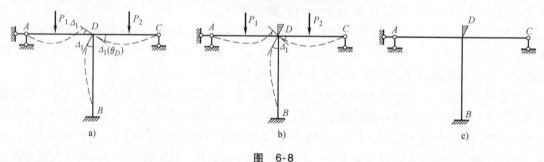

图 6-8

同理，图 6-5a 所示的原结构，其基本体系和基本结构分别如图 6-5b、c 所示。这里，基本体系就是把结点角位移锁住后的三根超静定杆的综合体。

图 6-9a 所示刚架，有两个基本未知量：结点 C 的角位移 $\Delta_1(\theta_C)$，结点 C 和 D 的结点线位移 Δ_2（独立结点线位移只有一个）。因此，可在结点 C 加一控制结点 C 转动的约束，在结点 D 加一水平支杆，控制结点 C 和 D 的水平线位移。这样得到的基本体系如图 6-9b 所示，基本结构如图 6-9c 所示。

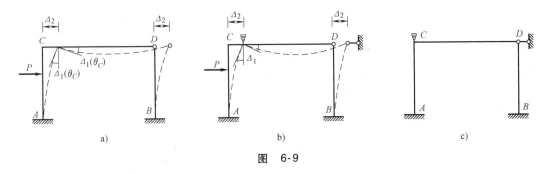

图　6-9

由以上讨论可知，在原结构基本未知量处，增加相应的约束，就得到原结构的基本体系。对于结点角位移，增加控制转动的约束；对于结点线位移，则增加控制结点线位移的约束，即支杆。这两种约束的作用是相互独立的。因此，基本体系与原结构的区别在于，增加了人为的约束，把原结构变成一个被约束的单杆综合体。下节将讨论如何利用基本体系这一工具来建立位移法的基本方程。

6.4　位移法的典型方程

位移法的基本体系，在荷载与结点位移的共同作用下，如何才能转化为原结构呢？转化的条件就是建立满足平衡条件的位移法方程。为使位移法方程的表达式具有一般性，将基本未知量（角位移和独立结点线位移）统一用 Δ 表示。

6.4.1　位移法方程的建立

以图 6-10a 所示刚架说明位移法方程的建立。该刚架只有一个刚结点 C，基本未知量就是结点 C 的角位移 Δ_1，可在结点 C 施加控制转动的约束，得到基本体系如图 6-10b 所示。

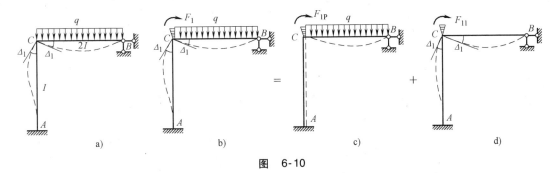

图　6-10

基本体系转化为原结构的条件就是施加转动约束的约束力矩 F_1（图 6-10b）应等于零，即

$$F_1 = 0 \tag{a}$$

因为在原结构结点 C 处没有约束，所以基本结构在荷载和 Δ_1 共同作用下在结点 C 处应与

原结构完全相同，即 $F_1 = 0$。只有这样，图 6-10b 的内力和变形才能与原结构的内力和变形完全相同。这就是基本体系转化为原结构的条件。$F_1 = 0$ 是一个平衡方程。

下面利用叠加原理，把基本体系中的约束力 F_1 分解成两种情况的叠加：

（1）基本结构在荷载作用下的计算（图 6-10c）　此时结点 C 处于锁住状态，可先求基本结构在荷载作用下 CB 杆的固端力，以及在转动约束中存在的约束力矩 F_{1P}。

（2）基本结构在基本未知量 Δ_1 作用下的计算（图 6-10d）　使基本结构结点 C 发生结点角位移 Δ_1，这时可求出基本结构在有 Δ_1 作用时杆件 CA 和 CB 的杆端力，以及在转动约束中存在的约束力矩 F_{11}。

将以上两种情形叠加，使基本体系恢复到原结构的状态，即使基本体系在荷载和 Δ_1 作用下附加的约束力矩 F_1 消失。这时图 6-10b 中，虽然结点 C 在形式上还有附加转动约束，但实际上已不起作用，即结点 C 已处于放松状态。

根据以上分析，式（a）可写为

$$F_1 = F_{1P} + F_{11} \tag{b}$$

进一步利用叠加原理，将 F_{11} 表示为与 Δ_1 有关的量，即式（b）可写为

$$F_1 = k_{11}\Delta_1 + F_{1P} = 0 \tag{6-6}$$

式中　k_{11}——基本结构在单位位移 $\Delta_1 = 1$ 单独作用时在附加约束中的约束力矩；

F_{1P}——基本结构在荷载单独作用下在附加约束中的约束力矩。

式（6-6）就是求解基本未知量 Δ_1 的位移法方程，即平衡方程。

总之，对于一个刚结点，有一个结点角位移——基本未知量，相应可以写出一个结点约束力矩等于零的平衡方程——基本方程。一个基本方程正好解出一个基本未知量。

6.4.2 位移法方程的典型形式

对于具有多个基本未知量的结构，仍然应用上述思路，建立位移法方程的典型形式。

1. 两个基本未知量的位移法方程

现以图 6-11a 所示刚架为例说明。

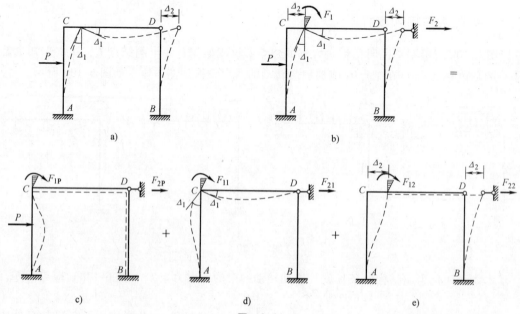

图 6-11

图 6-11a 所示刚架有两个基本未知量，结点 C 的转角 Δ_1 和结点 D 的水平位移 Δ_2。在结点 C 施加控制转动的约束，为约束 1；在结点 D 加一控制水平线位移的约束——支杆，为约束 2。基本体系如图 6-11b 所示。下面利用叠加原理建立位移法方程。

（1）**基本结构在荷载单独作用时的计算（图 6-11c）**　先求出各杆的固端力，然后求在两个约束中分别存在的约束力矩 F_{1P} 和约束力 F_{2P}。

（2）**基本结构在 Δ_1 单独作用时的计算（图 6-11d）**　使基本结构在结点 C 发生结点位移 Δ_1，但结点 D 仍被锁住。这时，可求出基本结构在杆件 CA 和 CD 的杆端力，以及在两个约束中分别存在的约束力矩 F_{11} 和约束力 F_{21}。

（3）**基本结构在 Δ_2 单独作用时的计算（图 6-11e）**　使基本结构在结点 D 发生结点位移 Δ_2，但结点 C 仍被锁住。这时可求出基本结构在杆件 AC 和 BD 的杆端力，以及在两个约束中分别存在的约束力矩 F_{12} 和约束力 F_{22}。

叠加以上三步结果，得基本体系在荷载和结点位移 Δ_1、Δ_2 共同作用下的结果。这时基本体系已转化为原结构，虽然在形式上还有约束，但实际上已不起作用，附加约束中的总约束力应等于零，即

$$\begin{cases} F_1 = 0 \\ F_2 = 0 \end{cases} \tag{a}$$

即

$$\begin{cases} F_{1P} + F_{11} + F_{12} = 0 \\ F_{2P} + F_{21} + F_{22} = 0 \end{cases} \tag{b}$$

式中　F_{1P}、F_{2P}——基本结构在荷载单独作用时，在附加约束 1 和 2 中产生的约束力矩和约束力；

F_{11}、F_{21}——基本结构在结点位移 Δ_1 单独作用（$\Delta_2 = 0$）时，在附加约束 1 和 2 中产生的约束力矩和约束力；

F_{12}、F_{22}——基本结构在结点位移 Δ_2 单独作用（$\Delta_1 = 0$）时，在附加约束 1 和 2 中产生的约束力矩和约束力。

利用叠加原理，可将 F_{11}、F_{21} 等表示为与 Δ_1、Δ_2 有关的量，将式（b）展开为

$$\begin{cases} k_{11}\Delta_1 + k_{12}\Delta_2 + F_{1P} = 0 \\ k_{21}\Delta_1 + k_{22}\Delta_2 + F_{2P} = 0 \end{cases} \tag{6-7}$$

式中　k_{11}、k_{21}——基本结构在单位结点位移 $\Delta_1 = 1$ 单独作用（$\Delta_2 = 0$）时，在附加约束 1 和 2 中产生的约束力矩和约束力；

k_{12}、k_{22}——基本结构在单位结点位移 $\Delta_2 = 1$ 单独作用（$\Delta_1 = 0$）时，在附加约束 1 和 2 中产生的约束力矩和约束力。

式（6-7）就是具有两个基本未知量的位移法方程，由此可求出基本未知量 Δ_1 和 Δ_2。

2. n 个基本未知量的位移法方程的典型形式

对于具有 n 个基本未知量的结构，其位移法方程的典型形式如下

$$\begin{cases} k_{11}\Delta_1 + k_{12}\Delta_2 + \cdots + k_{1n}\Delta_n + F_{1P} = 0 \\ k_{21}\Delta_1 + k_{22}\Delta_2 + \cdots + k_{2n}\Delta_n + F_{2P} = 0 \\ \cdots\cdots \\ k_{n1}\Delta_1 + k_{n2}\Delta_2 + \cdots + k_{nn}\Delta_n + F_{nP} = 0 \end{cases} \tag{6-8}$$

式中　k_{ii}——基本结构在单位结点位移 $\Delta_i = 1$ 单独作用（其他结点位移 $\Delta_i = 0$）时，在附加约束 i 中产生的约束力矩或约束力（$i = 1$、2、$\cdots$、n）；

k_{ij}——基本结构在单位结点位移 $\Delta_j = 1$ 单独作用（其他结点位移 $\Delta_j = 0$）时，在附加约

束 i 中产生的约束力矩或约束力（$i=1$、2、$\cdots$、n；$j=1$、2、$\cdots$、n，$i\neq j$）；

F_{iP}——基本结构在荷载单独作用（结点位移 Δ_1、Δ_2、$\cdots$、Δ_n 都锁住）时，在附加约束 i 中产生的约束力矩或约束力（$i=1$、2、$\cdots$、n）。

式（6-8）中的每一方程表示基本体系中与每一基本未知量相应的附加约束处约束力矩或约束力等于零的平衡条件。具有 n 个基本未知量的结构，其基本体系就有 n 个附加约束，也就有 n 个附加约束处的平衡条件，即 n 个平衡方程。显然，可由 n 个平衡方程解出 n 个基本未知量。

在建立位移法方程时，基本未知量 Δ_1、Δ_2、$\cdots$、Δ_n 均假设为正号，即假设结点角位移为顺时针转向，结点线位移使杆产生顺时针转动。计算结果为正时，说明 Δ_1、Δ_2、$\cdots$、Δ_n 的方向与所设方向一致；计算结果为负时，说明 Δ_1、Δ_2、$\cdots$、Δ_n 的方向与所设方向相反。

式（6-8）中系数 k_{ii}、k_{ij} 等也称为结构的刚度系数，可由杆件的形常数求得；自由项 F_{iP} 则可由杆件的载常数求得。

式（6-8）中处于主对角线上的系数 k_{ii} 称为主系数，其值恒大于零；处于主对角线两侧的 k_{ij} 等称为副系数，其值可大于零，可小于零，或等于零。由反力互等定理可知

$$k_{ij}=k_{ji} \qquad (6\text{-}9)$$

由此可减少副系数的计算工作量。

综上所述，位移法的一般解题步骤可归纳如下：

1）确定基本未知量和基本体系。

2）建立位移法典型方程。

3）计算典型方程中的系数和自由项。

4）求解典型方程，求出基本未知量 Δ_1、Δ_2、$\cdots$、Δ_n。

5）绘制内力图。根据叠加公式 $M=\overline{M}_1\Delta_1+\overline{M}_2\Delta_2+\cdots+\overline{M}_n\Delta_n+M_P$ 绘制 M 图，然后根据 M 图来绘制结构的剪力图和轴力图。

6.5 位移法计算应用举例

在上一节，我们详细介绍了位移法的典型方程和解题步骤。本节将通过一些算例，介绍如何用位移法来计算不同类型的超静定结构。

6.5.1 多跨连续梁的计算

【例 6-1】 试用位移法计算图 6-12a 所示连续梁的内力（$EI=$ 常数）。

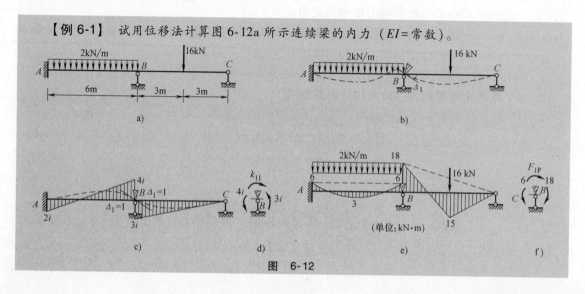

图 6-12

【解】 (1) 基本未知量　连续梁结点 B 角位移 Δ_1。

(2) 基本体系　在结点 B 施加抵抗转动的约束，得到如图 6-12b 所示的基本体系。

(3) 位移法方程

$$k_{11}\Delta_1 + F_{1P} = 0$$

(4) 计算 k_{11}　k_{11} 为基本结构在结点 B 有单位转角 $\Delta_1 = 1$ 作用时在附加约束中的约束力矩。

1) 令 $i = EI/6$，利用各杆形常数计算各杆杆端弯矩，并作 $\overline{M}_1$ 图，如图 6-12c 所示。

$$\overline{M}_{BC} = 3i \quad \overline{M}_{BA} = 4i \quad \overline{M}_{AB} = 2i$$

2) 由结点 B 的力矩平衡（图 6-12d）可得

$$\sum M_B = 0 \qquad k_{11} = 4i + 3i = 7i$$

(5) 计算 F_{1P}　F_{1P} 为基本结构在荷载作用下在附加约束中的约束力矩，此时结点 B 锁住。

1) 利用各杆载常数计算各杆固端弯矩，并作 M_P 图，如图 6-12e 所示。

$$-M_{AB}^F = M_{BA}^F = \frac{ql^2}{12} = \frac{2 \times 6^2}{12} \text{kN} \cdot \text{m} = 6\text{kN} \cdot \text{m}$$

$$M_{BC}^F = -\frac{3Pl}{16} = -\frac{3 \times 16 \times 6}{16} \text{kN} \cdot \text{m} = -18\text{kN} \cdot \text{m}$$

2) 由结点 B 的力矩平衡（图 6-12f）可得

$$\sum M_B = 0 \qquad F_{1P} + 18\text{kN} \cdot \text{m} - 6\text{kN} \cdot \text{m} = 0 \qquad F_{1P} = -12\text{kN} \cdot \text{m}$$

(6) 计算 Δ_1　将 k_{11} 和 F_{1P} 代入位移法方程，解出 Δ_1。

$$\Delta_1 = -\frac{F_{1P}}{k_{11}} = \frac{12}{7i} = 1.714\frac{1}{i}$$

(7) 作 M 图　利用叠加公式 $M = \overline{M}_1\Delta_1 + M_P$ 计算杆端弯矩。

$$M_{AB} = 2i\Delta_1 + M_{AB}^F = \left[2i\left(\frac{1.714}{i}\right) - 6\right]\text{kN} \cdot \text{m} = -2.57\text{kN} \cdot \text{m}$$

$$M_{BA} = 4i\Delta_1 + M_{BA}^F = \left[4i\left(\frac{1.714}{i}\right) + 6\right]\text{kN} \cdot \text{m} = 12.86\text{kN} \cdot \text{m}$$

$$M_{BC} = 3i\Delta_1 + M_{BC}^F = \left[3i\left(\frac{1.714}{i}\right) - 18\right]\text{kN} \cdot \text{m} = -12.86\text{kN} \cdot \text{m}$$

求得杆端弯矩后，可画出 M 图，如图 6-13a 所示。画 M 图时，仍将杆端弯矩纵坐标画在受拉边。有荷载段，将杆件两端弯矩纵坐标连以虚直线，再叠加相应简支梁的 M^0，即得到最后 M 图。

(8) 作 F_Q 图

由杆 AB 的隔离体（图 6-13b）得

$$\sum M_B = 0 \qquad Q_{AB} = \frac{-12.86 + 2 \times 6 \times 3 + 2.57}{6}\text{kN} = 4.29\text{kN}$$

$$\sum M_A = 0 \qquad Q_{BA} = \frac{-12.86 - 2 \times 6 \times 3 + 2.57}{6}\text{kN} = -7.72\text{kN}$$

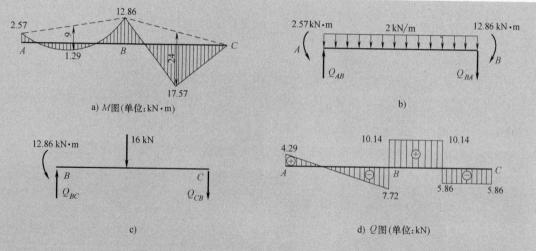

a) M图(单位:kN·m)   b)

c)   d) Q图(单位:kN)

图 6-13

由杆 BC 的隔离体（图6-13c）得

$$\sum M_B = 0 \quad Q_{CB} = \frac{-16 \times 3 + 12.86}{6} kN = -5.86 kN$$

$$\sum M_C = 0 \quad Q_{BC} = \frac{16 \times 3 + 12.86}{6} kN = 10.14 kN$$

Q 图如图 6-13d 所示。

（9）校核 结点 B 满足力矩平衡，即

$$\sum M_B = +12.86kN \cdot m - 12.86kN \cdot m = 0$$

连续梁整体满足 $\sum Y = 0$，即

$$\sum Y = 0 \quad 4.29kN + 17.86kN + 5.86kN - 2 \times 6kN - 16kN \approx 0$$

6.5.2 无侧移刚架的计算

如果刚架的各个结点（不包括支座）只有角位移而没有线位移，这种刚架称为无侧移刚架。在位移法计算中，对于无侧移刚架，其基本未知量只包括结点角位移，而没有结点线位移，故其计算较为简单。

【例6-2】 用位移法作图6-14a所示无侧移刚架的弯矩图。

【解】 （1）基本未知量 如图6-14a所示，刚架有两个刚结点 D 和 E，没有结点线位移，基本未知量为结点 D 和 E 的转角 Δ_1、Δ_2。

（2）基本体系 在结点 D 和 E 分别施加转动约束，得到基本体系，如图6-14b所示。

（3）位移法方程

$$\begin{cases} k_{11}\Delta_1 + k_{12}\Delta_2 + F_{1P} = 0 \\ k_{21}\Delta_1 + k_{22}\Delta_2 + F_{2P} = 0 \end{cases}$$

（4）计算系数 k_{11}、k_{12}、k_{21}、k_{22} 超静定结构内力只与各杆刚度比值有关，因此，可设 $EI_0 = 1$。

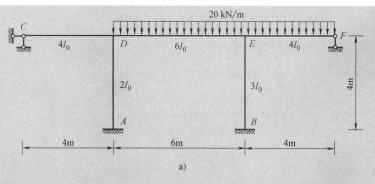

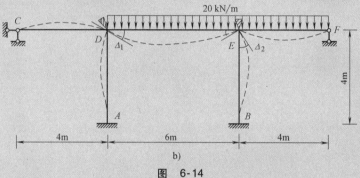

图 6-14

$$i_{DC} = i_{EF} = \frac{4EI_0}{4} = 1 \qquad i_{DE} = \frac{6EI_0}{6} = 1$$

$$i_{DA} = \frac{2EI_0}{4} = \frac{1}{2} \qquad i_{EB} = \frac{3EI_0}{4} = \frac{3}{4}$$

1) 基本结构在结点 D 有单位转角 $\Delta_1 = 1$ 作用时的计算。此时 Δ_2 仍被锁住。当 $\Delta_1 = 1$ 时，可利用各杆形常数求杆件 DC、DE、DA 的杆端弯矩，并作出 $\overline{M}_1$ 图，如图 6-15a 所示。

$$\overline{M}_{DC} = 3i_{DC} = 3 \qquad \overline{M}_{DA} = 4i_{DA} = 4 \times \frac{1}{2} = 2$$

$$\overline{M}_{DE} = 4i_{DE} = 4 \qquad \overline{M}_{ED} = 2i_{DE} = 2$$

由结点 D 的力矩平衡（图 6-15b），可求得约束力矩 k_{11} 为

$$\sum M_D = 0 \qquad k_{11} = 3i_{DC} + 4i_{DA} + 4i_{DE} = 3 + 2 + 4 = 9$$

由结点 E 的力矩平衡（图 6-15c），可求得约束力矩 k_{21} 为

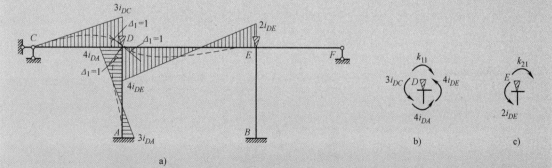

图 6-15

$$\sum M_E = 0 \qquad k_{21} = 2i_{DE} = 2$$

2) 基本结构在结点 E 有单位转角 $\Delta_2 = 1$ 作用时的计算。此时 Δ_1 被锁住。当 $\Delta_2 = 1$，利用各杆的形常数求杆件 ED、EB、EF 的杆端弯矩，并作 $\overline{M}_2$ 图，如图 6-16a 所示。

$$\overline{M}_{ED} = 4i_{ED} = 4 \qquad \overline{M}_{EF} = 3i_{EF} = 3 \qquad \overline{M}_{EB} = 4i_{EB} = 3$$

由结点 D 的力矩平衡（图 6-16b），求得约束力矩 k_{12} 为

$$\sum M_D = 0 \qquad k_{12} = 2i_{DE} = 2 = k_{21}$$

由结点 E 的力矩平衡（图 6-16c），求得约束力矩 k_{22} 为

$$\sum M_E = 0 \qquad k_{22} = 4i_{DE} + 4i_{EB} + 3i_{EF} = 4 + 3 + 3 = 10$$

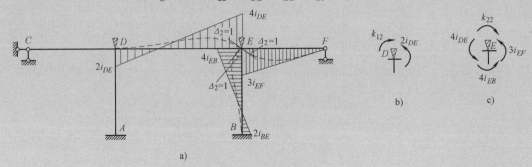

图 6-16

(5) 计算 F_{1P}、F_{2P} 利用各杆载常数，计算各杆固端弯矩，并作 M_P 图，如图 6-17a 所示。

$$M_{DE}^F = -M_{ED}^F = -\frac{1}{12}ql^2 = -\frac{20}{12} \times 6^2 \text{kN} \cdot \text{m} = -60 \text{kN} \cdot \text{m}$$

$$M_{EF}^F = -\frac{1}{8}ql^2 = -\frac{1}{8} \times 20 \times 4^2 \text{kN} \cdot \text{m} = -40 \text{kN} \cdot \text{m}$$

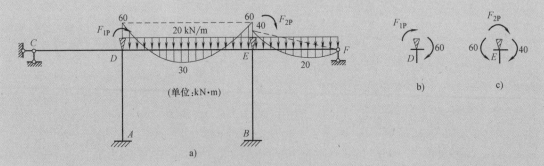

图 6-17

由结点 D 的力矩平衡（图 6-17b），求得约束力矩 F_{1P} 为

$$\sum M_D = 0 \qquad F_{1P} + 60 \text{kN} \cdot \text{m} = 0 \qquad F_{1P} = -60 \text{kN} \cdot \text{m}$$

由结点 E 的力矩平衡（图 6-17c），求得约束力矩 F_{2P} 为

$$\sum M_E = 0 \qquad F_{2P} + 40 \text{kN} \cdot \text{m} - 60 \text{kN} \cdot \text{m} = 0 \qquad F_{2P} = 20 \text{kN} \cdot \text{m}$$

（6）计算 Δ_1、Δ_2　将系数和自由项代入位移法方程，解出 Δ_1、Δ_2。

$$\begin{cases} 9\Delta_1 + 2\Delta_2 - 60 = 0 \\ 2\Delta_1 + 10\Delta_2 + 20 = 0 \end{cases}$$

解得 　　　　　　　　　　$\Delta_1 = 7.442 \quad \Delta_2 = -3.488$

（7）作 M 图　利用叠加公式：$M = \overline{M}_1 \Delta_1 + \overline{M}_2 \Delta_2 + M_P$，可求得杆端弯矩。

$$M_{CD} = 2i_{DA}\Delta_1 = 2 \times \frac{1}{2} \times 7.442 \text{kN} \cdot \text{m} = 7.44 \text{kN} \cdot \text{m}$$

$$M_{DA} = 4i_{DA}\Delta_1 = 4 \times \frac{1}{2} \times 7.442 \text{kN} \cdot \text{m} = 14.88 \text{kN} \cdot \text{m}$$

$$M_{BE} = 2i_{BE}\Delta_2 = 2 \times \frac{3}{4} \times (-3.488) \text{kN} \cdot \text{m} = -5.23 \text{kN} \cdot \text{m}$$

$$M_{EB} = 4i_{BE}\Delta_2 = 4 \times \frac{3}{4} \times (-3.488) \text{kN} \cdot \text{m} = -10.46 \text{kN} \cdot \text{m}$$

$$M_{DC} = 3i_{DC}\Delta_1 = 3 \times 1 \times 7.442 \text{kN} \cdot \text{m} = 22.33 \text{kN} \cdot \text{m}$$

$$M_{DE} = 4i_{DE}\Delta_1 + 2i_{DE}\Delta_2 + M_{DE}^F = 4 \times 1 \times 7.442 \text{kN} \cdot \text{m} + 2 \times 1 \times (-3.488) \text{kN} \cdot \text{m} - 60 \text{kN} \cdot \text{m} = -37.21 \text{kN} \cdot \text{m}$$

$$M_{ED} = 2i_{DE}\Delta_1 + 4i_{DE}\Delta_2 + M_{ED}^F = 2 \times 1 \times 7.442 \text{kN} \cdot \text{m} + 4 \times 1 \times (-3.488) \text{kN} \cdot \text{m} + 60 \text{kN} \cdot \text{m} = 60.93 \text{kN} \cdot \text{m}$$

$$M_{EF} = 3i_{EF}\Delta_2 + M_{EF}^F = 3 \times 1 \times (-3.488) \text{kN} \cdot \text{m} - 40 \text{kN} \cdot \text{m} = -50.46 \text{kN} \cdot \text{m}$$

作得 M 图如图 6-18 所示。

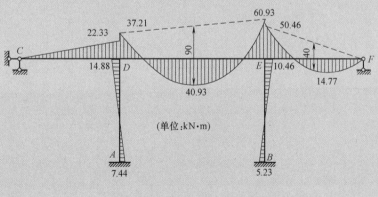

图 6-18

6.5.3　有侧移刚架的计算

有侧移刚架一般是指除有结点角位移外，还具有结点线位移的刚架。在位移法计算中，有侧移刚架的基本未知量既包括结点角位移，又包括结点线位移。因此，有侧移刚架的位移法计算比较复杂。

【例6-3】 用位移法作图 6-19a 所示刚架的内力图。

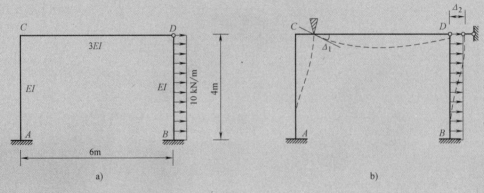

图　6-19

【解】 （1）基本未知量　此题有两个基本未知量，结点 C 处的角位移 Δ_1 和结点 D 处的线位移 Δ_2。

（2）基本体系　在刚结点 C 施加控制转动约束，为约束 1；在结点 D 施加控制线位移约束，为约束 2。得基本体系如图 6-19b 所示。

（3）位移法方程

$$\begin{cases} k_{11}\Delta_1 + k_{12}\Delta_2 + F_{1P} = 0 \\ k_{21}\Delta_1 + k_{22}\Delta_2 + F_{2P} = 0 \end{cases}$$

（4）计算系数 k_{11}、k_{12}、k_{21}、k_{22}　令 $EI = 4i$，各杆相对线刚度为

$$i_{AC} = i_{BD} = \frac{EI}{4} = i \qquad i_{CD} = \frac{3EI}{6} = 2i$$

1）基本结构在单位转角 $\Delta_1 = 1$ 单独作用（$\Delta_2 = 0$）下的计算。

由各杆件形常数可得各杆杆端弯矩为

$$\overline{M}_{CA} = 4i_{CA} = 4i \qquad \overline{M}_{AC} = 2i_{CA} = 2i \qquad \overline{M}_{CD} = 3i_{CD} = 6i$$

作 $\overline{M}_1$ 图，如图 6-20a 所示。

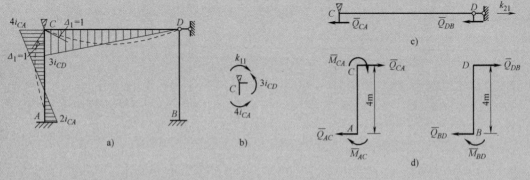

图　6-20

由结点 C 的力矩平衡（图 6-20b）求得 k_{11} 为

$$\sum M_C = 0 \qquad k_{11} = 3i_{CD} + 4i_{CA} = 6i + 4i = 10i$$

为计算 k_{21}，沿有侧移的柱 AC 和 CD 柱顶处作一截面，取柱顶以上横梁 CD 为隔离体（图 6-20c），建立水平投影方程为

$$\sum X = 0 \qquad \overline{Q}_{CA} + \overline{Q}_{DB} = k_{21} \qquad\qquad (\text{a})$$

利用柱 AC、BD 的剪力形常数或建立以柱 AC、BD 为隔离体（图 6-20d）的平衡方程计算 $\overline{Q}_{CA}$、$\overline{Q}_{DB}$。

柱 AC：

$$\sum M_A = 0 \qquad \overline{Q}_{CA} \times 4 + \overline{M}_{AC} + \overline{M}_{CA} = 0$$

$$\overline{Q}_{CA} = -\frac{(\overline{M}_{AC} + \overline{M}_{CA})}{4} = -\frac{(2i + 4i)}{4} = -1.5i$$

柱 BD：

$$\sum M_B = 0 \qquad \overline{Q}_{DB} \times 4 + \overline{M}_{BD} = 0 \qquad \overline{Q}_{DB} = 0$$

将 $\overline{Q}_{CA}$、$\overline{Q}_{DB}$ 代入式（a），得

$$k_{21} = -1.5i$$

2）基本结构在单位水平位移 $\Delta_2 = 1$ 单独作用（$\Delta_1 = 0$）下的计算。

由各杆件形常数可得各杆杆端弯矩为

$$\overline{M}_{AC} = \overline{M}_{CA} = -\frac{6i_{AC}}{l_{CA}} = -\frac{6i}{4} = -1.5i$$

$$\overline{M}_{BD} = -\frac{3i_{BD}}{l_{BD}} = -\frac{3i}{4}$$

$\overline{M}_2$ 图，如图 6-21a 所示。

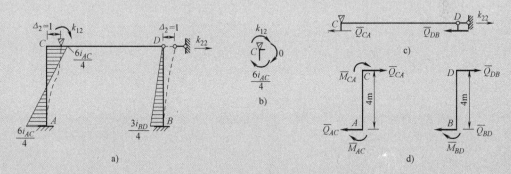

图 6-21

由结点 C 的力矩平衡（图 6-21b），求 k_{12}：

$$\sum M_C = 0 \qquad k_{12} + \frac{6i_{AC}}{4} = 0 \qquad k_{12} = -1.5i = k_{21}$$

同理，取柱顶以上横梁 CD 为隔离体（图 6-21c），建立水平投影方程，求 k_{22}：

$$\sum X = 0 \qquad \overline{Q}_{CA} + \overline{Q}_{DB} = k_{22} \qquad\qquad (\text{b})$$

以柱 AC、BD 为隔离体（图 6-21d）计算 $\overline{Q}_{CA}$、$\overline{Q}_{DB}$：

$$\overline{Q}_{CA}=-\frac{(\overline{M}_{AC}+\overline{M}_{CA})}{4}=-\frac{(-1.5i-1.5i)}{4}=\frac{3}{4}i$$

$$\overline{Q}_{DB}=-\frac{\overline{M}_{BD}}{4}=-\frac{(-0.75i)}{4}=\frac{0.75}{4}i$$

将 $\overline{Q}_{CA}$、$\overline{Q}_{DB}$ 代入式（b），得

$$\frac{3}{4}i+\frac{0.75}{4}i=k_{22}\qquad k_{22}=\frac{3.75}{4}i$$

（5）计算 F_{1P}、F_{2P}　利用杆件的载常数可求得杆件 BD 的固端弯矩：

$$M_{BD}^{F}=-\frac{1}{8}ql^2=-\frac{1}{8}\times10\times4^2\text{kN}\cdot\text{m}=-20\text{kN}\cdot\text{m}$$

M_P 图如图 6-22a 所示。

由结点 C 的力矩平衡（图 6-22b），得

$$\sum M_C=0\qquad F_{1P}=0$$

以柱顶以上横梁 CD 为隔离体（图 6-22c），建立水平投影平衡方程：

$$\sum X=0\qquad Q_{CA}^{F}+Q_{DB}^{F}=F_{2P}\qquad\qquad\text{(c)}$$

分别对 AC、BD 杆分析（图 6-22d），得

$$Q_{CA}^{F}=0\qquad Q_{DB}^{F}=-\frac{M_{BD}^{F}+10\times4\times2\text{kN}}{4}=-\frac{-20+80}{4}\text{kN}=-15\text{kN}$$

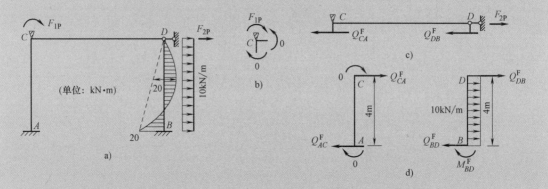

图　6-22

将 Q_{CA}^{F}、Q_{DB}^{F} 代入式（c），得

$$F_{2P}=-15\text{kN}$$

（6）计算 Δ_1、Δ_2　将系数和自由项代入位移法方程，得到

$$\begin{cases}10i\Delta_1-1.5i\Delta_2=0\\[2mm]-1.5i\Delta_1+\dfrac{3.75}{4}i\Delta_2-15=0\end{cases}$$

解得

$$\Delta_1=3.158\frac{1}{i}\qquad\qquad\Delta_2=21.05\frac{1}{i}$$

结果为正，表明实际位移与所设位移方向一致。

（7）作 M 图 利用叠加公式 $M = \overline{M}_1\Delta_1 + \overline{M}_2\Delta_2 + M_P$，可得杆端弯矩。

$$M_{AC} = 2i_{AC}\Delta_1 - \frac{6i_{AC}}{4}\Delta_2 = \left(2\times3.158 - \frac{6}{4}\times21.05\right)\text{kN}\cdot\text{m} = -25.26\text{kN}\cdot\text{m}$$

$$M_{CA} = 4i_{AC}\Delta_1 - \frac{6i_{AC}}{4}\Delta_2 = \left(4\times3.158 - \frac{6}{4}\times21.05\right)\text{kN}\cdot\text{m} = -18.95\text{kN}\cdot\text{m}$$

$$M_{CD} = 3i_{CD}\Delta_1 = 6\times3.158\text{kN}\cdot\text{m} = 18.95\text{kN}\cdot\text{m}$$

$$M_{BD} = -\frac{3i_{BD}}{4}\Delta_2 + M_{BD}^F = \left(-\frac{3}{4}\times21.05 - 20\right)\text{kN}\cdot\text{m} = -35.79\text{kN}\cdot\text{m}$$

作得 M 图如图 6-23a 所示。

（8）作剪力图和轴力图

分别取杆件 AC、BD、CD 为隔离体，建立平衡方程，计算各杆杆端剪力。剪力图如图 6-23b 所示。分别取结点 C 和 D 为隔离体，建立平衡方程，计算各杆杆端轴力。轴力图如图 6-23c 所示。

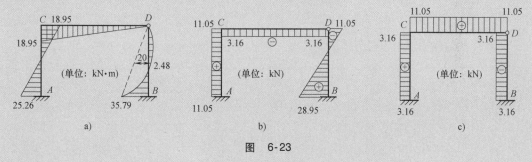

图 6-23

【例 6-4】 用位移法作图 6-24a 所示铰接排架的弯矩图和剪力图。

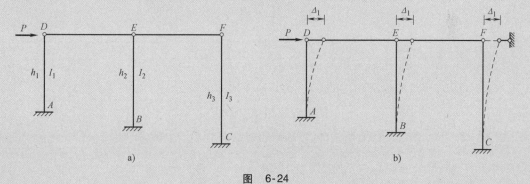

图 6-24

【解】 （1）基本未知量 图 6-24a 所示排架在结点荷载 P 作用下，三根不等高柱 AD、BE、CF 在柱顶有线位移。因忽略横梁的轴向变形，横梁 DE、EF 长度不变，因此，三根柱的柱顶水平线位移相等，只有一个独立结点线位移 Δ_1。

（2）基本体系 在结点 F 加一控制水平线位移的约束（水平支杆），得基本体系如图 6-24b 所示。

（3）位移法方程

$$k_{11}\Delta_1 + F_{1P} = 0$$

（4）计算系数 k_{11}

各柱线刚度为

$$i_{AD} = \frac{EI_1}{h_1} = i_1 \qquad i_{BE} = \frac{EI_2}{h_2} = i_2 \qquad i_{CF} = \frac{EI_3}{h_3} = i_3$$

利用各柱形常数计算杆端弯矩

作 $\overline{M}_1$ 图，如图 6-25a 所示。

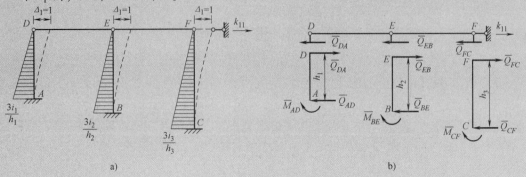

图　6-25

同样，取柱顶以上横梁 DEF 为隔离体（图 6-25b），建立水平投影方程，求 k_{11}：

$$\sum X = 0 \qquad \overline{Q}_{DA} + \overline{Q}_{EB} + \overline{Q}_{FC} = k_{11} \tag{a}$$

以柱 DA、EB、FC 为隔离体（图 6-25b），计算 $\overline{Q}_{DA}$、$\overline{Q}_{EB}$、$\overline{Q}_{FC}$ 如下：

$$\overline{Q}_{DA} = -\frac{\overline{M}_{AD}}{h_1} = \frac{3i_1}{h_1^2} \qquad \overline{Q}_{EB} = -\frac{\overline{M}_{BE}}{h_2} = \frac{3i_2}{h_2^2} \qquad \overline{Q}_{FC} = -\frac{\overline{M}_{CF}}{h_3} = \frac{3i_3}{h_3^2}$$

将 $\overline{Q}_{DA}$、$\overline{Q}_{EB}$、$\overline{Q}_{FC}$ 代入式（a），得

$$k_{11} = 3\left(\frac{i_1}{h_1^2} + \frac{i_2}{h_2^2} + \frac{i_3}{h_3^2}\right)$$

（5）计算 F_{1P} M_P 图如图 6-26a 所示。

以横梁 DEF 为隔离体（图 6-26b），建立水平投影方程，得

$$Q_{DA}^F + Q_{EB}^F + Q_{FC}^F - P = F_{1P} \tag{b}$$

分别以柱 DA、EB、FC 为隔离体（图 6-26b），计算 Q_{DA}^F、Q_{EB}^F、Q_{FC}^F，得

$$Q_{DA}^F = 0 \qquad Q_{EB}^F = 0 \qquad Q_{FC}^F = 0$$

代入式（b），可得

$$F_{1P} = -P$$

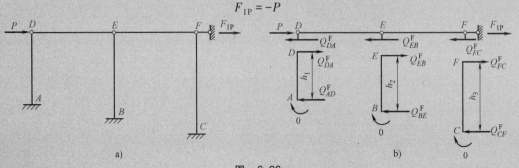

图　6-26

（6）计算 Δ_1　将系数和自由项代入位移法方程

$$3\left(\frac{i_1}{h_1^2}+\frac{i_2}{h_2^2}+\frac{i_3}{h_3^2}\right)\Delta_1-P=0$$

可得

$$\Delta_1=\frac{P}{3\left(\dfrac{i_1}{h_1^2}+\dfrac{i_2}{h_2^2}+\dfrac{i_3}{h_3^2}\right)}=\frac{P}{3\displaystyle\sum_{m=1}^{3}\dfrac{i_m}{h_m^2}}$$

（7）作 M 图　由叠加公式 $M=\overline{M}_1\Delta_1+M_P$，计算杆端弯矩。

$$M_{AD}=-\frac{3i_1}{h_1}\Delta_1=-\frac{\dfrac{i_1}{h_1}}{\displaystyle\sum_{m=1}^{3}\dfrac{i_m}{h_m^2}}P$$

$$M_{BE}=-\frac{3i_2}{h_2}\Delta_1=-\frac{\dfrac{i_2}{h_2}}{\displaystyle\sum_{m=1}^{3}\dfrac{i_m}{h_m^2}}P$$

$$M_{CF}=-\frac{3i_3}{h_3}\Delta_1=-\frac{\dfrac{i_3}{h_3}}{\displaystyle\sum_{m=1}^{3}\dfrac{i_m}{h_m^2}}P$$

由此作出 M 图，如图 6-27a 所示。图中杆端弯矩值同上计算结果。

（8）作剪力图　由平衡条件计算各杆杆端剪力

$$Q_{AD}=Q_{DA}=\frac{\dfrac{i_1}{h_1^2}}{\displaystyle\sum_{m=1}^{3}\dfrac{i_m}{h_m^2}}P$$

$$Q_{BE}=Q_{EB}=\frac{\dfrac{i_2}{h_2^2}}{\displaystyle\sum_{m=1}^{3}\dfrac{i_m}{h_m^2}}P$$

$$Q_{CF}=Q_{FC}=\frac{\dfrac{i_3}{h_3^2}}{\displaystyle\sum_{m=1}^{3}\dfrac{i_m}{h_m^2}}P$$

由此作出剪力图，如图 6-27b 所示。图中杆端剪力值同上计算结果。

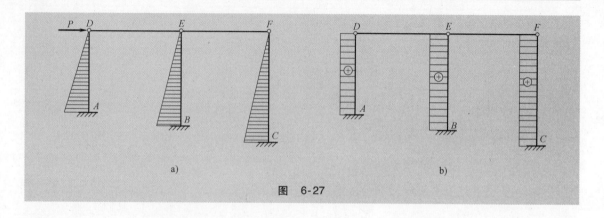

图 6-27

6.6 用直接平衡法建立位移法方程

在位移法中，也可以不通过由基本体系建立位移法典型方程的方法来进行计算，而是利用杆件的形常数和载常数来建立各个杆件的刚度方程，然后直接利用原结构的静力平衡条件来建立位移法方程，计算出基本未知量，最后求出杆端力，此种方法称为直接平衡法。

6.6.1 等截面直杆的转角位移方程

在第 6.2 节等截面直杆的形常数和载常数中，讨论了当杆端分别有角位移、线位移和受荷载作用的杆端力。对于任一等截面直杆，当杆两端同时有角位移、线位移和荷载作用时，则可以利用形常数和载常数，应用叠加原理写出杆件杆端力的表达式，称为等截面直杆的转角位移方程。

1. 两端刚结（包括固定）**的等截面直杆**（图 6-28）

图 6-28 所示为两端固定的等截面直杆 AB。A 端有角位移 θ_A，B 端有角位移 θ_B，AB 两端有相对线位移 Δ，并有荷载作用，应用形常数和载常数的叠加公式，可得

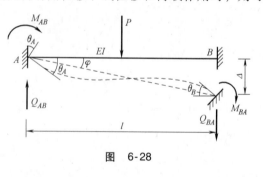

图 6-28

$$\begin{cases} M_{AB} = 4i_{AB}\theta_A + 2i_{AB}\theta_B - 6i_{AB}\dfrac{\Delta}{l} + M_{AB}^{\mathrm{F}} \\ M_{BA} = 2i_{AB}\theta_A + 4i_{AB}\theta_B - 6i_{AB}\dfrac{\Delta}{l} + M_{BA}^{\mathrm{F}} \end{cases} \tag{6-10}$$

2. 一端刚结（包括固定）、**另一端铰支的等截面直杆**（图 6-29）

图 6-29 所示为一端固定、另一端铰支的等截面直杆 AB。A 端有角位移 θ_A，AB 两端有相对线位移 Δ，并有荷载作用。应用形常数和载常数的叠加公式，可得

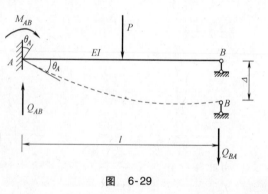

$$\begin{cases} M_{AB} = 3i_{AB}\theta_A - 3i_{AB}\dfrac{\Delta}{l} + M_{AB}^{\mathrm{F}} \\ M_{BA} = 0 \end{cases} \tag{6-11}$$

图 6-29

3. 一端刚结（包括固定）、另一端为滑动支座的等截面直杆（图 6-30）

图 6-30 所示为一端固定、另一端为滑动支座的等截面直杆 AB。A 端有角位移 θ_A，并有荷载作用，应用形常数和载常数的叠加公式，可得

$$\begin{cases} M_{AB} = i_{AB}\theta_A + M_{AB}^F \\ M_{BA} = -i_{AB}\theta_A + M_{BA}^F \end{cases} \qquad (6\text{-}12)$$

式（6-10）~式（6-12）即为等截面直杆的转角位移方程。式中各符号的意义及正负号规定同前。

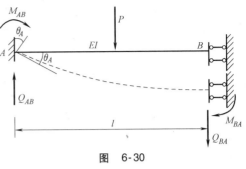

图 6-30

6.6.2 用直接平衡法计算超静定结构

位移法方程的实质是静力平衡方程。对于结点角位移，相应的是结点的力矩平衡方程；对于结点线位移，相应的是截面的投影平衡方程。用基本体系方法计算时，是借助于基本体系这一工具，以达到分步、分项写出平衡方程的目的。

我们也可以不用基本体系这一工具，直接由各杆件的转角位移方程，写出各杆件的杆端力表达式来建立相应的平衡方程，即在有结点角位移处，建立结点的力矩平衡方程；在有结点线位移处，建立截面的剪力平衡方程。这些方程也就是位移法的基本方程。现以下面的例题为例，说明用直接平衡法计算超静定结构的计算步骤。

【例 6-5】 试用直接平衡法作图 6-31a 所示刚架的 M 图。

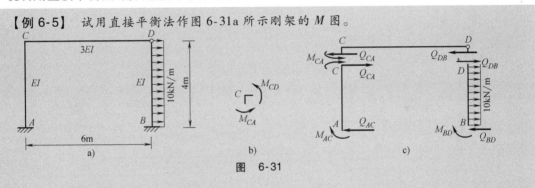

图 6-31

【解】（1）**基本未知量**　此刚架有两个基本未知量，结点 C 的转角 $\theta_C = \Delta_1$ 和结点 C 或 D 的水平线位移 Δ_2。

（2）**各杆杆端弯矩表达式**　为满足结构结点位移和各杆杆端位移的变形连续条件，写各杆杆端弯矩表达式时，应用结点位移的符号表示杆端位移。

根据等截面直杆的转角位移方程式（6-10）和式（6-11），令 $i_{CA} = i_{BD} = EI/4 = i$，$i_{CD} = 3EI/6 = 2i$。各杆杆端弯矩表达式为

$$\begin{cases} M_{CA} = 4i_{CA}\Delta_1 - \dfrac{6i_{CA}}{l_{CA}}\Delta_2 = 4i\Delta_1 - \dfrac{3i}{2}\Delta_2 \\[2mm] M_{AC} = 2i_{CA}\Delta_1 - \dfrac{6i_{CA}}{l_{CA}}\Delta_2 = 2i\Delta_1 - \dfrac{3i}{2}\Delta_2 \\[2mm] M_{CD} = 3i_{CD}\Delta_1 = 3(2i)\Delta_1 = 6i\Delta_1 \\[2mm] M_{BD} = -\dfrac{3i_{BD}}{l_{BD}}\Delta_2 - \dfrac{10}{8}\times 4^2 = -\dfrac{3i}{4}\Delta_2 - 20 \end{cases} \qquad (a)$$

(3) 建立位移法方程

1) 相应于结点 C 的角位移 $\Delta_1(=\theta_C)$,取结点 C 为隔离体(图 6-31b),建立力矩平衡方程

$$\sum M_C = 0 \qquad M_{CD} + M_{CA} = 0 \qquad (b)$$

将式(a)中的 M_{CD}、M_{CA} 代入式(b),得

$$10i\Delta_1 - \frac{3}{2}i\Delta_2 = 0 \qquad (c)$$

2) 相应于结点 D 的水平线位移 Δ_2,截取含有 Δ_2 的柱顶以上的横梁为隔离体(图 6-31c),建立水平投影方程为

$$\sum X = 0 \qquad Q_{CA} + Q_{DB} = 0 \qquad (d)$$

可由式(a)杆端弯矩表达式求得杆端剪力表达式。分别取柱 AC 和 BD 为隔离体(图 6-31c),由力矩平衡方程

$$\begin{cases} \sum M_A = 0 \\ \sum M_B = 0 \end{cases} \qquad \begin{cases} Q_{CA} = -\dfrac{M_{AC}+M_{CA}}{l_{AC}} \\ Q_{DB} = -\dfrac{M_{BD}}{l_{BD}} - \dfrac{1}{2}ql_{BD} \end{cases} \qquad (e)$$

将式(e)代入式(d),得

$$M_{AC} + M_{CA} + M_{BD} + 80 = 0$$

再将式(a)中的 M_{AC}、M_{CA}、M_{BD} 代入上式,得

$$6i\Delta_1 - 3.75i\Delta_2 + 60 = 0$$

(4) 解联立方程式(c)、式(f)

$$\begin{cases} 10i\Delta_1 - \dfrac{3}{2}i\Delta_2 = 0 \\ 6i\Delta_1 - 3.75i\Delta_2 + 60 = 0 \end{cases} \qquad (f)$$

得

$$\Delta_1 = 3.16\frac{1}{i} \qquad \Delta_2 = 21.05\frac{1}{i}$$

(5) 求杆端弯矩值 将 Δ_1、Δ_2 代入式(a),可得各杆杆端弯矩

$$M_{CA} = -18.95\text{kN} \cdot \text{m} \qquad M_{AC} = -25.26\text{kN} \cdot \text{m}$$

$$M_{CD} = 18.95\text{kN} \cdot \text{m} \qquad M_{BD} = -35.79\text{kN} \cdot \text{m}$$

(6) 作 M 图 M 图如图 6-23a 所示。

由以上计算步骤可知,利用转角位移方程直接建立平衡方程的方法与用基本体系建立位移法方程的方法在原理上是完全相同的,只是表现形式不同。杆端弯矩表达式实际上就是基本体系各杆在基本未知量和荷载共同作用下的弯矩的叠加公式,它已经把荷载和基本未知量的作用综合在一起了。

6.7　对称结构的计算

对称的连续梁和刚架在工程中应用很多。如前所述，对称结构在对称荷载作用下，只产生对称的变形和位移，这时内力中的弯矩、轴力为对称，剪力为反对称；对称结构在反对称荷载作用下，只产生反对称的变形和位移，这时内力中的弯矩、轴力为反对称，剪力为对称。作用于对称结构上的一般荷载可分解为对称荷载和反对称荷载，分别进行计算，最后再进行叠加。因此，用位移法计算对称结构时，利用上述规律，只需计算半边结构，从而使计算工作量得到简化。

【例 6-6】　用位移法作图 6-32a 所示对称结构的弯矩图（EI=常数）。

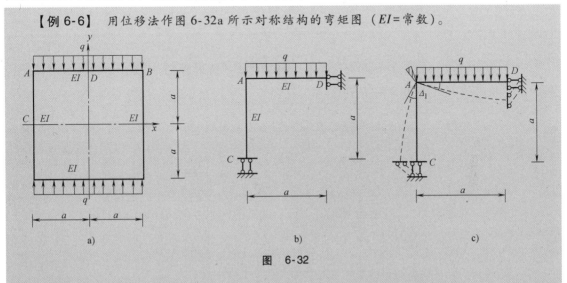

图　6-32

【解】　（1）确定基本未知量和基本体系　此结构为一封闭的矩形框，有四个结点角位移，但结构关于 x 轴和 y 轴均对称。在对称荷载作用下，可取 1/4 结构的计算简图计算，如图 6-32b 所示，这时只有结点 A 的角位移 Δ_1 为基本未知量。基本体系如图 6-32c 所示。

（2）位移法方程

$$k_{11}\Delta_1+F_{1P}=0$$

（3）计算系数 k_{11}　令 $i=EI/a$，基本结构在 $\Delta_1=1$ 作用下，作 $\overline{M}_1$ 图如图 6-33a 所示。由结点 A 的力矩平衡条件（图 6-33b）可得

$$k_{11}=2i$$

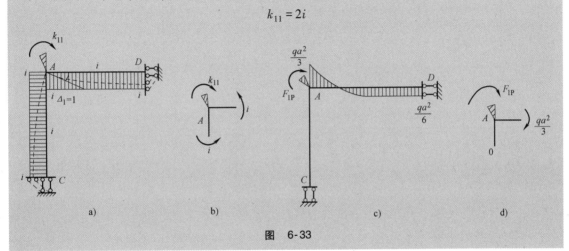

图　6-33

（4）计算自由项 F_{1P}　利用载常数可得杆 AD 的固端弯矩，作基本结构在荷载作用下的 M_P 图（图 6-33c）。

$$M_{AD}^{F} = -\frac{1}{3}qa^2 \qquad\qquad M_{DA}^{F} = -\frac{1}{6}qa^2$$

由结点 A 的力矩平衡条件（图 6-33d）可得

$$F_{1P} = -\frac{1}{3}qa^2$$

（5）解位移法方程

$$2i\Delta_1 - \frac{1}{3}qa^2 = 0 \qquad\qquad \Delta_1 = \frac{qa^2}{6i}$$

（6）作 M 图　利用叠加公式 $M = \overline{M}_1\Delta_1 + M_P$，作出 1/4 结构的 M 图，然后根据对称性，画出原结构的 M 图，如图 6-34 所示。

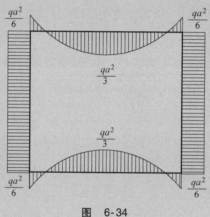

图　6-34

【例 6-7】　用位移法作图 6-35a 所示对称刚架的弯矩图。

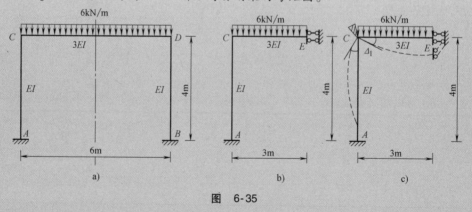

图　6-35

【解】　（1）确定基本未知量和基本体系　图 6-35a 所示刚架有三个结点位移，两个结点角位移和一个结点线位移。但刚架是对称刚架，在对称荷载作用下，可取半边结构的计算简图（图 6-35b）进行计算，此半边结构只有一个结点 C 的角位移 Δ_1。所以，基本未知量为结点 C 的角位移 Δ_1。在结点 C 施加转动约束，得到基本体系如图 6-35c 所示。

（2）位移法方程

$$k_{11}\Delta_1 + F_{1P} = 0$$

（3）计算系数 k_{11}　作基本结构在 $\Delta_1 = 1$ 作用下的 $\overline{M}_1$ 图，如图 6-36a 所示。由结点 C 的力矩平衡条件（图 6-36b）可得（令 $EI = i$）

$$k_{11} = i_{CE} + 4i_{CA} = \frac{3EI}{3} + \frac{4EI}{4} = 2i$$

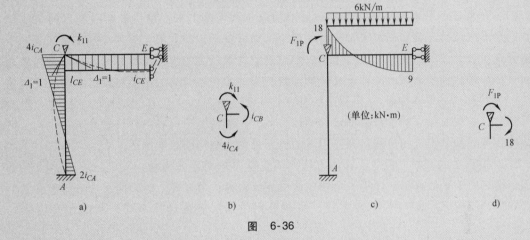

图　6-36

（4）计算自由项 F_{1P}　利用载常数计算杆 CE 的固端弯矩，作基本结构在荷载作用下的 M_P 图（图 6-36c）。

$$M_{CE}^F = -\frac{1}{3}ql^2 = -\frac{1}{3} \times 6 \times 3^2 \text{kN} \cdot \text{m} = -18 \text{kN} \cdot \text{m}$$

$$M_{EC}^F = -\frac{1}{6}ql^2 = -\frac{1}{6} \times 6 \times 3^2 \text{kN} \cdot \text{m} = -9 \text{kN} \cdot \text{m}$$

由结点 C 的力矩平衡条件（图 6-36d）可得

$$F_{1P} = -18 \text{kN} \cdot \text{m}$$

（5）解位移法方程

$$2i\Delta_1 - 18 = 0 \qquad \Delta_1 = \frac{9}{i}$$

（6）作 M 图　利用叠加公式 $M = \overline{M}_1\Delta_1 + M_P$，作出半边结构的 M 图，然后根据对称性，画出另一半结构的 M 图，如图 6-37 所示。

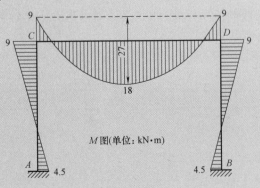

图　6-37

本 章 小 结

位移法同力法一样，也是计算超静定结构的一种基本方法。力法是以结构的多余未知力作为基本未知量，利用多余约束处的位移条件建立力法方程进行求解。位移法是以结构的结点位移作为基本未知量，通过静力平衡条件建立位移法方程进行求解。

（1）位移法的基本未知量　位移法是以结点位移为基本未知量，包括刚结点的角位移和独立的结点线位移。确定基本未知量时一般不考虑杆件的轴向变形。位移法基本未知量的个数与超静定次数无关，因此位移法适用于求解超静定次数较高的连续梁和刚架。应清楚地理解等截面直杆形常数和载常数的物理意义，要注意杆端力和杆端位移的正负号规定。

（2）位移法的基本体系　位移法的基本结构是通过在结点位移处增加附加刚臂和附加链杆得到的，是彼此独立的单跨超静定梁的组合体。一般情况下只有一种形式的基本结构。把基本结构在荷载和基本未知位移共同作用下的体系称为原结构的基本体系。

（3）位移法的基本方程　位移法方程实质上就是静力平衡方程。对每一个刚结点，可以写一个结点力矩平衡方程；对每一个独立的结点线位移，可以写一个截面平衡方程。有几个基本未知量，就有几个相应的平衡方程。要注意用位移法方程计算不同类型的超静定结构的特点。

应用位移法分析对称结构时，取半边结构进行计算，可使计算得到简化。其关键在于选取半边结构和确定结构在对称荷载或反对称荷载作用下独立的结点位移。

思 考 题

1. 位移法中杆端力、杆端位移的正负号是怎样规定的？

2. 为什么说位移法的基本结构是单个杆件组成的组合体？在荷载作用下杆件的杆端有可能产生角位移或线位移吗？

3. 用位移法计算超静定结构时，有哪两类基本未知量？怎样确定基本未知量的数目？

4. 用位移法计算超静定结构时，如何取基本结构？如何取基本体系？与力法计算时选择基本结构和基本体系的思路有何根本的不同？对于同一结构，力法计算时可以选择不同的基本体系，位移法可以有多种不同的基本体系吗？

5. 独立结点线位移的数目是如何确定的？确定的基本假设是什么？为什么可以用铰接体系自由度的数目确定？

6. 位移法基本体系中的附加转动约束和附加支杆约束各起什么作用？

7. 什么是杆件的形常数和载常数？

8. 试问图 6-38 中，M_{AB} 和 M_{BA} 各等于多少？

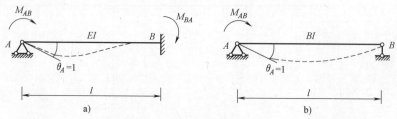

图 6-38

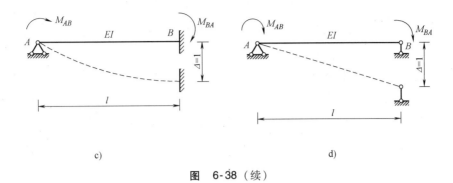

图 6-38（续）

9. 试问计算附加约束反力时，什么情况下取结点为隔离体？什么情况下取包括杆件和结点在内的结构一部分为隔离体？

10. 位移法典型方程中的系数 k_{ii}、k_{ij} 和自由项 F_{iP} 各代表什么物理意义？

11. 位移法典型方程右端是否恒为零？若不是，什么情况下不为零？

12. 为什么求荷载作用下的结构内力时可采用各杆刚度的相对值？用刚度相对值所解得的基本未知量是真实的结点位移吗？由此得到的内力是真实的内力吗？

13. 利用结构对称性的基本条件是什么？为什么可以用半边结构的计算代替原结构的计算？

14. 对称结构如不取半边结构，而直接利用原结构进行计算，是否也能利用对称性简化计算？

15. 位移法可否用来计算静定结构？为什么不用它来计算静定刚架？

习　　题

1. 试确定图 6-39 所示结构用位移法计算时基本未知量的数目。

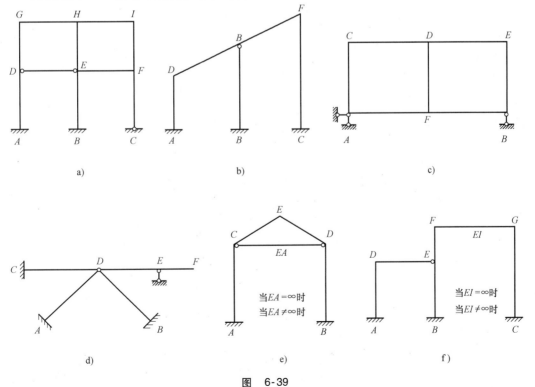

图　6-39

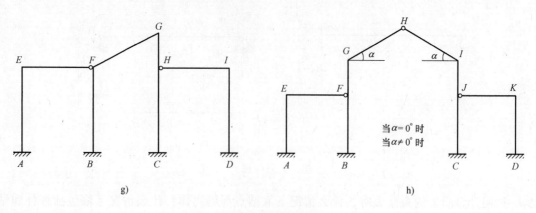

图　6-39（续）

2. 试用位移法计算图 6-40 所示连续梁，并作内力图。

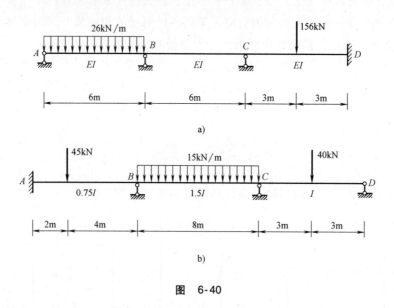

图　6-40

3. 试用位移法计算图 6-41 所示刚架，并作内力图。

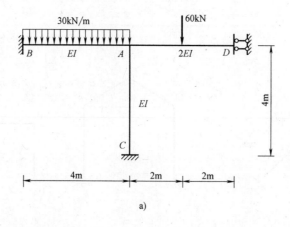

图　6-41

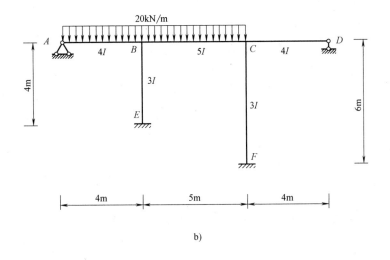

b)

图 6-41（续）

4. 试用位移法计算图 6-42 所示刚架和排架，并作弯矩图。

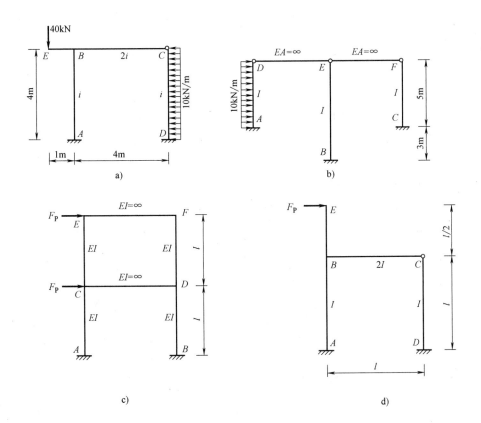

图 6-42

5. 试利用对称性，用位移法计算图 6-43 所示刚架，并作弯矩图。

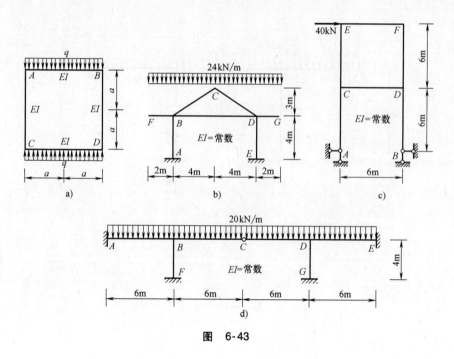

图 6-43

第7章 渐近法和近似法简介

前面所介绍的力法和位移法是计算超静定结构的两种基本方法，它们均需要解联立方程。当未知量较多时，计算工作量很大，这在需要人工进行结构计算的早期是一项烦冗的工作，于是产生能用于实际工程设计中的简便计算方法。这些方法大致分为两类，第一类是渐近法，这类方法主要是通过机械重复某一简单过程，使计算结果能达到设计精度要求，主要有力矩分配法、无剪力分配法等；第二类是近似法，这类方法是通过一些近似假设使计算得以简化，主要有剪力分配法、反弯点法和分层法等。

7.1 力矩分配法

力矩分配法是在位移法的基础上演变而来的，其结点角位移、杆端弯矩的正负号规定与位移法相同。即对杆端顺时针转向为正，反之为负；对结点逆时针转向为正，反之为负。力矩分配法适用于计算连续梁和无结点线位移刚架。

7.1.1 力矩分配法的基本概念

1. 转动刚度

转动刚度表示杆端抵抗转动的能力，大小等于使杆端产生单位转角时所需要施加的力矩。如图 7-1a 中的杆 AB，当 A 端转动单位转角 $\varphi_A = 1$ 时所需要在 A 端施加的力矩用 S_{AB} 表示，其中第一个角标 A 表示转动端，是施力端，也称之为近端；第二个角标 B 为另一端，称之为远端。

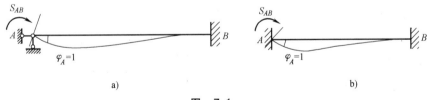

图　7-1

图 7-1a 中的近端为固定铰支座，表示 A 端只能转动不能移动的特点。该图的受力和变形同图 7-1b 中 A 端为固定端是相同的。图 7-1b 中 A 端转动刚度即 A 端弯矩为超静定结构支座转动单位转角时所产生的弯矩，其值为 $4i$。所以图 7-1a 中 $S_{AB} = 4i$。同理，利用位移法中的刚度方程可得出图 7-2 中不同支座情况下的 A 端转动刚度。

注意 S_{AB} 的大小只与杆件的线刚度 i 和远端支撑情况有关，而与近端支撑情况无关，且施力端没有线位移，仅发生单位转角。

2. 传递系数

由图 7-2 可以看出，当近端 A 发生单位转角，在近端产生弯矩的同时，在远端 B 处也会产生弯矩，根据远端支撑情况的不同，远端弯矩和近端弯矩的比值不同，就好像弯矩是从 A 端按一定的系数传递到 B 端。我们将远端弯矩和近端弯矩的比值称之为近端向远端的传递系数，用 C_{AB} 表示。即 $C_{AB} = M_{BA}/M_{AB}$。传递系数随远端的支承情况不同而不同，其数值见表 7-1。

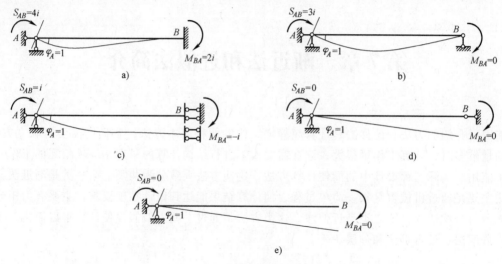

图 7-2

表 7-1 转动刚度和传递系数

远端约束情况	转动刚度 S_{AB}	远端弯矩 M_{BA}	传递系数 C_{AB}
远端固定	$4i$	$2i$	0.5
远端滑动	i	$-i$	-1
远端铰支	$3i$	0	0
远端自由	0	0	0

3. 分配系数

图 7-3a 所示结构，等截面直杆 AB、AC、AD 组成一无侧移刚架。在各杆件的交点 A 处作用有一顺时针弯矩 M，求杆端弯矩 M_{AB}、M_{AC}、M_{AD}。

由转动刚度的定义可知

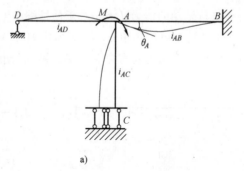

图 7-3

$$M_{AB} = S_{AB}\theta_A = 4i_{AB}\theta_A, M_{AC} = S_{AC}\theta_A$$
$$= -i_{AC}\theta_A, M_{AD} = S_{AD}\theta_A = 3i_{AD}\theta_A$$

由刚节点 A（图 7-3b）的平衡 $\sum M = 0$，得

$$M = M_{AB} + M_{AC} + M_{AD} = (S_{AB} + S_{AC} + S_{AD})\theta_A$$

$$\theta_A = \frac{M}{S_{AB} + S_{AC} + S_{AD}} = \frac{M}{\sum\limits_A S}$$

故有

$$M_{AB} = \frac{S_{AB}}{\sum\limits_A S}M, M_{AC} = \frac{S_{AC}}{\sum\limits_A S}M, M_{AD} = \frac{S_{AD}}{\sum\limits_A S}M \qquad (7\text{-}1)$$

即

$$M_{Aj} = \mu_{Aj} \cdot M, \mu_{Aj} = \frac{S_{Aj}}{\sum\limits_A S}, \sum\mu = 1 \qquad (7\text{-}2)$$

μ_{Aj} 称为杆 Aj 在 A 端的分配系数。作用于结点 A 上的外力偶 M 按各杆的分配系数分配至各杆近端，因而各杆近端弯矩也称之为分配弯矩。

7.1.2　单结点转动的力矩分配法

由于位移法是力矩分配法的理论基础，故以位移法的思路进行分析。图 7-4a 的结构中只有单结点 1 有角位移，没有线位移，在荷载作用下求各杆端弯矩的方法如下：

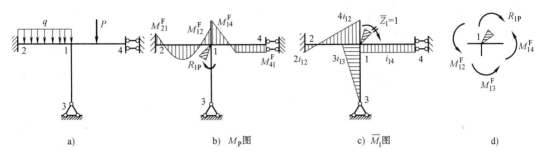

图　7-4

在结点 1 处加刚臂，将结构分成 12、13、14 独立的杆件。使结点 1 产生一个转角 Z_1，位移法典型方程为 $r_{11}Z_1 + R_{1P} = 0$，绘出 M_P 图（图 7-4b），由图 7-4d 可得

$$R_{1P} = M_{12}^F + M_{13}^F + M_{14}^F = \sum M_{1j}^F$$

R_{1P} 是结点固定时附加刚臂上的反力矩，称为刚臂反力矩，它等于结点 1 各杆端固端弯矩的代数和，即各固端弯矩不平衡的差值，故又称为结点上的不平衡力矩。

由 $\overline{M}_1$ 图（图 7-4c）可得

$$r_{11} = 4i_{12} + 3i_{13} + i_{14} = S_{12} + S_{13} + S_{14} = \sum S_{1j}$$

解典型方程，得

$$Z_1 = -\frac{R_{1P}}{r_{11}} = -\frac{\sum M_{1j}^F}{\sum S_{1j}}$$

由叠加法可求出各杆端弯矩。

近端弯矩为

$$M_{12} = M_{12}^F + S_{12}Z_1 = M_{12}^F + S_{12}\left(-\frac{\sum M_{1j}^F}{\sum S_{1j}}\right) = M_{12}^F + \frac{S_{12}}{\sum S_{1j}}\left(-\sum M_{1j}^F\right) = M_{12}^F + \mu_{12}\left(-\sum M_{1j}^F\right)$$

同理

$$M_{13} = M_{13}^F + \mu_{13}\left(-\sum M_{1j}^F\right),\quad M_{14} = M_{14}^F + \mu_{14}\left(-\sum M_{1j}^F\right)$$

以上各式右边第一项为荷载产生的弯矩，即固端弯矩；第二项为结点转动 Z_1 角所产生的弯矩，这相当于把不平衡力矩反号后按转动刚度大小的比例分配给近端，因此称为分配弯矩。

各远端弯矩为

$$M_{21} = M_{21}^F + C_{12}S_{12}Z_1 = M_{21}^F + C_{12}\mu_{12}\left(-\sum M_{1j}^F\right)$$
$$M_{31} = M_{31}^F + C_{13}\mu_{13}\left(-\sum M_{1j}^F\right),\quad M_{41} = M_{41}^F + C_{14}\mu_{14}\left(-\sum M_{1j}^F\right)$$

以上各式右边第一项仍为荷载产生的弯矩，即固端弯矩；第二项为结点转动 Z_1 角所产生的弯矩，它就像是将各近端的分配弯矩以传递系数的比例传到各远端一样，故称为传递弯矩。

总结上述求解过程，可分为两步：

第一步：固定结点，加入刚臂，此时各杆端有固端弯矩，结点上有不平衡力矩，它暂时由刚臂承担。

第二步：放松结点，取消刚臂，让结点转动。相当于在结点上加入一个反号的不平衡力矩，于是不平衡力矩被消除，结点获得平衡。此反号的不平衡力矩将按转动刚度大小的比例分配给各近端，于是各近端得到分配弯矩，同时各自向其远端进行传递，各远端弯矩等于固端弯矩与传递弯矩之和。

解题步骤为：

1）在刚结点上加上刚臂（想象），使原结构成为单跨超静定梁组合体，计算分配系数 μ。

2）计算各杆端 M^F，进而求出结点不平衡弯矩 $\sum M^F$。

3）将不平衡弯矩（固端弯矩之和）反号后，按分配系数、传递系数进行分配、传递。

4）将各杆的固端弯矩、分配弯矩、传递弯矩相加，即得各杆的最后弯矩。

由此可以看出，按照上面的解题步骤，不需要绘制弯矩图和求解方程，直接按以上结论即可求出各杆端弯矩。最后根据杆件上荷载和弯矩图的关系绘制弯矩图。

【例 7-1】　试用力矩分配法绘制图 7-5a 所示刚架的弯矩图。

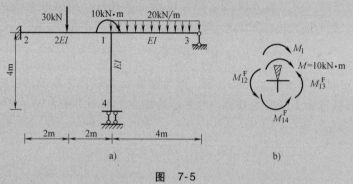

a)　　　　　　　　　　　　b)

图　7-5

【解】　（1）计算各杆端分配系数

$$\mu_{12} = \frac{S_{12}}{S_{12}+S_{13}+S_{14}} = \frac{4i_{12}}{4i_{12}+3i_{13}+i_{14}} = \frac{2}{3} \approx 0.667$$

$$\mu_{13} = \frac{S_{13}}{S_{12}+S_{13}+S_{14}} = \frac{3i_{13}}{4i_{12}+3i_{13}+i_{14}} = \frac{1}{4} = 0.25$$

$$\mu_{14} = \frac{S_{14}}{S_{12}+S_{13}+S_{14}} = \frac{i_{14}}{4i_{12}+3i_{13}+i_{14}} = \frac{1}{12} \approx 0.083$$

（2）计算固端弯矩

$$M_{12}^F = \frac{Fl}{8} = \frac{30 \times 4}{8} kN \cdot m = 15 kN \cdot m, M_{21}^F = -15 kN \cdot m$$

$$M_{13}^F = -\frac{ql^2}{8} = -\frac{20 \times 4^2}{8} kN \cdot m = -40 kN \cdot m, M_{31}^F = 0$$

$$M_{14}^F = M_{41}^F = 0$$

结点 1 处的不平衡力矩计算如下（图 7-5b），注意此处存在结点弯矩 $M = 10 kN \cdot m$。

$$M_1 = M_{12}^F + M_{13}^F + M_{14}^F - M = (15-40-10) kN \cdot m = -35 kN \cdot m$$

（3）力矩的分配与传递　将结点不平衡力矩反号后分别乘以各杆的分配系数得出近端分配弯矩。

$$M_{12}^1 = 35\text{kN} \cdot \text{m} \times 0.667 = 23.35\text{kN} \cdot \text{m}$$

$$M_{13}^1 = 35\text{kN} \cdot \text{m} \times 0.25 = 8.75\text{kN} \cdot \text{m}$$

$$M_{14}^1 = 35\text{kN} \cdot \text{m} \times 0.083 = 2.91\text{kN} \cdot \text{m}$$

近端弯矩乘以传递系数得出远端弯矩即传递弯矩为：

$$M_{21}^1 = 23.35\text{kN} \cdot \text{m} \times 0.5 = 11.68\text{kN} \cdot \text{m}$$

$$M_{31}^1 = 0$$

$$M_{41}^1 = 2.91\text{kN} \cdot \text{m} \times (-1) = -2.91\text{kN} \cdot \text{m}$$

（4）杆端弯矩　各杆杆端弯矩为固端弯矩与分配弯矩（近端）或传递弯矩（远端）之和。

$$M_{12} = (15 + 23.35)\text{kN} \cdot \text{m} = 38.35\text{kN} \cdot \text{m}, M_{21} = (-15 + 11.68)\text{kN} \cdot \text{m} = -3.32\text{kN} \cdot \text{m}$$

$$M_{13} = (-40 + 8.75)\text{kN} \cdot \text{m} = -31.25\text{kN} \cdot \text{m}, M_{31} = 0$$

$$M_{14} = (0 + 2.91)\text{kN} \cdot \text{m} = 2.91\text{kN} \cdot \text{m}, M_{41} = (0 - 2.91)\text{kN} \cdot \text{m} = -2.91\text{kN} \cdot \text{m}$$

具体分配和传递过程如图 7-6 所示。

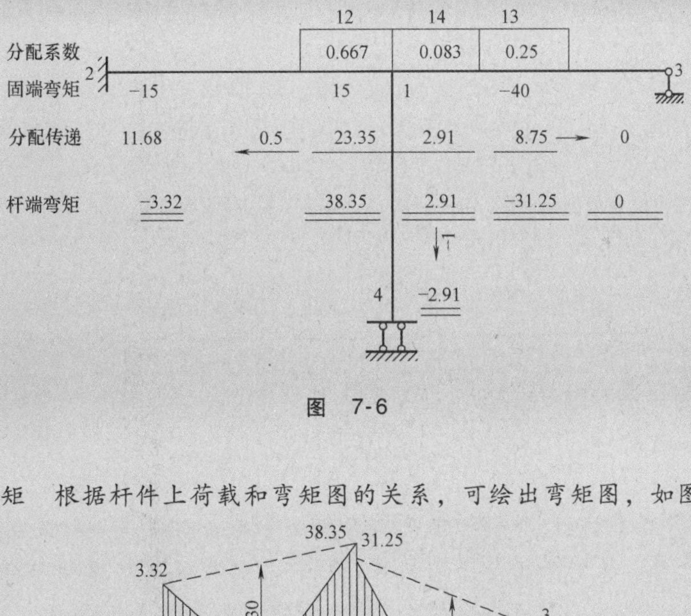

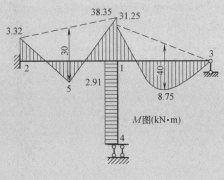

图　7-6

（5）绘制弯矩　根据杆件上荷载和弯矩图的关系，可绘出弯矩图，如图 7-7 所示。

图　7-7

【例 7-2】　试用力矩分配法绘制图 7-8 所示连续梁的弯矩图。

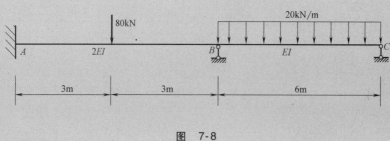

图 7-8

【解】 （1）计算分配系数 令 $EI=1$

$$S_{BA}=4i_{BA}=4\times\frac{2EI}{6}=\frac{4EI}{3}=\frac{4}{3}$$

$$S_{BC}=3i_{BC}=3\times\frac{EI}{6}=\frac{EI}{2}=\frac{1}{2}$$

$$\mu_{BA}=\frac{S_{BA}}{S_{BA}+S_{BC}}=\frac{8}{11}$$

$$\mu_{BC}=\frac{S_{BC}}{S_{BA}+S_{BC}}=\frac{3}{11}$$

（2）计算固端弯矩

$$M_{AB}^{\mathrm{F}}=-M_{BA}^{\mathrm{F}}=-\frac{Fl}{8}=-\frac{80\times6}{8}\mathrm{kN}\cdot\mathrm{m}=-60\mathrm{kN}\cdot\mathrm{m}$$

$$M_{BC}^{\mathrm{F}}=-\frac{ql^2}{8}=-\frac{20\times6^2}{8}\mathrm{kN}\cdot\mathrm{m}=-90\mathrm{kN}\cdot\mathrm{m}$$

结点 B 处的不平衡力矩为

$$M_B=M_{BA}^{\mathrm{F}}+M_{BC}^{\mathrm{F}}=(60-90)\mathrm{kN}\cdot\mathrm{m}=-30\mathrm{kN}\cdot\mathrm{m}$$

（3）力矩的分配与传递 将结点不平衡力矩反号后分别乘以分配系数得出近端分配弯矩，近端分配弯矩乘以传递系数得出远端弯矩，将各杆杆端固端弯矩与分配弯矩（近端）或传递弯矩（远端）相加，即可得出杆端弯矩。计算过程如图7-9所示。

（4）绘制弯矩图 如图7-10所示。

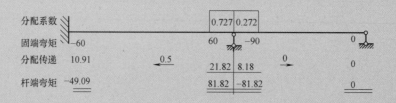

图 7-9

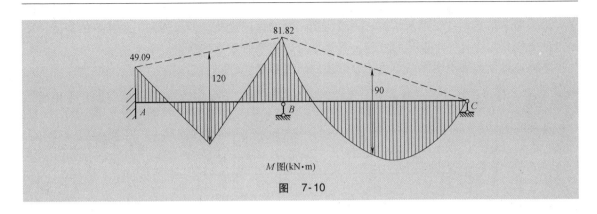

图 7-10

7.1.3 多结点的力矩分配法

前面采用单结点转角的结构介绍了力矩分配法的基本概念和计算步骤。对于具有多结点转角且无线位移的结构，可按照单结点的计算原理，逐次分配各结点处的不平衡力矩，直至各结点处的不平衡力矩可以忽略不计，最后根据叠加原理求出各杆端弯矩。

下面用图 7-11 所示的三跨连续梁来说明多结点力矩分配的过程。

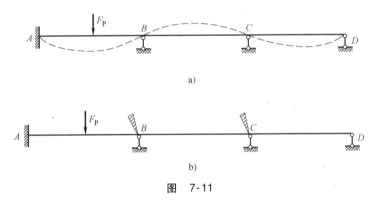

图 7-11

第一步：在 B、C 结点处加约束，阻止结点转动，然后加上荷载，如图 7-11b 所示。这时连续梁就分成三根单跨梁，可求出在荷载作用下各杆的固端弯矩。由固端弯矩可计算出各结点处的不平衡力矩 M_B 和 M_C。

第二步：为了消除这两个不平衡力矩，需要在刚臂处加反向等值的力矩，然后将其分配及传递。为了使运算思路更清晰，我们采用轮流在刚臂处加反向力矩的方法。例如，首先在结点 B 处加反向力矩，将此反向力矩进行分配得到近端分配弯矩 M'_{BA} 和 M'_{BC}，将分配弯矩向远端传递得到传递弯矩 M'_{AB} 和 M'_{CB}，此时结点 B 暂时获得平衡。

由于由结点 B 处向结点 C 处传递了弯矩 M'_{CB}，使得结点 C 处的不平衡力矩变为 $M_C+M'_{CB}$。

第三步：将 C 结点处的不平衡力矩 $M_C+M'_{CB}$ 等值、反号后进行分配和传递，得到近端分配弯矩 M''_{CB} 和 M''_{CD}，各远端得到传递力矩 M''_{BC} 和 M''_{DC}，此时结点 C 暂时获得平衡，但由于从结点 C 又传给结点 B 一个传递弯矩 M''_{BC}，使结点 B 上又有了新的不平衡力矩 M''_{BC}。

第四步：再将 B 结点处的不平衡力矩 M''_{BC} 进行分配及传递，即重复第二步和第三步，不断地进行力矩的分配和传递，则不平衡力矩的数值将越来越小，直到传递的数值小到可以略去不计时，即可不再进行分配与传递。最后将各杆端的固端弯矩与分配弯矩、传递弯矩相加，便可得到各杆端的最后弯矩。

在计算过程中，从不平衡力矩较大的结点开始分配能加快收敛速度，必须在分配弯矩处停止运算，即多结点均处于平衡状态。一般两到三轮的循环运算，即可得到工程需要的精度。多结点的力矩分配法是一个渐近的过程，其结果可以达到所要求的精度。

下面通过例题来说明多结点力矩分配法的计算步骤。

【例7-3】　建筑工程中的楼板和次梁可简化成图7-12所示计算简图，试绘制其弯矩图。$EI=$常数。

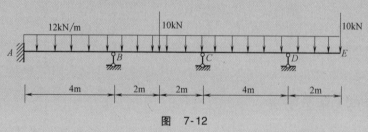

图　7-12

【解】　（1）计算分配系数

$$令\ i=EI/4 \qquad 则\ i_{AB}=i_{BC}=i_{CD}=EI/4=i,\ i_{DE}=EI/2=2i$$

结点 B：
$$\mu_{BA}=\frac{S_{BA}}{S_{BA}+S_{BC}}=0.5$$

$$\mu_{BC}=\frac{S_{BC}}{S_{BA}+S_{BC}}=0.5$$

结点 C：
$$\mu_{CB}=\mu_{CD}=0.5$$

结点 D：
$$\mu_{DC}=\frac{S_{DC}}{S_{DC}+S_{DE}}=1,\mu_{DE}=0$$

可以验证，每个结点处 $\Sigma\mu=1$。

将分配系数写在图7-13中结点上方的方格内。

（2）计算固端弯矩

$$M_{AB}^{F}=-M_{BA}^{F}=-\frac{ql^2}{12}=-\frac{12\times4^2}{12}kN\cdot m=-16kN\cdot m$$

$$M_{BC}^{F}=-M_{BC}^{F}=-\frac{ql^2}{12}-\frac{Fl}{8}=-\frac{12\times4^2}{12}kN\cdot m-\frac{10\times4}{8}kN\cdot m=-21kN\cdot m$$

$$M_{CD}^{F}=-M_{DC}^{F}=-\frac{ql^2}{12}kN\cdot m=-16kN\cdot m$$

$$M_{DE}^{F}=-12\times2\times1kN\cdot m-10\times2kN\cdot m=(-24-20)kN\cdot m=-44kN\cdot m$$

将计算结果写在图7-13中第一行。

（3）计算各结点不平衡弯矩

B 结点：
$$M_{BA}^{F}+M_{BC}^{F}=(16-21)kN\cdot m=-5kN\cdot m$$

C 结点：
$$M_{CB}^{F}+M_{CD}^{F}=(21-16)kN\cdot m=5kN\cdot m$$

D 结点：
$$M_{DC}^{F}+M_{DE}^{F}=(16-44)kN\cdot m=-28kN\cdot m$$

从计算结果看，D 结点处不平衡弯矩较大，可先对 D 结点进行分配与传递。另外，对于多结点结构，可将不相邻的两结点处的不平衡力矩同时进行分配与传递。

（4）不平衡弯矩的分配与传递

B 结点：分配弯矩　　　　　　$M'_{BA}=0.5×5\text{kN}\cdot\text{m}=2.5\text{kN}\cdot\text{m}$

$M'_{BC}=0.5×5\text{kN}\cdot\text{m}=2.5\text{kN}\cdot\text{m}$

B 结点暂时获得平衡。

传递弯矩　　　　　　　　　　$M'_{AB}=0.5×2.5\text{kN}\cdot\text{m}=1.25\text{kN}\cdot\text{m}$

$M'_{CB}=0.5×2.5\text{kN}\cdot\text{m}=1.25\text{kN}\cdot\text{m}$

D 结点：分配弯矩　　　　　　$M'_{DC}=1×28\text{kN}\cdot\text{m}=28\text{kN}\cdot\text{m}$

$M'_{DE}=0$

D 结点暂时获得平衡。

传递弯矩　　　　　　　　　　$M'_{CD}=0.5×28\text{kN}\cdot\text{m}=14\text{kN}\cdot\text{m}$

$M'_{ED}=0$

将以上计算结果写在图 7-13 的第二行，并在获得平衡的结点处画线。注意弯矩和杆端的对应。此时由于传递弯矩的存在，使 C 结点处的不平衡弯矩由原来的 $5\text{kN}\cdot\text{m}$ 变成 $5+M'_{CB}+M'_{CD}=(5+1.25+14)\text{kN}\cdot\text{m}=20.25\text{kN}\cdot\text{m}$

C 结点：分配弯矩　　$M''_{CB}=0.5×(-20.25)\text{kN}\cdot\text{m}=-10.13\text{kN}\cdot\text{m}$

$M''_{CD}=0.5×(-20.25)\text{kN}\cdot\text{m}=-10.13\text{kN}\cdot\text{m}$

C 结点暂时获得平衡。

传递弯矩　　　　　　$M''_{BC}=0.5×(-10.13)\text{kN}\cdot\text{m}=-5.07\text{kN}\cdot\text{m}$

$M''_{DC}=0.5×(-10.13)\text{kN}\cdot\text{m}=-5.07\text{kN}\cdot\text{m}$

将以上计算结果写在图 7-13 的第三行。

由于固端弯矩的存在，使 B、D 两结点处又有了新的不平衡弯矩，均为 $-5.07\text{kN}\cdot\text{m}$。

至此，对 B、C、D 结点不平衡弯矩完成了第一轮的分配与传递。接下来需要对新产生的不平衡弯矩进行第二轮的分配与传递。其步骤与第一轮计算相同，计算过程如图 7-13 所示。

由图可知，第三轮的结点不平衡弯矩已很小，计算工作可以结束。

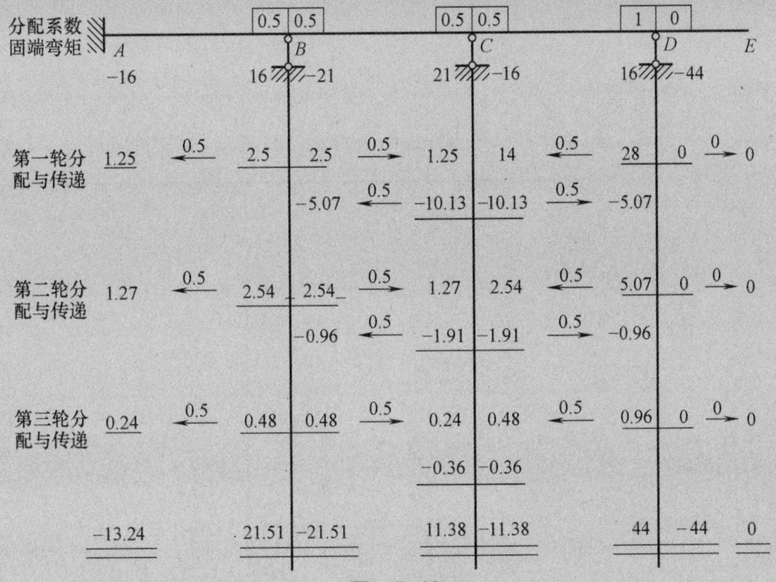

图　7-13

（5）计算各杆端的最后弯矩　将固端弯矩、历次的分配弯矩、传递弯矩相加，即得最后的杆端弯矩。

（6）作弯矩图　根据杆端弯矩，可绘出弯矩图，如图 7-14 所示。

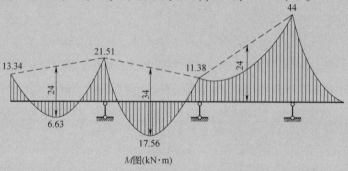

M图(kN·m)

图　7-14

在该题中，悬臂部分 DE 的内力是静定的，其弯矩图可直接绘出。若将其在该题中去掉，在结点 D 处施加相应的弯矩和集中力，则结点 D 可简化为铰支端，原结构计算图可简化为图 7-15。

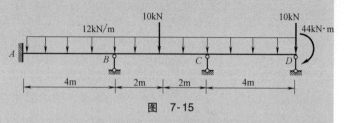

图　7-15

CD 杆为一端固定一端铰支的梁，在铰支座 D 处受到一集中力和一集中力偶的作用。其中集中力直接作用在支座 D 上，不使梁产生弯矩。只需考虑 CD 杆上均布荷载和 D 点处集中力偶所产生的弯矩。

$$M_{CD}^{F} = -\frac{ql^2}{8} + \frac{M}{2} = -\frac{12 \times 16}{8}\text{kN·m} + \frac{44}{2}\text{kN·m} = (-24+22)\text{kN·m} = -2\text{kN·m}$$

C 结点处的分配系数

$$\mu_{CB} = \frac{4i}{4i+3i} = 0.57$$

$$\mu_{CD} = \frac{3i}{4i+3i} = 0.43$$

在图 7-16 上进行分配与传递。

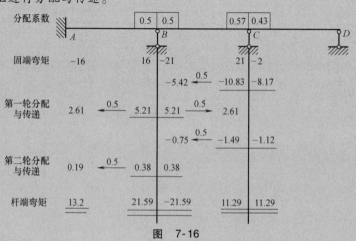

图　7-16

计算结果与图 7-13 中的基本相同。

【例 7-4】　用力矩分配法绘制图 7-17a 对称刚架的弯矩图，各杆 E 相同。

在实际工程中，连续梁和刚架常常是对称的。作用在对称结构上的任意荷载，可以分为对称荷载和反对称荷载分别进行计算。在对称结构中可只取半边结构进行计算。

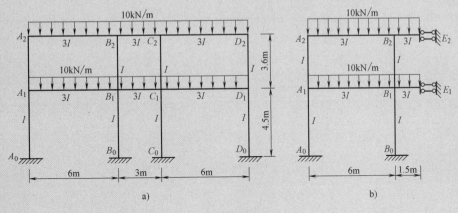

图　7-17

【解】　（1）取半边结构计算　此结构是一个奇数跨的对称结构，承受正对称荷载，取一半结构进行计算时，计算简图如图 7-17b 所示。

（2）计算分配系数

结点 A_1：

$$S_{A_1A_0} = 4i_{A_1A_0} = 4 \times \frac{EI}{4.5} = 0.89EI$$

$$S_{A_1B_1} = 4i_{A_1B_1} = 4 \times \frac{3EI}{6} = 2EI$$

$$S_{A_1A_2} = 4i_{A_1A_2} = 4 \times \frac{EI}{3.6} = 1.11EI$$

$$\mu_{A_1A_0} = \frac{S_{A_1A_0}}{S_{A_1A_0}+S_{A_1B_1}+S_{A_1A_2}} = \frac{0.89EI}{(0.89+2+1.11)EI} = 0.22$$

$$\mu_{A_1B_1} = \frac{2}{4} = 0.5$$

$$\mu_{A_1A_2} = \frac{1.11}{4} = 0.28$$

$$\sum \mu_{A_1} = 1$$

结点 A_2：

$$\mu_{A_2B_2} = \frac{2}{2+1.11} = \frac{2}{3.11} = 0.64$$

$$\mu_{A_2A_1} = \frac{1.11}{3.11} = 0.36$$

结点 B_1：

$$S_{B_1A_1} = 2EI$$

$$S_{B_1B_0} = 0.89EI$$

$$S_{B_1B_2} = 1.11EI$$

$$S_{B_1E_1} = i = \frac{3EI}{l} = \frac{3EI}{1.5} = 2EI$$

$$\sum S_{B_1} = 6EI$$

$$\mu_{B_1A_1} = \frac{2}{6} = 0.33 \qquad \mu_{B_1B_0} = \frac{0.89}{6} = 0.15$$

$$\mu_{B_1B_2} = \frac{1.11}{6} = 0.19 \qquad \mu_{B_1E_1} = \frac{2}{6} = 0.33$$

结点 B_2 ：
$$\mu_{B_2A_2} = \frac{S_{B_2A_2}}{S_{B_2A_2} + S_{B_2E_2} + S_{B_2B_1}} = \frac{2}{(2+2+1.11)} = \frac{2}{5.11} = 0.39$$

$$\mu_{B_2B_1} = \frac{S_{B_2B_1}}{5.78} = \frac{1.11}{5.11} = 0.22$$

$$\mu_{B_2E_2} = \frac{2}{5.11} = 0.39$$

各杆分配系数记于图 7-18 各结点周围。

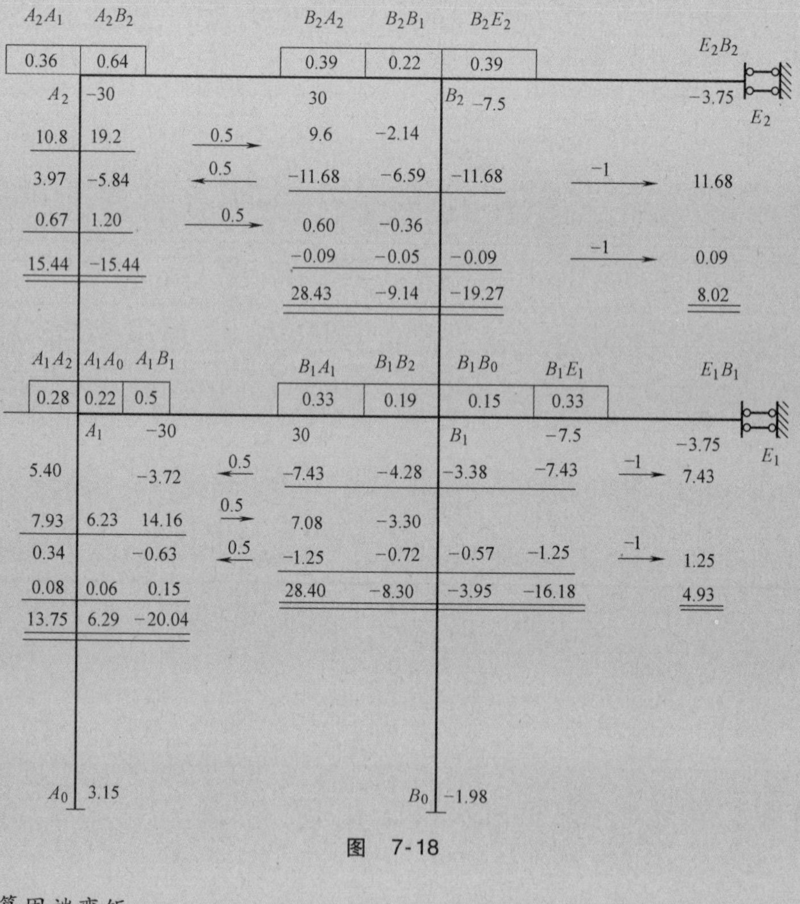

图 7-18

（3）计算固端弯矩

$$M^{\mathrm{F}}_{A_2B_2} = M^{\mathrm{F}}_{A_1B_1} = -\frac{ql^2}{12} = -\frac{10 \times 6^2}{12} \mathrm{kN \cdot m} = -30 \mathrm{kN \cdot m}$$

$$M_{B_2A_2}^{\mathrm{F}} = M_{B_1A_1}^{\mathrm{F}} = \frac{ql^2}{12} = 30\mathrm{kN} \cdot \mathrm{m}$$

$$M_{B_2E_2}^{\mathrm{F}} = M_{B_1E_1}^{\mathrm{F}} = -\frac{ql^2}{3} = \frac{10 \times 1.5^2}{3} \mathrm{kN} \cdot \mathrm{m} = -7.5\mathrm{kN} \cdot \mathrm{m}$$

$$M_{E_2B_2}^{\mathrm{F}} = M_{E_1B_1}^{\mathrm{F}} = -\frac{ql^2}{6} = -3.75\mathrm{kN} \cdot \mathrm{m}$$

（4）分配与传递　按 $(A_2，B_1)$、$(A_1，B_2)$、$(A_2，B_1)$、$(A_1，B_2)$ 结点顺序依次进行，计算过程如图 7-18 所示。

（5）绘制 M 图　如图 7-19 所示，梁跨中弯矩可用叠加法求得。

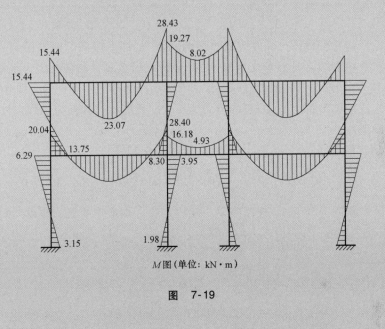

图　7-19

7.2　无剪力分配法

　　力矩分配法可以计算无侧移刚架，但在实际工程中，很多结构是有侧移的刚架。对于某些特殊的有侧移刚架，可以用与力矩分配法类似的无剪力分配法进行计算。

　　如图 7-20a 所示单层厂房的计算简图，其上作用有荷载 F，将荷载分成正对称荷载和反对称荷载，如图 7-20b、c 所示。

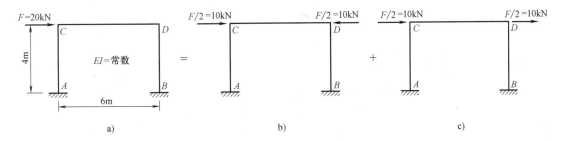

图　7-20

正荷载作用下没有侧移，可以直接用力矩分配法进行计算。在反对称荷载作用下，可取半边结构，如图 7-21a 所示。

此结构仍为具有水平侧移的结构。先用刚臂锁住节点 C，使其不能转动，但不能阻止其水平移动，所以 AC 杆的受力和变形与图 7-21b 中 A 端固定、C 端滑动的杆件相同。水平侧移使 CE 杆整体水平移动，不产生内力，所以水平侧移对 CE 杆无影响，CE 杆仍可看作一端固定，一端铰支的杆。

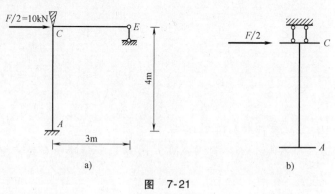

图　7-21

可以看出，结构发生侧移对杆件造成的影响是：AC 杆由原来的两端固定变成一端固定一端滑动。产生这样结果的原因是 E 支座与 AC 杆平行，那么发生侧移时因为水平杆件可以自由水平移动，故 CE 杆两端没有相对的线位移，同时 AC 杆的剪力是静定的，即 AC 杆的剪力可根据静力平衡条件直接求出，比如 AC 杆的剪力为 $F/2$。我们称这种杆为为静定杆。

解题步骤如下：

（1）计算固定端弯矩

$$M_{AC}^{\mathrm{F}}=M_{CA}^{\mathrm{F}}=-\frac{1}{2}Fl=-\frac{1}{2}\times10\times4\mathrm{kN\cdot m}=-20\mathrm{kN\cdot m}, \quad M_{CE}^{\mathrm{F}}=0$$

（2）计算分配系数　由于 AC 杆相当于一端固定，一端滑动的梁，所以

转动刚度　　　　$S_{CA}=i_{CA}=\dfrac{EI}{l}=\dfrac{EI}{4}$, $\quad S_{CE}=3i_{CE}=3\times\dfrac{EI}{3}=EI$

分配系数　　　　$\mu_{CA}=\dfrac{0.25}{0.25+1}=0.2$, $\quad \mu_{CE}=\dfrac{1}{1.25}=0.8$

传递系数　　　　$C_{CA}=-1$, $\quad C_{CE}=0$

（3）弯矩的分配与传递　此过程同力矩分配法相同，如图 7-22 所示。

（4）绘制弯矩图　如图 7-23 所示。

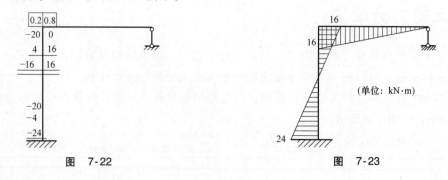

图　7-22　　　　　　　　　　　　　　图　7-23

将上面的解题过程归纳如下：

1）求固定弯矩时，剪力静定杆按该端滑动、另一端固定计算。

2）剪力静定杆的转动刚度 $S=i$，传递系数 $C=-1$。

在弯矩的分配与传递过程中，剪力静定杆的剪力为零，故此剪力分配法称为无剪力分配法。

无剪力分配法的适用条件是：刚架中除两端无相对线位移的杆件外，其余杆件都是剪力静定杆。比如只有一根竖杆的刚架，且横梁端的链杆与柱平行。

比如图 7-24a 所示的单跨多层框架，其结构可分解为图 7-24b、c 所示的对称与反对称结构。取反对称结构的半边结构（图 7-24d），该半刚架中梁为无侧移杆件，柱为有侧移剪力静定杆，所以可用无剪力分配法进行计算。

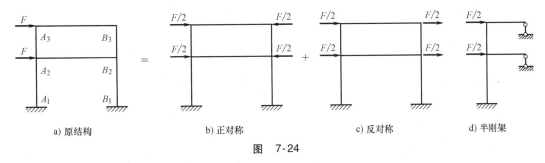

a) 原结构　　　　　b) 正对称　　　　　c) 反对称　　　　　d) 半刚架

图　7-24

但对图 7-25、图 7-26 所示多跨刚架，因其柱为非剪力静定杆，故无剪力分配法不能解此类结构。

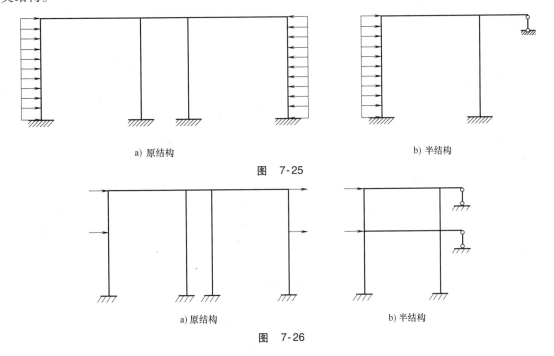

a) 原结构　　　　　　　　　　　　　　　　b) 半结构

图　7-25

a) 原结构　　　　　　　　　　　　　　　　b) 半结构

图　7-26

在实际工程中，无剪力分配法只能求解单层单跨工业厂房。多层框架采用单跨的较少，所以无剪力分配法能解决的实际问题较少。

7.3　分层法

分层计算法适用于多层多跨刚架在竖向荷载作用下的近似计算，其采用了两个近似假设：

第一，忽略侧移的影响。竖向荷载作用下也会引起侧移，但侧移数值较小，可以忽略不计，可以用力矩分配法进行求解。

第二，忽略每层梁的竖向荷载对其他各层的影响，认为该层梁上荷载只对与之相连的上、下层柱产生内力。把多层刚架分解成若干单层无侧向的敞口刚架进行计算。

如图 7-27a 所示三层刚架，可按层分为图 7-27b、c、d 所示的三个无侧移刚架。

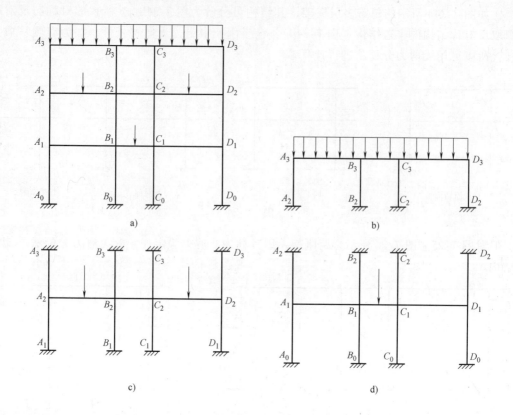

图　7-27

分解出的结构每层包含与梁相连的上下层柱子，各柱的两端当作固定端，然后分别用力矩分配法进行计算。除柱底端外，其他柱端弯矩应将计算结果进行叠加。比如 $M_{A_3A_2}$ 为图 7-27b 中所计算的 $M_{A_3A_2}$ 与图 7-27c 中所计算的 $M_{A_3A_2}$ 的叠加。

在各个分层刚架中，柱的远端均假设为固定端。除底层柱的下端外，其余各柱端应看作弹性固定端。为了弥补简化所造成的误差，可将上层各柱的线刚度乘以折减系数 0.9，传递系数由 1/2 改为 1/3。

分层计算的结果在刚结点上存在着不平衡弯矩，一般误差不会很大。如果不平衡弯矩较大，可将其再进行一次分配。

【例 7-5】　用分层法计算图 7-28a 所示刚架的杆端弯矩，并绘制弯矩图。图中杆端旁括号内的数值为杆件线刚度的相对值。

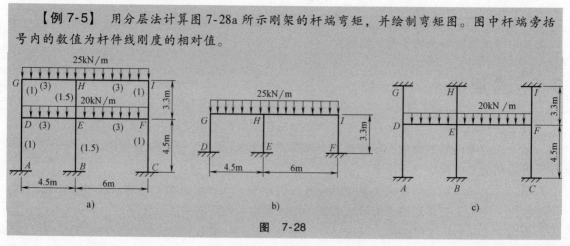

图　7-28

【解】　将原刚架分成图 7-28b、c 所示两个分层刚架。用力矩分配法计算两个刚架，计算过程及结果如图 7-29、7-30 所示，得到各杆端弯矩如图 7-31 所示。

分配系数（图 7-29）：

$$\mu_{GD} = \frac{1 \times 0.9}{1 \times 0.9 + 3} = 0.23 = \mu_{IF}$$

$$\mu_{GH} = \frac{3}{3.9} = 0.77 = \mu_{IH}$$

$$\mu_{HG} = \frac{3}{3 + 3 + 0.9 \times 1.5} = 0.41 = \mu_{HI}$$

$$\mu_{HE} = \frac{0.9 \times 1.5}{3 + 3 + 0.9 \times 1.5} = 0.18$$

固端弯矩（图 7-29、图 7-30）：

$$M_{GH}^{F} = -M_{HG}^{F} = -\frac{ql^2}{12} = -\frac{25 \times 4.5^2}{12}\,kN \cdot m = -42.19\,kN \cdot m$$

$$M_{HI}^{F} = -M_{IH}^{F} = -\frac{ql^2}{12} = -\frac{25 \times 6^2}{12}\,kN \cdot m = -75\,kN \cdot m$$

$$M_{DE}^{F} = -M_{ED}^{F} = -\frac{ql^2}{12} = -\frac{20 \times 4.5^2}{12}\,kN \cdot m = -33.75\,kN \cdot m$$

$$M_{EF}^{F} = -M_{FE}^{F} = -\frac{ql^2}{12} = -\frac{20 \times 6^2}{12}\,kN \cdot m = -60\,kN \cdot m$$

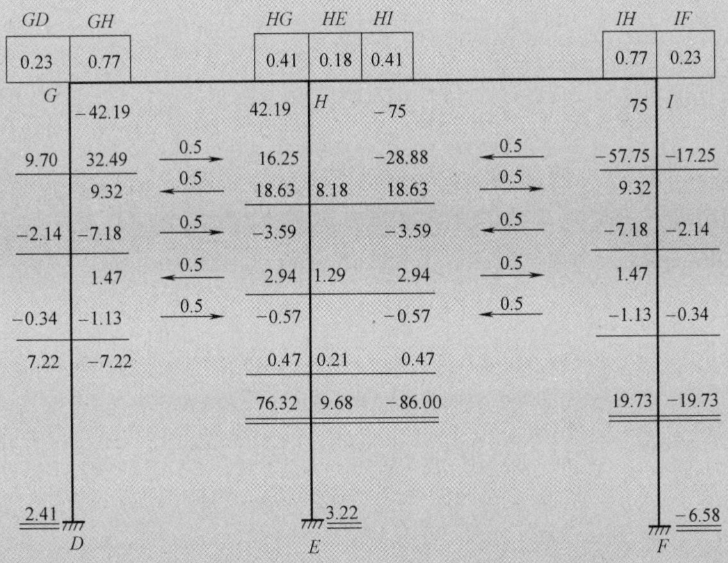

GD	GH		HG	HE	HI		IH	IF
0.23	0.77		0.41	0.18	0.41		0.77	0.23
G	−42.19		42.19 *H*		−75		75 *I*	
9.70	32.49	0.5 →	16.25		−28.88	← 0.5	−57.75	−17.25
	9.32	0.5 ←	18.63	8.18	18.63	0.5 →	9.32	
−2.14	−7.18	0.5 →	−3.59		−3.59	← 0.5	−7.18	−2.14
	1.47	0.5 ←	2.94	1.29	2.94	0.5 →	1.47	
−0.34	−1.13	0.5 →	−0.57		−0.57	← 0.5	−1.13	−0.34
7.22	−7.22		0.47	0.21	0.47		19.73	−19.73
			76.32	9.68	−86.00			
2.41 *D*			3.22 *E*				−6.58 *F*	

图　7-29

分配系数（图 7-30）：

$$\mu_{FI} = \mu_{DG} = \frac{1 \times 0.9}{1 \times 0.9 + 1 + 3} = 0.184$$

$$\mu_{FE} = \mu_{DE} = \frac{3}{1 \times 0.9 + 1 + 3} = 0.612$$

$$\mu_{FC} = \mu_{DA} = \frac{1}{1 \times 0.9 + 1 + 3} = 0.204$$

$$\mu_{EF} = \mu_{ED} = \frac{3}{3 + 3 + 1.5 \times 0.9 + 1.5} = 0.339$$

$$\mu_{EH} = \frac{1.5 \times 0.9}{3 + 3 + 1.5 \times 0.9 + 1.5} = 0.153$$

$$\mu_{EB} = \frac{1.5}{3 + 3 + 1.5 \times 0.9 + 1.5} = 0.169$$

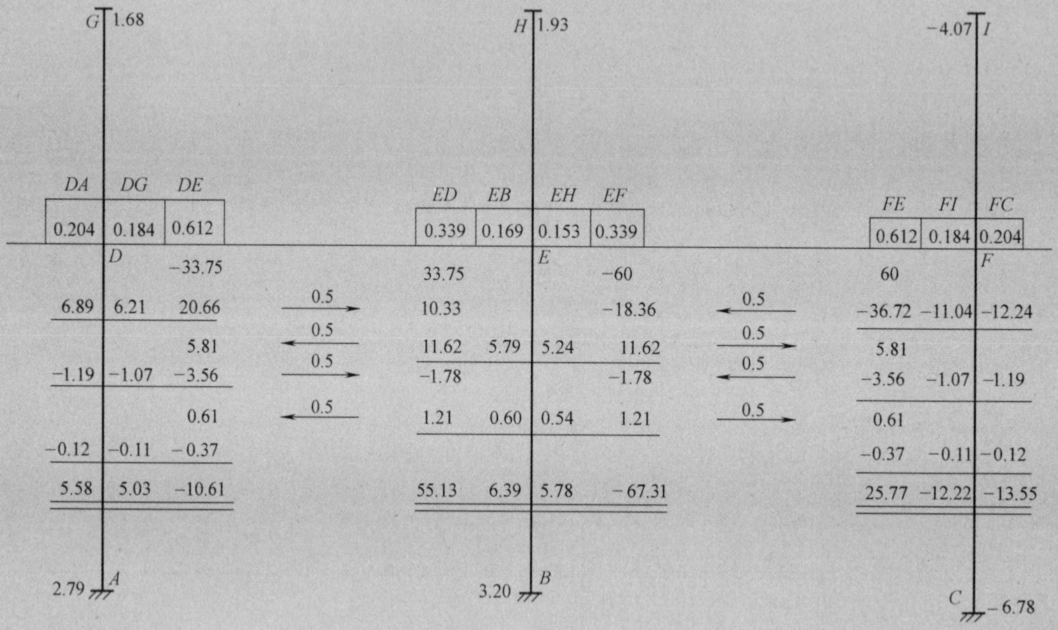

图 7-30

梁端弯矩为所计算的杆端弯矩，柱端弯矩除底层外需要叠加。

如
$$M_{GD} = (7.22 + 1.68) \text{kN} \cdot \text{m} = 8.9 \text{kN} \cdot \text{m}$$

$$M_{HE} = (9.68 + 1.93) \text{kN} \cdot \text{m} = 11.61 \text{kN} \cdot \text{m}$$

$$M_{IF} = (-19.73 - 4.07) \text{kN} \cdot \text{m} = -23.80 \text{kN} \cdot \text{m}$$

$$M_{DG} = (5.03 + 2.41) \text{kN} \cdot \text{m} = 7.44 \text{kN} \cdot \text{m}$$

$$M_{EH} = (3.22 + 5.78) \text{kN} \cdot \text{m} = 9.00 \text{kN} \cdot \text{m}$$

$$M_{FI} = (-6.58 - 12.22) \text{kN} \cdot \text{m} = -18.8 \text{kN} \cdot \text{m}$$

绘制弯矩图，如图 7-31 所示。

梁跨弯矩根据叠加原理即可得到，如 GH 跨，跨中弯矩为

$$\frac{ql^2}{8} - \frac{M_{GH} + M_{HG}}{2} = \frac{25 \times 4.5^2}{8} \text{kN} \cdot \text{m} - \frac{7.23 + 76.32}{2} \text{kN} \cdot \text{m} = 21.5 \text{kN} \cdot \text{m}$$

从图 7-31 中可以看出，结点 I、F 处不平衡力矩较大，可将不平衡力矩重新进行分配。

如 I 点不平衡力矩为 (19.73 - 23.80)kN · m = -4.07kN · m

重新分配：$M'_{HI} = 4.07 \text{kN} \cdot \text{m} \times 0.77 = 3.13 \text{kN} \cdot \text{m}$

$$M'_{IF} = 4.07 \text{kN} \cdot \text{m} \times 0.23 = 0.94 \text{kN} \cdot \text{m}$$

分别与原值相加，即得 $M_{HI}=(3.13+19.73)\mathrm{kN\cdot m}=22.86\mathrm{kN\cdot m}$

$$M_{IF}=(-23.80+0.94)\mathrm{kN\cdot m}=-22.86\mathrm{kN\cdot m}$$

将重新分配后所得数值写在括号内。

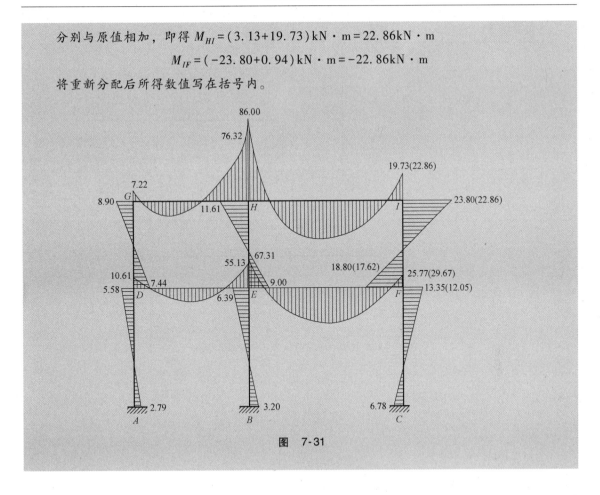

图　7-31

7.4　剪力分配法

在工业厂房中，屋架为桁架结构或截面尺寸较大的梁，往往可简化为刚度无穷大的横梁。刚架中水平横梁线刚度比柱线刚度大很多时，可认为横梁刚度无穷大，那么这类结构即可忽略转角的影响，只考虑线位移。

1. 水平结点荷载作用

如图 7-32a 所示，该排架水平横梁 $EI\rightarrow\infty$，故只考虑侧移，不考虑其转角。$i_{AB}=EI_1/h$，$i_{CD}=EI_2/h$，由于侧向移动产生的杆端弯矩 $M_{AB}=-3i_{AB}\Delta/h$，$M_{CD}^{\mathrm{F}}=-3i_{CD}\Delta/h$，剪力 $F_{QBA}=-3i_{AB}\Delta/h^2=K_1\Delta$，$F_{QDC}=-3i_{CD}\Delta/h^2=K_2\Delta$，这里 $K=-3i/h^2$ 为一端固定一端铰支的柱侧移刚度，即柱顶单位侧移时所引起的剪力。取 BD 为隔离体（图 7-32b），则由 $\sum F_X=0$，可得

$$F_{QBA}+F_{QDC}=F,\quad K_1\Delta+K_2\Delta=F,\quad \Delta=\frac{F}{K_1+K_2},$$

$$F_{QAB}=\frac{K_1}{K_1+K_2}F=\frac{K_1}{\sum K}F=\mu_1 F,\quad F_{QDC}=\frac{K_2}{K_1+K_2}F=\frac{K_2}{\sum K}F=\mu_2 F$$

可见各杆的剪力是将总剪力按系数 μ 分配得到的，称 μ 为剪力分配系数。杆端剪力确定后，即可求出杆底弯矩，并绘出弯矩图，如图 7-32c 所示。

$$M_{AB}=F_{QBA}h=\mu_1 Fh,\quad M_{CD}=F_{QDC}h=\mu_2 Fh$$

综上所述，剪力分配法解题步骤为：

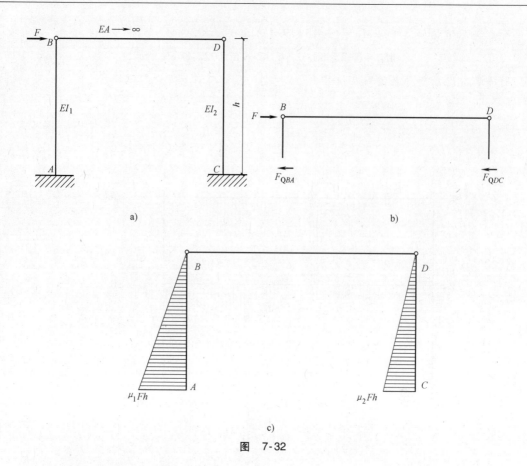

图 7-32

1）求各柱侧移刚度 K，根据柱两端的约束情况确定。

2）求剪力分配系数 μ，$\mu = K_i / \sum K$。

3）求各杆剪力，$F_{Qi} = \mu_i F$。

4）计算柱端弯矩并绘出弯矩图，$M = F_{Qi} h$。

【例7-6】 用剪力分配法计算图 7-33 所示结构。

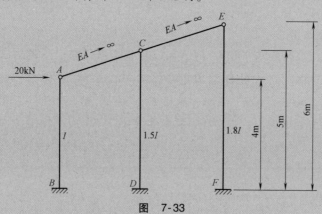

图 7-33

【解】 （1）求各柱剪力分配系数

$$K_{AB} = \frac{3i_{AB}}{h_{AB}^2} = \frac{3 \times 0.25}{4^2} EI = 0.047EI$$

$$K_{CD} = \frac{3i_{CD}}{h_{CD}^2} = \frac{3 \times 1.5}{5^3}EI = 0.036EI$$

$$K_{EF} = \frac{3i_{EF}}{h_{EF}^2} = \frac{3 \times 1.8}{6^3}EI = 0.025EI$$

$$\sum K = K_{AB} + K_{CD} + K_{EF} = (0.047 + 0.036 + 0.025) = 0.108EI$$

$$\mu_{AB} = \frac{K_1}{\sum K} = \frac{0.047EI}{0.108EI} = 0.44$$

$$\mu_{CD} = \frac{K_2}{\sum K} = \frac{0.036EI}{0.108EI} = 0.33$$

$$\mu_{EF} = \frac{K_3}{\sum K} = \frac{0.025EI}{0.108EI} = 0.23$$

（2）计算各柱剪力

$$F_{QAB} = 0.44 \times 20 \text{kN} = 8.8 \text{kN}$$

$$F_{QCD} = 0.33 \times 20 \text{kN} = 6.6 \text{kN}$$

$$F_{QEF} = 0.23 \times 20 \text{kN} = 4.6 \text{kN}$$

（3）作弯矩图如图 7-34 所示。

$$M_{BA} = F_{QAB} \times h_1 = -8.8 \text{kN} \times 4 \text{m} = -35.2 \text{kN} \cdot \text{m}$$

$$M_{DC} = -F_{QCD} \times h_2 = -6.6 \text{kN} \times 5 \text{m} = -33 \text{kN} \cdot \text{m}$$

$$M_{FE} = -4.6 \text{kN} \times 6 \text{m} = -27.6 \text{kN} \cdot \text{m}$$

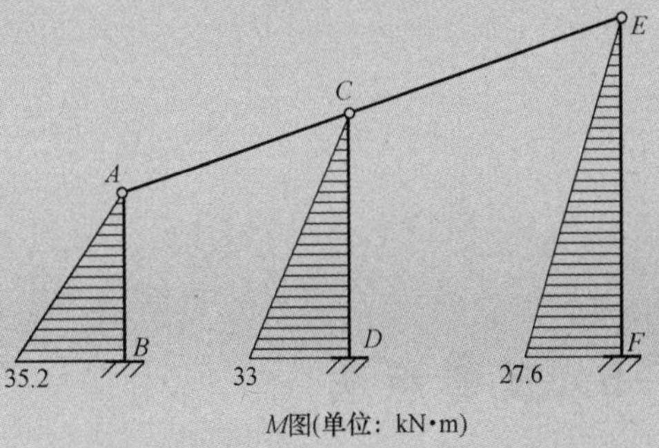

M图(单位：kN·m)

图　7-34

2. 非水平荷载作用

如图 7-35a 所示，在柱上作用有水平风荷载。如果仍用剪力分配法进行计算，则需将原结构分解为图 7-35b、c 所示的结构。

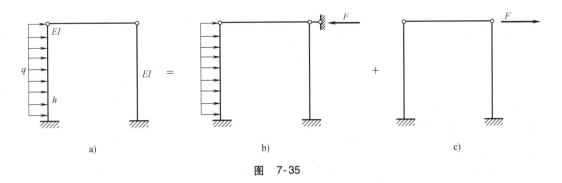

图　7-35

对于图 7-35b 的受力状态，可以直接绘制出弯矩图，并求出 F 的大小，如图 7-36a 所示。

对于图 7-35c 的受力状态，可用剪力分配法进行计算，其弯矩图如图 7-36b 所示。最后弯矩图为 7-36b 和图 7-36a 的叠加，如图 7-36c 所示。

对于单跨排架结构，使用力法及位移法均只有一个未知量，剪力分配法显示不出其简便性，但对于多跨排架结构，其简便性显而易见，所以剪力分配法主要适用于解单层多跨排架结构。

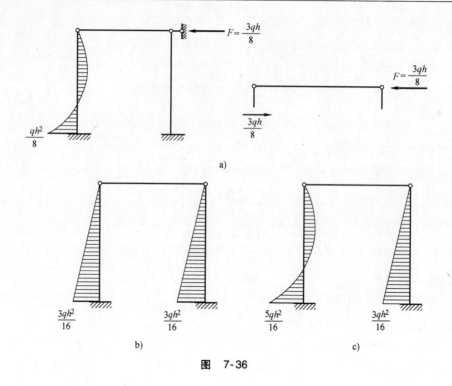

图　7-36

7.5　反弯点法

图 7-37a 所示横梁是刚度无穷大的刚架，有侧移而无转角，两柱侧移相等，集中荷载作用在结点处。按照力法或位移法求解此类结构，其弯矩图如图 7-37b 所示，弯矩图特点是柱子中间的弯矩为零，我们称此点为反弯点，即弯矩符号改变处。反弯点在柱 1/2 处是因为两端固定的杆，当一端有侧移时，其两端部弯矩相同，如图 7-38 所示，由此看出，柱中点处的弯矩为零。

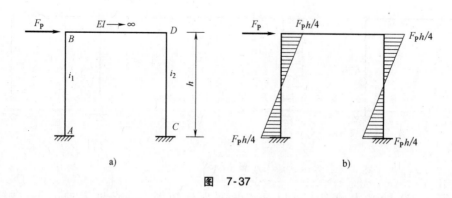

图　7-37

如果能求出反弯点处的剪力 F_Q，即可求出柱端弯矩 $F_Q h/2$。同剪力分配法相同，各柱反弯点处的剪力可用剪力分配法来计算，所以反弯点法的要点为：

1）刚架在结点水平荷载作用下，假设横梁相对线刚度为无限大，因而刚节点不发生转角，只有侧移。

2）刚架同层各柱有同样侧移时，柱的剪力与柱的侧移刚度系数成正比，每层柱共同承受该层以上的水平荷载作用，各层的总剪力按各柱的侧移刚度所占的比例分配到各柱。所以反弯点法实质上是剪力分配法。

3）多层刚架（5 层以上）的底层柱的柱底为固定端，上部刚结点虽可简化为固定端，但其约束性不如固定端，故底层柱的反弯点会向上移动，假设反弯点在离柱底 2/3 柱高处。

4）柱端弯矩根据柱的剪力和反弯点位置确定。梁端弯矩由结点力矩平衡条件确定。中间结点的两侧梁端弯矩，按梁的转动刚度分配不平衡力矩。

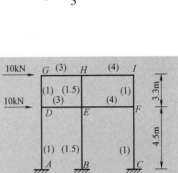

图　7-38

反弯点法的计算步骤如下：

1）计算各柱的剪力分配系数 $\mu_i = \dfrac{k_i}{\sum k}$ 及各层柱的剪力 $F_{Qi} = \mu_i \sum F$。

2）计算各柱端弯矩 $M_i = F_{Qi} \cdot \dfrac{h_i}{2}$。底层柱 $M_{上} = F_{Q1} \cdot \dfrac{1}{3} h$，$M_{下} = F_{Q1} \cdot \dfrac{2}{3} h$。

3）由结点平衡条件计算各梁端弯矩。

4）绘制弯矩图。

【例 7-7】　用反弯点法计算图 7-39 所示钢架，并绘制弯矩图。括号内的数字为杆件线刚度的相对值。

【解】　（1）计算各柱剪力分配系数

$$\mu_{GD} = \mu_{IF} = \frac{1}{1+1+1.5} = 0.286, \quad \mu_{HE} = \frac{1.5}{1+1+1.5} = 0.428$$

$$\mu_{AD} = \mu_{CF} = 0.286, \quad \mu_{BE} = 0.428$$

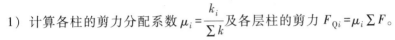

图　7-39

（2）计算各柱剪力

顶层：　$F_{QGD} = F_{QIF} = 0.286 \times 10\text{kN} = 2.86\text{kN}$

$$F_{QHE} = 0.428 \times 10\text{kN} = 4.28\text{kN}$$

底层：　$F_{QAD} = F_{QFC} = 0.286 \times 20\text{kN} = 5.72\text{kN}$

$$F_{QEB} = 0.428 \times 20\text{kN} = 8.56\text{kN}$$

（3）计算柱端弯矩

柱端弯矩　$M_{GD} = M_{DG} = M_{IF} = M_{FI} = -2.86\text{kN} \times \dfrac{3.3}{2}\text{m} = -4.72\text{kN} \cdot \text{m}$

$$M_{HE} = M_{EH} = -F_{QHE} \cdot \frac{h_2}{2} = -4.28\text{kN} \times \frac{3.3}{2}\text{m} = -7.06\text{kN} \cdot \text{m}$$

$$M_{AD} = M_{DA} = M_{FC} = M_{CF} = -F_{QAD} \cdot \frac{h_1}{2} = -5.72\text{kN} \times \frac{4.5}{2}\text{m} = -12.87\text{kN} \cdot \text{m}$$

$$M_{EB} = M_{BE} = -F_{QEB} \cdot \frac{h_1}{2} = -8.56\text{kN} \times \frac{4.5}{2}\text{m} = -19.26\text{kN} \cdot \text{m}$$

计算梁端弯矩时，先求出结点柱端弯矩之和，再按梁刚度进行分配。结点 G、I 可直接利用平衡方程求出。

结点 H（图 7-40a）：

$$M_{HG} = \frac{3}{7} \times 7.06\text{kN} \cdot \text{m} = 3.03\text{kN} \cdot \text{m}$$

$$M_{HI} = \frac{4}{7} \times 7.06 \text{kN} \cdot \text{m} = 4.04 \text{kN} \cdot \text{m}$$

结点 D （图 7-40 b）：

$$M_{DE} = 4.72 \text{kN} \cdot \text{m} + 12.87 \text{kN} \cdot \text{m} = 17.59 \text{kN} \cdot \text{m}$$

结点 F 同结点 D

结点 E （图 7-40c）：

$$M_{EF} = \frac{4}{7} \times (7.06 + 19.26) \text{kN} \cdot \text{m} = 15.04 \text{kN} \cdot \text{m}$$

$$M_{ED} = \frac{3}{7} \times (7.06 + 19.26) \text{kN} \cdot \text{m} = 11.28 \text{kN} \cdot \text{m}$$

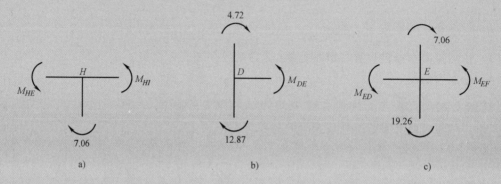

图　7-40

绘制弯矩图，如图 7-41 所示。

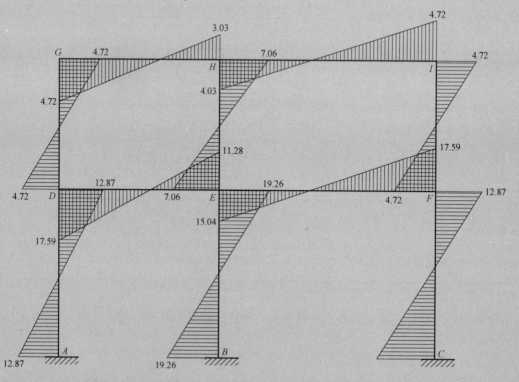

图　7-41

本 章 小 结

本章主要介绍了力矩分配法、无剪力分配法、分层法、剪力分配法、反弯点法。

1）力矩分配法是以位移法为基础计算杆端弯矩的渐近解法。采用的方法是固定结点、放松结点，交替循环使杆端力矩逐渐趋向精确解。

单结点的力矩分配是力矩分配法的基本运算，所计算的杆端弯矩为精确解；多结点的力矩分配是先固定全部刚结点，然后逐个放松结点，轮流进行单结点的力矩分配，所得杆端弯矩为近似解。

力矩分配法适用于计算连续梁和无结点线位移的刚架，在工程中应用广泛。工程中的连续单向板、连续次梁均可简化为连续梁。对称的一榀框架在对称荷载作用下可取无结点线位移的半刚架用力矩分配法求解内力。

2）无剪力分配法是力矩分配法的一个特例。对称单跨刚架在反对称荷载作用下，取一半结构进行计算时，竖向柱是剪力静定杆，横梁无相对线位移，此时可将竖向柱作为一端固定另一端滑动的杆计算其杆端弯矩和分配系数，而不将结点线位移作为未知量，采用力矩分配法进行求解。在实际工程中可解决单层工业厂房结构的内力计算。

3）分层法是假设竖向荷载作用下的侧移较小，忽略侧移对内力的影响，在每层梁的竖向荷载对其他层不产生影响的前提下，将多层多跨刚架分解成单层刚架，采用力矩分配法进行求解结构内力的方法。

4）剪力分配法是根据各柱的侧移刚度计算各柱的剪力分配系数，将作用在结点上的水平荷载乘以剪力分配系数求出各柱的剪力，从而计算柱端弯矩和梁端弯矩。主要用来解决铰接排架柱顶有水平荷载作用时结构内力的求解。

对于柱间有水平荷载作用的情况，在柱顶加一水平链杆阻止其水平位移，求出附加链杆的约束反力。将约束反力反方向加在原结构上用剪力分配法计算。叠加以上两步即可得最后内力。

5）反弯点法的原理同剪力分配法。对于多层多跨刚架在水平结点荷载作用下，当梁的线刚度比柱的线刚度大很多时，可将梁简化为刚度无穷大的刚性梁，这样即可忽略梁、柱结点处的转角。反弯点法的关键是确定反弯点的位置和反弯点处剪力值。反弯点是弯矩符号改变处，该处弯矩为零。其位置和杆件两端的约束情况有关。对于两端固定杆，其反弯点在离柱底 $1/2$ 柱高处。反弯点处的剪力值可根据各柱侧移刚度进行分配，最后柱端弯矩即可根据所求得的剪力值乘以反弯点离柱端的距离求得。

思 考 题

1. 什么是转动刚度？转动刚度的大小与哪些因素有关？
2. 分配系数如何计算？为什么每一刚结点处各杆端分配系数之和等于1？
3. 什么是传递系数？如何确定传递系数？
4. 力矩分配法的适用条件是什么？
5. 什么叫剪力静定杆？
6. 无剪力分配法适用于求解哪一类结构？
7. 分层法中进行了哪些近似假设？分层之后采用什么方法计算杆端弯矩？杆端弯矩的最后值该如何确定？

8. 什么是柱的侧移刚度？如何计算剪力分配系数？

9. 什么是反弯点？反弯点的位置和什么因素有关？

10. 渐近法和近似法有什么优点？

习　题

1. 试写出图 7-42 所示各杆 A 端的转动刚度。已知各杆线刚度 i 相同。

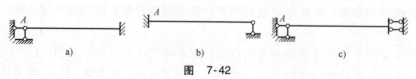

图　7-42

2. 试用力矩分配法作图 7-43 所示连续梁的弯矩图。各杆 EI 相同。

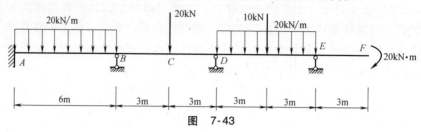

图　7-43

3. 试用力矩分配法作图 7-44 所示刚架弯矩图。

4. 试利用对称性按力矩分配法作图 7-45 所示刚架弯矩图。各杆 EI 为常数。

5. 试用无剪力分配法作图 7-46 所示结构弯矩图。

6. 试用分层法作图 7-47 所示结构弯矩图。

7. 试用剪力分配法作图 7-48 所示结构弯矩图。

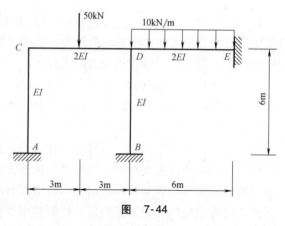

图　7-44

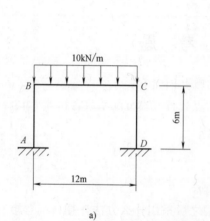

a)

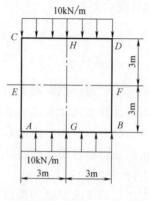

b)

图　7-45

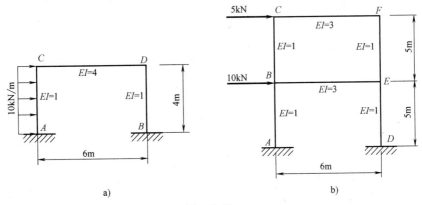

图 7-46

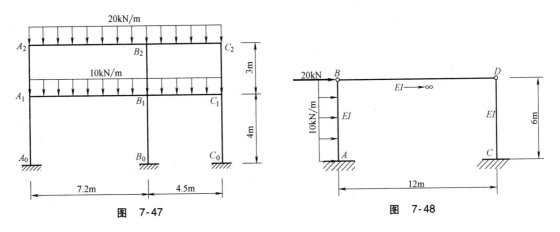

图 7-47

图 7-48

8. 试用反弯点法作图 7-49 所示结构弯矩图。括号内数字为杆件线刚度的相对值。

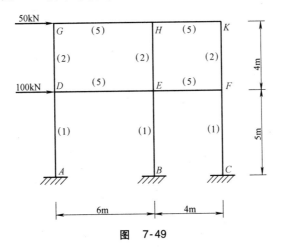

图 7-49

第8章 影响线及其应用

结构除承受固定荷载外，有时还会受到移动荷载的作用，如桥梁上行驶的汽车、火车，吊车梁上行驶的吊车等。结构在移动荷载作用下，支座反力和内力将随荷载的移动而变化，结构设计中需确定变化中的支座反力和内力最大值。对于使用叠加原理的结构分析问题，通常采用影响线作为解决移动荷载作用下受力分析的工具。本章首先介绍影响线的概念和作法，然后讨论其应用。

8.1 移动荷载和影响线的概念

8.1.1 移动荷载

工程中某些结构在承受位置不变的固定荷载（也称恒载）的同时，还必须承受活荷载的作用。结构在活荷载作用下，内力和位移的大小将随荷载位置的变化或分布区域的不同而变化。

活荷载分为两类：一类是时有时无，可以任意分布的荷载，称为定位荷载（或称短期荷载），如楼板上的人群、仓库中的货物、不固定的设备等；另一类是方向、大小不变，仅作用位置移动的荷载，称为移动荷载。在吊车梁上行驶的吊车（图 8-1），桥梁上行驶的汽车（图8-2）、火车和活动的人群等，均为移动荷载。

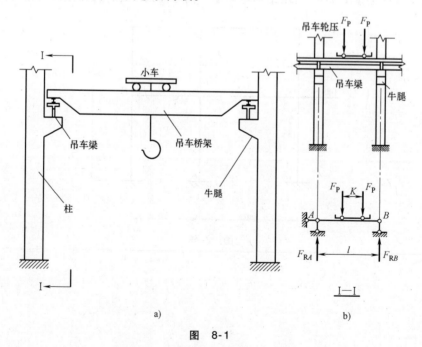

a)   b)

图 8-1

在移动荷载作用时，结构上的量值（各截面的各种内力以及各支座反力）都将随荷载的移动而变化。如图 8-1b 所示，吊车轮压在吊车梁 *AB* 上自 *A* 向 *B* 移动时，吊车梁 *AB* 的支座反力 F_{RA} 将逐渐减小，而支座反力 F_{RB} 将逐渐增大。因此，必须研究这种变化规律。在移动荷载作用下的结构设计需要解决两个问题：一是量值的变化范围和变化规律；二是计算某量值的最大值，作为设计的依据。因此，要确定最不利荷载位置，即确定使结构上某量值达到最大值时荷载的位置。

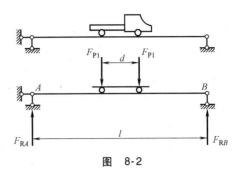

图　8-2

8.1.2　影响线的概念

在工程实际中，所遇到的移动荷载通常是一系列相互保持一定距离的平衡力或连续分布荷载。虽然移动荷载形式多种多样，但都可以用一个简单的基本移动的单位集中荷载 $F_P = 1$ 来代替等效，即研究单位定向荷载在移动中引起的某一量值（某个支座反力或内力的值）的变化规律，再根据叠加原理，从而确定在各种移动荷载作用下该量值的变化规律以及最不利的荷载位置。在一个单位移动荷载作用下，表示结构某一量值变化规律的函数图形，称为该量值的影响线。下面通过一个简单的例子说明影响线的概念。

图 8-3a 所示为一简支梁，其上作用一单位移动荷载 $F_P = 1$。现讨论支座反力 F_{By} 的变化规律。

取 *A* 点为坐标原点，以 *x* 表示荷载作用点的位置，*y* 表示相应反力 F_{By} 的值（图 8-3b），设反力向上为正。由平衡方程可求出支座反力 F_{By}。

$$\sum M_A = 0, 1 \times x - F_{By} \times l = 0$$

解得

$$F_{By} = \frac{x}{l} \qquad (0 \leqslant x \leqslant l)$$

上式表示量值 F_{By} 与荷载位置参数 *x* 之间的函数关系，我们称之为 F_{By} 的影响线方程。据此绘出的图形就是 F_{By} 的影响线。显然，F_{By} 的影响线是一直线。设 $x = 0$，得 $F_{By} = 0$；再设 $x = l$，得 $F_{By} = 1$。由此定出两点，再连成直线，即得 F_{By} 的影响线如图 8-3b 所示。

图 8-3b 中的影响线形象地表明了量值 F_{By} 随荷载 $F_P = 1$ 的移动而变化的规律，当 $F_P = 1$ 作用于 *A* 点时，$F_{By} = 0$；当 $F = 1$ 移动到 *B* 点时，F_{By} 增大到 1。求出了 F_{By} 的影响线，就可以利用影响线求得任意荷载作用时支座 F_{By} 的数值。如图 8-3c 所示，若梁上作用有汽车轮压力 F_1 和 F_2，则支座反力 F_{By} 为

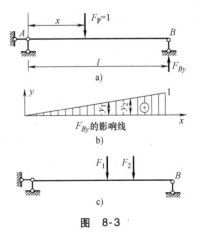

F_{By} 的影响线

b)

c)

图　8-3

$$F_{By} = F_1 y_1 + F_2 y_2$$

式中　y_1、y_2——荷载 F_1 和 F_2 所对应的影响线的竖标，是量纲为 1 的量值。

以上是一个最简单的绘制影响线和利用影响线分析移动荷载问题的例子，从中可以看出影响线对移动荷载作用下结构计算有非常广泛的作用。一般来说，当一个单位集中荷载 $F_P = 1$ 沿结构移动时，表示结构上某量值（如支座反力，某一指定截面的弯矩、剪力或轴力等）变化规律的曲线，称为该量值的影响线。影响线上任一点的横坐标 *x* 表示荷载位置参数，相应的纵

坐标 y 表示单位荷载 $F_P = 1$ 作用于此点时某量值的数值。影响线是研究移动荷载作用效应的基本工具。

绘制影响线图形时，正值画在基线上方，负值画在基线下方，并在图中标注正负号。由于 $F_P = 1$ 无单位，因此，某量值影响线纵坐标的单位等于该量值的单位除以力的单位，如 F_{By} 的影响线的纵坐标无单位。

作影响线有两种基本方法：静力法和机动法（或称虚功法），其中静力法是基本方法。

8.2 静力法作简支梁影响线

静力法是以静力条件为基础的确定静定结构约束反力和内力影响线的基本方法。设定向单位集中荷载 $F_P = 1$ 在梁上移动时梁的轴线为坐标轴并建立坐标系，以 x 表示坐标原点到 $F_P = 1$ 作用点的距离（x 是自变量），列出静力平衡方程，即可将某量值表示为单位荷载位置坐标 x 的函数，即影响线方程，从而可绘出影响线。

8.2.1 简支梁的影响线

用静力法作静定梁影响线的依据是静力平衡条件。下面以简支梁为例说明用静力法作影响线的过程。

1. 支座反力影响线

图 8-4a 所示的简支梁，作用有单位移动荷载 $F_P = 1$。取 A 点为坐标原点，以 x 表示荷载作用点的横坐标，下面分析简支梁 A 支座反力 F_{Ay} 关于移动荷载作用点左边 x 的函数式（假设支座反力向上为正）。

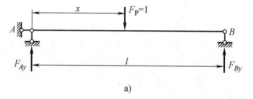

a)

根据平衡方程 $\sum M_B = 0$，得

$$-F_{Ay} \times l + F_P \times (l - x) = 0 \qquad (0 \leqslant x \leqslant l)$$

解得

$$F_{Ay} = \frac{l - x}{l}$$

上式表示 F_{Ay} 关于荷载位置坐标 x 的变化规律，是一个直线函数关系，由此可作出 F_{Ay} 的影响线，如图 8-4b 所示。

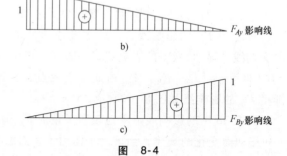

图 8-4

从图 8-4b 中可以看出：荷载作用在 A 点时，即当 $x = 0$ 时，$F_{Ay} = 1$；荷载作用在 B 点时，即当 $x = l$ 时，$F_{Ay} = 0$。显然，当 $x = 0$ 时 F_{Ay} 达到最大，所以 A 点是 F_{Ay} 的荷载最不利位置。在荷载移动过程中，F_{Ay} 的值在 0 和 1 之间变动。

B 支座的反力 F_{By} 的影响线也可由静力平衡条件得到。同样根据 $\sum M_A = 0$，得

$$F_{By} \times l - 1 \times x = 0 \qquad (0 \leqslant x \leqslant l)$$

解得

$$F_{By} = \frac{x}{l}$$

上式表示 F_{By} 关于荷载位置坐标 x 的变化规律，也是一个直线函数关系，由此可作出 F_{By}

的影响线，如图 8-4c 所示。从图 8-4c 中可以看出：荷载作用在 A 点时，即当 $x = 0$ 时，$F_{By} = 0$；荷载作用在 B 点时，即当 $x = l$ 时，$F_{By} = 1$。显然，当 $x = l$ 时 F_{By} 达到最大值，所以 B 点是 F_{By} 的荷载最不利位置。在荷载移动过程中 F_{By} 的值在 0 和 1 之间变动。

2. 剪力的影响线

设梁 AB 上任意截面 C 的位置及坐标系如图 8-5a 所示。

现仍取 A 点为坐标原点。当 $F_P = 1$ 作用于截面 C 以左或以右时，剪力 F_{QC} 具有不同的表达式，应分段考虑，如图 8-5b、c、d 所示。

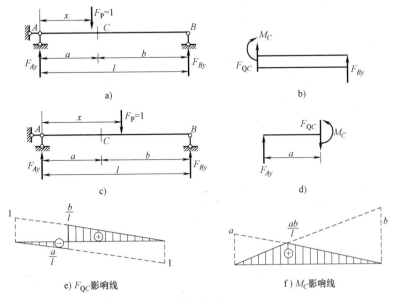

图 8-5

当荷载 $F_P = 1$ 在截面 C 以左（AC 段）移动时，取截面 C 右边为隔离体，由平衡方程 $\sum Y = 0$，得

$$F_{QC} = -F_{By} = -\frac{x}{l} \qquad (0 \leqslant x < a)$$

在列剪力的影响线方程时，剪力的正负号规定与以前一样。由上式可知，在 AC 段内，F_{QC} 的影响线为一直线且与 F_{By} 的影响线相同，但正负号相反。因此，AC 段内 F_{QC} 的影响线也可这样绘制：将 F_{By} 的影响线反过来画在基线下面，只保留其中的 AC 段。C 点的竖标可按比例关系求得为 $-\dfrac{a}{l}$，如图 8-5e 所示。

当荷载 $F_P = 1$ 在截面 C 以右（CB 段）移动时，取截面 C 的左边为隔离体，由平衡方程 $\sum Y = 0$，得

$$F_{QC} = F_{Ay} = \frac{l-x}{l} \qquad (a \leqslant x \leqslant l)$$

由上式可知，在 CB 段内，F_{QC} 的影响线与 F_{Ay} 的影响线相同。因此，可绘制出 F_{Ay} 的影响线，只保留其中的 CB 段。C 点的竖标可按比例关系求得为 $\dfrac{b}{l}$，如图 8-5e 所示。

由图 8-5e 可见，F_{QC} 的影响线分为 AC 和 CB 两段，且两段直线互相平行。F_{QC} 的影响线在 C 点出现突变，说明当 $F_P = 1$ 由左侧越过 C 点移到右侧时，截面 C 上的剪力 F_{QC} 将发生突变。

当 $F_P = 1$ 正好作用于点 C 时，F_{QC} 的影响线无意义。

3. 弯矩的影响线

绘制图 8-5a 所示简支梁截面 C 上弯矩 M_C 的影响线时也应分段考虑（$F_P = 1$ 在 C 点以左和以右）。与求 F_{QC} 时一样，可以利用图 8-5b、图 8-5d 的隔离体图来求 M_C；也可以不画隔离体图，而直接从图 8-5a 中来求 M_C。下面具体来求解 M_C。

当荷载 $F_P = 1$ 作用于 AC 段时，取截面 C 的右边为隔离体（图 8-5b），由平衡方程 $\sum M_C = 0$，得

$$M_C = F_{By} \times b = \frac{x}{l} b \qquad (0 \leq x \leq a)$$

在列弯矩的影响线方程时，弯矩的正负号规定与前面一样。由上式可知，M_C 的影响线在截面 C 左边为一条直线。可以先将 F_{By} 的影响线的竖标乘以 b，然后保留其中的 AC 段，就得到 M_C 在 AC 段的影响线，如图 8-5f 所示。这里 C 点的竖标应为 $\frac{ab}{l}$。

荷载 $F_P = 1$ 作用于 C 右边也是一条直线。可以先将 F_{Ay} 的影响线的竖标乘以 a，然后保留其中的 CB 段，就得到 M_C 在 CB 段的影响线，如图 8-5f 所示。这里 C 点的竖标仍为 $\frac{ab}{l}$。

由图 8-5f 可见，M_C 的影响线分为 AC 和 CB 两段，每一段都是直线，形成一个三角形。当 $F_P = 1$ 作用于 C 点时，弯矩 M_C 为最大值。

应当注意的是，我们规定荷载 $F_P = 1$ 的量纲为 1，故弯矩影响线的竖标的量纲为长度量纲。

从上述简支梁的反力、内力影响线讨论中得出如下几点结论：

1）影响线的纵距表示移动荷载 $F_P = 1$ 移动到该位置时，指定量值的大小。

2）简支梁结构反力、内力的影响线均为直线。

8.2.2 结点荷载作用下梁的影响线

图 8-6a 所示为桥梁结构中的纵横梁桥面系统及主梁的计算简图。计算主梁时通常假定纵梁简支在横梁上，横梁简支在主梁上。纵梁与横梁的连接处、横梁与主梁的连接处即为"结点"。荷载直接作用在纵梁上，再通过横梁传到主梁。无论荷载作用于纵梁的何处，主梁承受的是经横梁传递的集中力。对于主梁，这种荷载称为间接荷载或结点荷载。

下面以主梁 D 截面的弯矩为例，来介绍结点荷载作用下影响线的绘制方法。

首先，考虑单位荷载 $F_P = 1$ 移动到各结点处时的情形。显然此时与荷载直接作用在主梁上的情况完全相同。因此，可先作出直接荷载作用下主梁 M_D 的影响线（图 8-6c）。此影响线对于结点荷载而言，在各结点处的纵标都是正的。

其次，考虑单位荷载 $F_P = 1$ 在任意两相邻结点 C、E 之间的纵梁上移动的情形。此时，主梁将在 C、E 处分别受到结点荷载 $(d-x)/d$ 及 x/d 的作用（图 8-6b）。设直接荷载作用下 M_D 影响线在 C、E 处的纵坐标分别为 y_C 和 y_E，则根据影响线的定义和叠加原理，在上述两结点荷载作用下，M_D 值为

$$M_D = \frac{d-x}{d} y_C + \frac{x}{d} y_E$$

上式为 x 的一次式，说明主梁 CE 梁段内的 M_D 影响线为直线段。

由

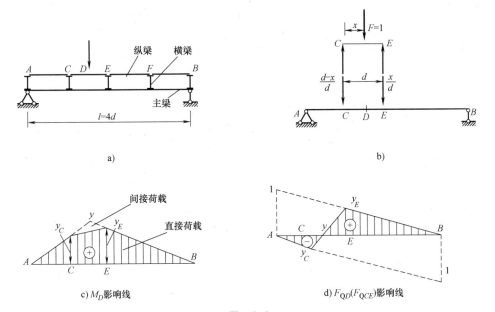

c) M_D影响线

d) $F_{QD}(F_{QCE})$影响线

图 8-6

$$x = 0 \quad y = y_C$$
$$x = d \quad y = y_E$$

可知，此直线段就是连接纵标线 y_C、y_E 端点的直线段（图 8-6c）。

上面的结论，也适用于间接荷载作用下任何量值的影响线。绘制结点荷载作用下影响线的步骤为：

1）作主梁在直接荷载作用下的影响线。

2）通过相邻结点处纵坐标线的端点，在纵梁范围内绘直线段。

按此步骤作 F_{QD} 的影响线如图 8-6d 所示。由图中虚线反映的作图过程可以看出，结点荷载作用下主梁 CE 段内任意截面的剪力影响线都相同，因而可称 F_{QCE} 的影响线。

8.2.3 内力的影响线与内力图的区别

内力的影响线与内力图二者均表示内力的变化规律，并且也都是三角形图形，它们在形状上相似，但在概念上二者却有本质的区别。现以图 8-7a、b 所示弯矩的影响线与弯矩图为例，说明两者的区别，详见表 8-1。

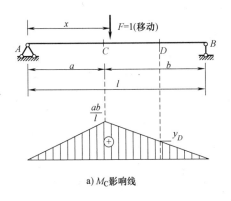

a) M_C影响线

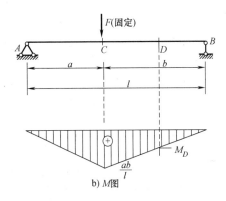

b) M图

图 8-7

表 8-1 M_C 影响线和 M 图比较

	M_C 影响线	M 图
荷载	$F_P = 1$ 无单位	F_P 为真实值,有单位
位置	荷载位置移动	荷载位置固定
图形	描绘固定截面弯矩变化规律	描绘所有截面弯矩的变化规律
纵距	$F_P = 1$ 作用在该点时指定截面的弯矩	真实的 F_P 作用在固定位置时该截面的弯矩值
顶点	发生在与固定截面对应的位置	发生在 F_P 作用点对应的位置

总之,内力图反映的是在固定荷载作用下某一内力量值在各个截面上的大小;内力的影响线反映的是某一截面上的某一内力量值与单位位移荷载作用位置之间的关系。

8.3 机动法作影响线

8.3.1 机动法绘制静定梁影响线的原理

用静力法可以绘制出工程中任何结构的影响线,但当结构形式比较复杂时,用静力法就显得比较烦琐。在一般结构设计中有时只需要知道影响线的大致轮廓即可进行后续计算校核,而机动法则可仅根据结构构件在单位荷载作用下的变形情况而快速绘制出影响线。因此在工程上得到了大量的应用。另外,机动法还可以对由静力法绘制出的影响线进行校核。

用机动法绘制静定梁的影响线是把绘制支座反力或内力影响线的静力问题转化为绘制位移图的几何问题。其理论依据是刚体虚位移原理。虚位移原理指出,刚体体系受力系作用处于平衡的必要充分条件是:在任何微小的虚位移中,力系所做的虚功总和为零。虚位移必须是符合约束条件的微小位移。

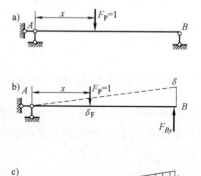

图 8-8

静定结构是没有多余约束的几何不变体系,要让刚体产生虚位移,必须解除一个约束,使刚体成为具有一个自由度的几何可变体系,体系上所有各点的位移可以由某一点的虚位移来确定。下面以图 8-8a 所示简支梁为例,讨论用机动法作 B 支座的竖向反力影响线。

求图 8-8a 所示简支梁的反力 F_{By} 的影响线,需将与 F_{By} 相对应的活动铰支座约束去掉,代之以力 F_{By},如图 8-8b 所示。这样,原结构便成为具有一个自由度的结构,使该结构发生任意微小的虚位移,并以 δ 和 δ_F 分别表示力 F_{By} 和 F_P 的作用点沿力的作用方向的虚位移,则根据虚功原理,列出虚功方程为

$$F_{By}\delta + F_P\delta_F = 0$$

因绘制影响线时,取 $F_P = 1$,故得

$$F_{By} = -\frac{\delta_F}{\delta}$$

上式中的 δ 为给定的虚位移,是定值;而 δ_F 是随荷载 $F_P = 1$ 的位置不同而变化的。因此,F_{By} 的变化规律就与 δ_F 的变化规律一致。如令 $\delta = 1$,则上式变为

$$F_{By} = -\delta_F$$

由此可知，使 $\delta = 1$ 时 δ_F 的虚位移图就代表了 F_{By} 的影响线，只是符号相反。由于规定 δ_F 是以与力 F 的方向一致者为正，即 δ_F 图以向下为正，而 F_{By} 与 δ_F 反号，故得 F_{By} 影响线向上为正。F_{By} 的影响线如图 8-8c 所示。

由以上分析可知，用机动法绘制结构某量值的影响线，只要去掉与欲求量值相对应的约束，并使该量值的作用点（面）沿该量值的正方向发生单位虚位移，由此得到的刚体虚位移图即为该量值的影响线。

8.3.2　机动法绘制静定梁影响线的步骤

用机动法绘制静定梁影响线的步骤如下：

1）解除与所求量值相对应的约束，并以正向量值代替，使梁成为可变体系。

2）使该量值的作用点（面）沿该量值的正方向发生单位虚位移，绘出静定梁的虚位移图，即为该量值的影响线。

3）标明正负号。横坐标轴以上的图形纵坐标取正号，反之取负号。

【例 8-1】　试用机动法绘制图 8-9a 所示简支梁截面 C 上的弯矩 M_C 和剪力 F_{QC} 的影响线。

【解】　（1）绘制弯矩 M_C 的影响线　将与 M_C 相对应的转动约束去掉，即在截面 C 处改刚接为铰接，并以一对大小为 M_C 的力偶代替转动约束的作用（图 8-9b）。然后使 M_C 的作用面沿 M_C 的正方向发生单位虚位移 $\delta = 1$。$\delta = \alpha + \beta$ 是 C 点左右两截面的相对转角，如图 8-9b 所示。所得的虚位移图即表示 M_C 的影响线，如图 8-9c 中实线所示。根据几何关系，求得 C 点处的竖标为 ab/l。

（2）绘制剪力 F_{QC} 的影响线　去掉与剪力 F_{QC} 相对应的约束，即将截面切开，在切口处用两个与梁轴线平行且等长的链杆相连，如图 8-9d 所示。此时，在截面 C 处只能发生相对的竖向位移，而不能发生相对的转动和水平位移。以剪力 F_{QC} 代替去掉约束的作用，并使 F_{QC} 作用面沿 F_{QC} 的正方向发生单位虚位移 $\delta = 1$（图 8-9d）。所得的虚位移图即表示 F_{QC} 的影响线，由几何关系可确定影响线的各控制点的竖标，如图 8-9e 所示。

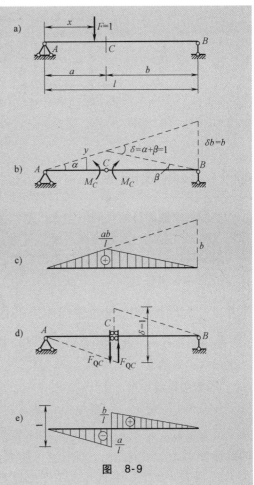

图　8-9

8.3.3　机动法作连续梁的影响线

对于连续梁来说，机动法作影响线的步骤仍然和静定梁一样，但是由于结构在去掉量值所对应的约束后结构整体或者部分仍可保持为几何不变，要使结构发生虚位移，梁的位移就不再是刚体运动，位移图也不再是直线，而是约束所允许的光滑连续的弹性变形曲线，这是连续梁影响线的特征，在绘制影响线图时要注意这个特点。正因为连续梁的影响线为弹性变形曲线，所以其影响线的特征值难以直接利用机动法来加以确定。对于连续梁来说，常见荷载为均布荷载，很多情况下只需要根据影响线的轮廓来帮助确定最不利荷载位置，所以连续梁的影响线一般都是用机动法来分析，绘出图像轮廓线即可。

图 8-10 所示为连续梁及其 i 截面弯矩、a 截面弯矩和剪力的影响线，从中可以看出，影响线均为连续光滑的弹性曲线。

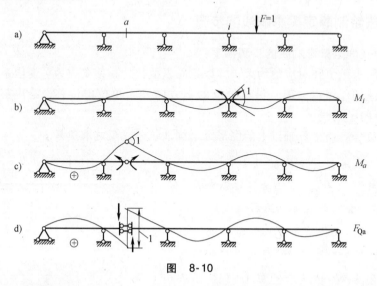

图　8-10

8.4　影响线的应用

绘制影响线的目的是利用它求出结构在移动荷载作用下的最大反力和最大内力，为结构设计提供依据。为此，需解决两方面的问题：一是当实际的移动荷载在结构上的位置已知时，如何利用某量值的影响线计算该量值的数值；二是如何利用某量值的影响线确定实际移动荷载对该量值的最不利荷载位置。下面分别讨论。

8.4.1　利用影响线求荷载作用下的量值

绘制影响线时，考虑的是单位移动荷载。根据叠加原理，可利用影响线求实际荷载作用下产生的总影响量值。

1. 集中荷载作用

如图 8-11a 所示，一组集中荷载 F_1、F_2、F_3 作用于简支梁上，剪力 F_{QC} 的影响线在各荷载作用点处的竖标分别为 y_1、y_2、y_3，如图 8-11b 所示。显然，由于 F_1 所产生的 F_{QC} 等于 y_1，F_2 产生的 F_{QC} 等于 y_2，F_3 产生的 F_{QC} 等于 y_3。根据叠加原理，在这组荷载作用下的 F_{QC} 的数值为

$$F_{QC} = F_1 y_1 + F_2 y_2 + F_3 y_3$$

一般来说，假设结构上承受作用位置不变的一组

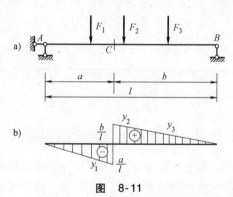

图　8-11

集中荷载 F_1，F_2，$\cdots$，F_n，而结构的某量值 S 的影响线在各荷载作用点处对应的竖标分别为 y_1，y_2，$\cdots$，y_n，则有

$$S = F_1 y_1 + F_2 y_2 + \cdots + F_n y_n = \sum F_i y_i \qquad (8\text{-}1)$$

2. 均布荷载作用

如图 8-12a 所示结构在 AB 段承受均布荷载 q 的作用，则可将 $\mathrm{d}x$ 上的荷载 $q\mathrm{d}x$ 看作集中荷载，则其量值 S 值为 $yq\mathrm{d}x$（图 8-12b）。根据叠加原理，AB 段在均布荷载作用下的量值为

$$S = \int_A^B yq\mathrm{d}x = q\int_A^B y\mathrm{d}x = qA_0 \qquad (8\text{-}2)$$

式中　A_0——影响线的图形在受载段 AB 上的面积。

上式表示均布荷载引起的 S 值等于荷载集度 q 乘以受荷载段的影响线面积 A_0。应用此式时，规定 q 向下为正，A_0 的正负号与影响线的相同。

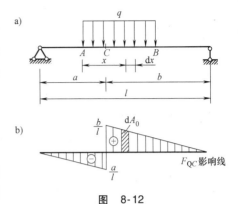

图　8-12

【例 8-2】　利用影响线求图 8-13a 所示简支梁在图示荷载作用下截面 C 上的剪力 F_{QC} 的数值。

【解】　绘制出剪力 F_{QC} 的影响线，如图 8-13b 所示。设影响线正号部分的面积为 A_1，负号部分的面积为 A_2，则有

$$A_1 = \frac{1}{2} \times \frac{2}{3} \times 4\mathrm{m} = \frac{4}{3}\mathrm{m}$$

$$A_2 = \frac{1}{2} \times \left(-\frac{1}{3}\right) \times 2\mathrm{m} = -\frac{1}{3}\mathrm{m}$$

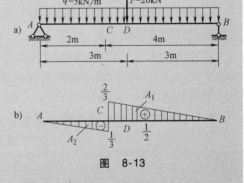

图　8-13

剪力 F_{QC} 的影响线在力 F 作用点处的竖标 $y = \dfrac{1}{2}$。由式（8-1）和式（8-2），截面 C 上剪力 F_{QC} 的数值为

$$F_{QC} = Fy + q(A_1 + A_2)$$

$$= 20\mathrm{kN} \times \frac{1}{2} + 5\mathrm{kN/m} \times \left(\frac{4}{3}\mathrm{m} - \frac{1}{3}\mathrm{m}\right) = 15\mathrm{kN}$$

8.4.2　荷载最不利位置的确定

使量值取得最大值时的荷载位置就是荷载的最不利位置。荷载最不利位置确定后，将荷载作用于最不利位置，然后将其视为固定荷载，即可利用影响线计算其极值。下面分均布荷载和集中荷载两种情况来说明。

1. 均布荷载

若移动荷载是长度不定、任意分布的均布荷载，则由式（8-2）可得，最不利荷载位置是在影响线（图 8-14b）的正值部分满布荷载（如图 8-14c），或负值部分满布荷载（如图 8-14d）。

若移动荷载是长度固定的均布荷载，如图 8-15a 所示，在三角形影响线的情况下，则根据式（8-2），最不利荷载位置是使均布荷载对应的面积 A_0 为最大的位置。证明发现，只有当

$y_A = y_B$ 时，A_0 才能达到最大，如图 8-15b 所示。因此，使均布荷载两端点对应的影响线竖标相等的位置是最不利荷载位置。

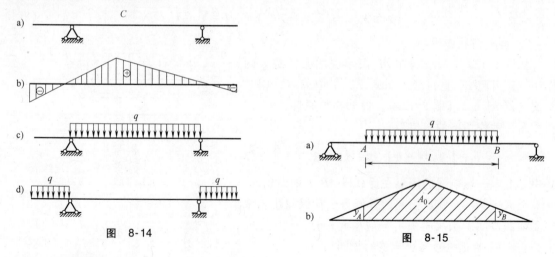

图 8-14

图 8-15

2. 集中荷载

若移动荷载是单个集中荷载，则根据式（8-1）可得，最不利荷载位置是这个集中荷载作用在影响线的竖标最大处。

若移动荷载是一系列间距不变的集中荷载，则根据式（8-1）得，最不利荷载位置一般是数值较大且排列紧密的荷载位于影响线最大竖标处的附近。要具体确定最不利荷载位置，通常分以下两步进行：

1）求出使该量值达到极值的荷载位置。这个荷载位置称为荷载的临界位置。

2）从荷载的临界位置中选出荷载的最不利位置，即分别从极值中选出最大值和最小值。

下面从影响线为三角形的情况进行讨论，说明荷载临界位置的特点及判定方法。

图 8-16a 表示一组间距不变动的移动荷载，图 8-16b 表示某一量值 Z 的影响线。现在来研究荷载处于什么位置时，量值 Z 将达到最大值 Z_{max}，即确定荷载最不利位置。

首先，分析荷载处于什么位置时，量值 Z 有极值。

设荷载所处位置如图 8-16a 所示，量值 Z 达到最大值 Z_{max}，各集中荷载对应的影响线竖标为 y_1，y_2，$\cdots$，y_i，$\cdots$，y_n。根据式（8-1）可得此时量值 Z 的相应值为

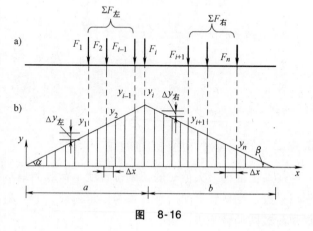

图 8-16

$$Z_1 = F_1 y_1 + F_2 y_2 + \cdots + F_i y_i + \cdots + F_n y_n \tag{a}$$

若荷载组稍向右移动某一距离 Δx，则量值变为

$$Z_2 = F_1(y_1 + \Delta y_1) + F_2(y_2 + \Delta y_2) + \cdots + F_i(y_i + \Delta y_i) + \cdots + F_n(y_n + \Delta y_n) \tag{b}$$

式中　Δy_i——F 所对应的影响线竖标增量。

由式（a）、式（b）之差可得出量值 Z 的增量为

$$\Delta Z = Z_2 - Z_1 = F_1 \Delta y_1 + F_2 \Delta y_2 + \cdots + F_i \Delta y_i + \cdots + F_n \Delta y_n$$

以 α 和 β 分别表示影响线左直线和右直线的倾角（图 8-16b），其中 $\alpha > 0$，$\beta < 0$。则各竖标的增量为

$$\Delta y_1 = \Delta y_2 = \cdots = \Delta y_i = \Delta x \tan\alpha = \Delta x \frac{h}{a}$$

$$\Delta y_{i+1} = \cdots = \Delta y_n = \Delta x \tan\beta = -\Delta x \frac{h}{b}$$

于是量值的增量可写为

$$\Delta Z = (F_1 + F_2 + \cdots + F_i) \frac{h}{a} \Delta x - (F_{i+1} + \cdots + F_n) \frac{h}{b} \Delta x$$

$$= \Delta x \left[(F_1 + F_2 + \cdots + F_i) \frac{h}{a} - (F_{i+1} + \cdots + F_n) \frac{h}{b} \right] \tag{8-3}$$

因而有

$$\frac{\Delta Z}{\Delta x} = (F_1 + F_2 + \cdots + F_i) \frac{h}{a} - (F_{i+1} + \cdots + F_n) \frac{h}{b} \tag{8-4}$$

因荷载为集中力，而影响线又是荷载位置 x 的一次函数，故根据 $Z = \sum F_i y_i$ 可得，量值 Z 为 x 的一次函数。因此，Z 的极值应发生在 $\dfrac{\Delta Z}{\Delta x}$ 改变符号的尖点处。由式（8-4）可知，只有当某一个集中荷载位于影响线的顶点，在荷载稍向左移或右移时，$\dfrac{\Delta Z}{\Delta x}$ 才有可能变号。故此，可将位于影响线顶点处使 $\dfrac{\Delta Z}{\Delta x}$ 改变符号的荷载称为临界荷载，用 F_{cr} 表示，与此对应的荷载位置就是临界位置。

应当说明的是，对于由直线组成的多边形影响线，受移动荷载作用时的 Z 是由 x 的一次函数式所组成。使 Z 达极大值时荷载的临界位置为：荷载自临界位置向左稍微移动或向右稍微移动时，Z 量值均应减少或等于零，如图 8-17a、b 所示，即

Z 的增量应满足

$$\Delta Z \leqslant 0$$

根据 $Z = \sum F_i y_i$，得

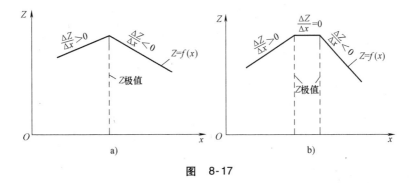

图　8-17

$$\Delta Z = \sum F_i \Delta \bar{y}_i$$

设备荷载都移动 Δx（向右移动时，Δx 为正），F_i 作用线也移动 Δx，则根据几何关系，纵坐标 $\Delta \bar{y}_i$ 的增量为

$$\Delta \bar{y_i} = \Delta x \tan \alpha_i$$

因此，Z 的增量为

$$\Delta Z = \Delta x \sum F_i \tan \alpha_i$$

使 Z 达 Z_{max} 值时荷载的临界位置应满足条件 $\Delta Z \leqslant 0$，即

$$\Delta x \sum F_i \tan \alpha_i \leqslant 0$$

则其可以分为两种情况

当荷载稍向右移时　　　　　　　　　$\Delta x > 0, \sum F_i \tan \alpha_i \leqslant 0$

当荷载稍向左移时　　　　　　　　　$\Delta x < 0, \sum F_i \tan \alpha_i \geqslant 0$

同理，使 Z 达 Z_{min} 值时荷载的临界位置必须满足如下条件：

当荷载稍向右移时　　　　　　　　　$\Delta x < 0, \sum F_i \tan \alpha_i \geqslant 0$

当荷载稍向左移时　　　　　　　　　$\Delta x < 0, \sum F_i \tan \alpha_i \leqslant 0$

由上式可以得出：如果 Z 为极值，荷载稍向左、右移动时，$\sum F_i \tan \alpha_i$ 必须变号。

下面分析如何判别临界荷载，即在荷载的最不利位置选出极大值和极小值。

以选取极大值为例，荷载无论左移或右移应有 $\Delta Z \leqslant 0$。由式（8-3），当 $\Delta x < 0$ 时（荷载稍向左移），则有

$$(\sum F_{左} + F_{cr}) \frac{h}{a} - (\sum F_{右}) \frac{h}{b} \geqslant 0$$

当 $\Delta x > 0$ 时（荷载稍向右移），则有

$$(\sum F_{左}) \frac{h}{a} - (F_{cr} + \sum F_{右}) \frac{h}{b} \leqslant 0$$

上两式可改写为

$$\frac{\sum F_{左} + F_{cr}}{a} \geqslant \frac{\sum F_{右}}{b} \tag{8-5a}$$

$$\frac{\sum F_{左}}{a} \leqslant \frac{F_{cr} + \sum F_{右}}{b} \tag{8-5b}$$

式中　$\sum F_{左}$、$\sum F_{右}$——F_{cr} 以左、以右的荷载之和。

式（8-5）为三角形影响线时确定临界荷载的判别式。临界荷载 F_{cr} 的特点是：将 F_{cr} 计入哪一边，哪一边的荷载平均集度就大。有时临界荷载可能不止一个，须将相应的极值分别算出，进行比较。产生最大极值的那个荷载位置就是最不利荷载位置，该极值即为所求量值 Z 的最大值。

综合以上，现将确定最不利荷载位置的步骤归纳如下：

1）最不利荷载位置一般是数值较大且排列紧密的荷载位于影响线最大竖标处的附近，由此判断可能的临界荷载。

2）将可能的临界荷载放置于影响线的顶点。判定此荷载是否满足式（8-5），若满足，则此荷载为临界荷载 F_{cr}，荷载位置为临界位置，若不满足，则此荷载位置就不是临界位置。

3）对每个临界位置求出一个极值，然后从各个极值中选出最大值。最大值发生时的临界位置即为最不利荷载位置。

应当注意，在荷载向右或向左移动时，可能会有某一荷载离开梁，在利用临界荷载判别式（8-5）时，$\sum F_{左}$ 和 $\sum F_{右}$ 中应不包含已离开了梁的荷载。

【例 8-3】 静定梁受吊车荷载的作用，如图 8-18a、b 所示。已知 $F_1 = F_2 = 478.5\text{kN}$，$F_3 = F_4 = 324.5\text{kN}$，求支座 B 处的最大反力。

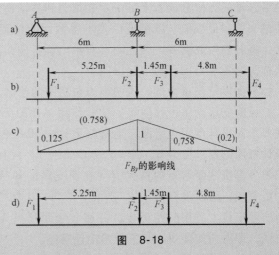

图 8-18

【解】 (1) 绘制出支座反力 F_{By} 的影响线，判断可能的临界荷载 支座反力 F_{By} 的影响线如图 8-18c 所示。根据梁上荷载的排列，判断可能的临界荷载是 F_2 或 F_3。现分别按判别式进行验算。

(2) 验证 F_2 是否为临界荷载 由图 8-18b，利用式 (8-5)，有

$$\frac{(478.5+478.5)\text{kN}}{6\text{m}} > \frac{324.5\text{kN}}{6\text{m}}$$

$$\frac{478.5\text{kN}}{6\text{m}} \ < \ \frac{(478.5+324.5)\text{kN}}{6\text{m}}$$

因此，F_2 为一临界荷载。

(3) 验证 F_3 是否为临界荷载 由图 8-18d，利用式 (8-5)，有

$$\frac{(478.5+324.5)\text{kN}}{6\text{m}} > \frac{324.5\text{kN}}{6\text{m}}$$

$$\frac{478.5\text{kN}}{6\text{m}} \ < \ \frac{(324.5+324.5)\text{kN}}{6\text{m}}$$

故 F_3 也是一个临界荷载。

(4) 判别荷载最不利位置 分别计算出各临界荷载位置时相应的影响线竖标，如图 8-18c 所示，按式 (8-1) 计算影响量值，进行比较，取定荷载最不利位置。(图 8-18c 中，括号内的数字为 F_3 为临界荷载时，F_2、F_4 所对应的影响线竖标)

当 F_2 为临界荷载时，有

$$F_{By} = 478.5\text{kN} \times (0.125+1) + 324.5\text{kN} \times 0.758 = 784.3\text{kN}$$

当 F_3 为临界荷载时，有

$$F_{By} = 478.5\text{kN} \times 0.758 + 324.5\text{kN} \times (1+0.2) = 752.1\text{kN}$$

比较两者可知，当 F_2 作用于 B 点时为最不利荷载位置，此时有 $F_{Bymax} = 784.3\text{kN}$。

8.5 简支梁的内力包络图和绝对最大弯矩

8.5.1 简支梁的内力包络图

我们前面只讨论了在移动荷载作用下，如何计算梁的某一指定截面内力的最大值或最小值（最大负值）。但是，在钢筋混凝土梁的设计中，设计承受移动荷载的结构时，需要知道在恒载和移动荷载共同作用下，梁上各个截面内力的最大值和最小值，以此作为设计梁各个截面的承载能力的依据，以便确定梁的纵向和横向受力钢筋的布置。为了满足上述要求，我们可以将

梁沿其轴线方向分成若干等份。在恒载和移动荷载作用下分别求出各截面内力（弯矩、剪力）的最大值和最小值，以横坐标表示各截面的位置，竖标表示各截面相应内力的最大值或最小值，将各点连成图线，则此图形表示出梁各截面内力的变化范围，通常称为内力包络图，其分别称为弯矩包络图和剪力包络图。

下面以简支梁为例，说明内力包络图的绘制方法。

设简支梁受单个移动集中荷载作用，如图 8-19a 所示，现要绘制出其弯矩包络图。通常将梁分成 10 等份（可根据设计精度的要求分为 6、8、10 或 12 等份），再利用影响线求出各等份截面弯矩的最大值（在简支梁的各截面上不产生负弯矩，所以没有最小值）。最后按同一比例把各等份截面的弯矩最大值用竖距标出，并将各竖距顶点连成一光滑曲线，即得到如图 8-19b 所示弯矩包络图。

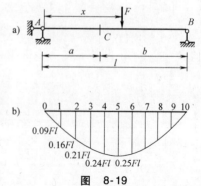

图 8-19

当简支梁承受一组移动集中荷载作用时，如图 8-20a 所示，吊车梁承受两台吊车荷载的作用，现要绘制其弯矩包络图，同样可将梁分成十等份，依次绘制出这些分点截面上的弯矩影响线并求出相应的最不利荷载位置，利用影响线求出它们的最大弯矩，在梁上用竖标标出并连成曲线，就得到该梁的弯矩包络图，如图 8-20b 所示。

同理，作出各等分点的剪力影响线，并求出各等分点剪力的最大值和最小值，即可绘制出该梁的剪力包络图，如图 8-20c 所示。在实际工程中常常是只求支座附近截面的剪力值，故常以两根直线代替原来的两根曲线，即只要求出两端支座处截面上剪力的最大值和最小值，就可以近似地作出剪力包络图，如图 8-20d 所示。

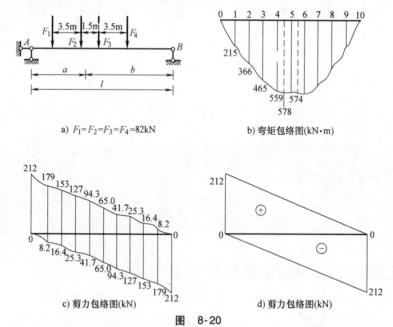

a) $F_1 = F_2 = F_3 = F_4 = 82kN$ b) 弯矩包络图(kN·m)

c) 剪力包络图(kN)   d) 剪力包络图(kN)

图 8-20

综上所述可得，绘制内力包络图的步骤为：

1）将梁沿跨度分成若干等份，求出各等份点的内力最大值和最小值。

2）用光滑曲线将最大值连成曲线，将最小值也连成曲线。

3）所得的曲线图形即为内力包络图。

8.5.2　简支梁的绝对最大弯矩

弯矩包络图表示了在给定移动荷载作用下梁各截面上弯矩变化的极限情况。弯矩包络图中的最大竖标是给定移动荷载作用下，梁各截面上最大弯矩中的最大者，称为绝对最大弯矩。绝对最大弯矩及其所在位置是设计的重要依据。

用上述绘制弯矩包络图的方法，通常并不能求出弯矩包络图的最大竖标，这是因为最大竖标对应的荷载位置是未知的。下面讨论如何确定简支梁的绝对最大弯矩。

当某一移动集中荷载移到任一位置时，在它的下方梁的弯矩图一定会出现尖角，由此可以断定，绝对最大弯矩必定发生在某个集中荷载作用的截面上。因此可任选一个集中荷载作为考察对象，研究它在什么位置时会使本身作用的截面上产生最大弯矩。

如图 8-21 所示，任选一集中荷载 F_i，设它离支座 A 的距离为 x，梁上荷载组的合力 F_R 至 F_i 的距离为 a。由平衡方程 $\sum M_B = 0$，得支座 A 处的约束反力为

$$F_{Ay} = \frac{F_R(l-x-a)}{l}$$

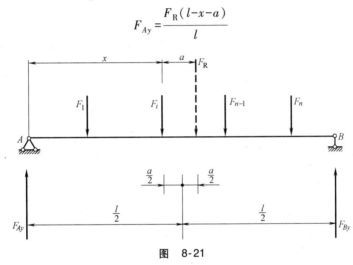

图　8-21

F_i 作用点处的弯矩为

$$M = F_{Ay}x - M_i = \frac{F_R}{l}(l-x-a)x - M_i$$

式中，M_i 为 F_i 以左的梁上荷载对 F_i 作用点的力矩代数和。由于荷载间距保持不变，故 M_i 是与 x 无关的常数。对求 M 的极值，令

$$\frac{\mathrm{d}M}{\mathrm{d}x} = \frac{F_R}{l}(l-2x-a) = 0$$

得

$$x = \frac{l}{2} - \frac{a}{2} \qquad (8\text{-}6)$$

式（8-6）表明，当所选的 F_i 与梁上荷载的合力 F_R 对称于梁跨中点的位置时，F_i 作用截面上的弯矩达到最大值。最大值为

$$M_{\max} = \frac{F_R}{l}\left(\frac{l}{2} - \frac{a}{2}\right)^2 - M_i \qquad (8\text{-}7)$$

对于每个移动集中荷载都按以上的方法进行考察，即求出梁上各力的合力 F_R，再计算出合力 F_R 与所考察的力之间的距离 a，由式（8-7）计算相应的 $M_{\max}$，从中选出最大的即为绝

对最大弯矩。但计算经验表明，简支梁的绝对最大弯矩总是发生在梁跨中点附近的截面上。使梁跨中截面产生最大弯矩的临界荷载，通常就是产生绝对最大弯矩的临界荷载。因此，计算简支梁的绝对最大弯矩可按如下的步骤进行：

1）用前面所述临界荷载的判定方法，求出使梁跨中截面产生最大弯矩的临界荷载 F_{cr}。

2）将 F_{cr} 与梁上全部荷载的合力 F_R 对称于梁的中点布置。

3）计算该荷载位置时 F_{cr} 作用截面上的弯矩，即为绝对最大弯矩。

应当注意，F_R 为梁上实有荷载的合力。在安排 F_R 与 F_{cr} 的位置时，可能会有来到或离开梁上的荷载，需要重新计算合力 F_R 的数值和位置。至于合力 F_R 作用线的位置，可用合力矩定理来确定。

【例 8-4】　求图 8-22a 所示简支梁在吊车荷载作用下的绝对最大弯矩。

【解】　（1）求梁跨中截面 C 上产生最大弯矩的临界荷载　绘制出梁跨中截面 C 上的弯矩 M_C 的影响线，如图 8-22b 所示。将轮 2 作用力置于影响线的顶点，如图 8-22c 所示，按临界荷载判别式，有

$$\frac{(30+30)\,kN}{10m} > \frac{(20+10+10)\,kN}{10m}$$

$$\frac{30kN}{10m} < \frac{(30+20+10+10)\,kN}{10m}$$

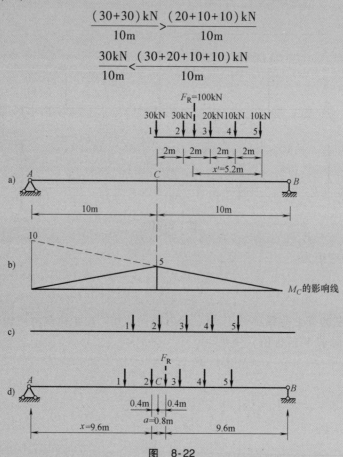

图 8-22

验算其他荷载均不满足判别式，故轮 2 作用力是使梁跨中截面 C 产生最大弯矩的临界荷载 F_{cr}。

（2）求梁的绝对最大弯矩　梁上作用力的合力为

$$F_R = (30+30+20+10+10)\,kN = 100kN$$

将轮 2 作用力与合力 F_R 对称于梁的中点布置，如图 8-22d 所示。设合力 F_R 距轮 5 作用力的距离为 x'，则由

$$F_R x' = (10 \times 2 + 20 \times 4 + 30 \times 6 + 30 \times 8) \, kN \cdot m = 520 kN \cdot m$$

得

$$x' = \frac{520}{F_R} = \frac{520}{100} = 5.2 m$$

故合力 F_R 与临界荷载轮 2 作用力之间的距离为

$$a = 0.8 m$$

由式 (8-6)，轮 2 作用力离支座 A 的距离为

$$x = \frac{l}{2} - \frac{a}{2} = \frac{20m}{2} - \frac{0.8m}{2} = 9.6m$$

绝对最大弯矩发生在轮 2 作用的截面上。由式 (8-7)，绝对最大弯矩为

$$M_{max} = \frac{F_R}{l} \left(\frac{l}{2} - \frac{a}{2} \right)^2 - M_i$$

$$= \left[\frac{100}{20} \times (9.6)^2 - 30 \times 2 \right] kN \cdot m = 400.8 kN \cdot m$$

本 章 小 结

　　本章研究移动荷载作用下的静定结构受力分析问题。影响线是研究的基本工具，它主要研究荷载位置改变时对结构某量值的影响，利用图形表现出结构某量值在单位移动荷载 $F_P = 1$ 作用下的变化规律。

　　在一个单位移动荷载作用下，表示结构某一量值变化规律的函数图形，称为该量值的影响线。作影响线有两种基本方法：静力法和机动法。其中静力法是基本方法。

　　用静力法作静定梁影响线的依据是静力平衡条件，以单位荷载 $F_P = 1$ 的作用位置 x 为变量，根据平衡条件将所求的量值表示为荷载位置坐标 x 的函数（称为影响线方程），然后绘制出影响线。

　　用机动法绘制结构某量值的影响线时，只要去掉与欲求量值相对应的约束，并使该量值的作用点（面）沿该量值的正方向发生单位虚位移，由此得到的刚体虚位移图即为该量值的影响线。

　　内力的影响线与内力图两者均表示内力的变化规律，但在概念上两者却有本质的区别。内力图反映的是在固定荷载作用下某一内力量值在各个截面上的大小；内力的影响线反映的是某一截面上的某一内力量值与单位移动荷载作用位置之间的关系。

　　利用影响线可以解决两方面的问题：一是当实际的移动荷载在结构上的位置已知时，利用某量值的影响线计算该量值的数值；二是利用某量值的影响线确定实际移动荷载对该量值的最不利荷载位置。使量值取得最大值时的荷载位置就是荷载的最不利位置。荷载最不利位置确定后将荷载作用在最不利位置上，然后将其视为固定荷载，即可利用影响线计算其极值，并确定结构在移动荷载作用下的最大反力和最大内力，为结构设计提供依据。

　　在给定移动荷载作用下，梁各截面上最大弯矩中的最大者，称为绝对最大弯矩。绝对最大弯矩及其所在位置是设计的重要依据。

思　考　题

1. 什么是影响线？影响线有什么用途？

2. 内力影响线与内力图有什么区别？

3. 在什么情况下，影响线的方程必须分段列出？

4. 为什么简支梁任一截面 C 上的剪力影响线的左、右两直线是平行的？在 C 点处有突变，它代表的含义是什么？

5. 怎样绘制间接荷载作用下的影响线？

6. 用机动法绘制静定梁的影响线时，应当注意哪些特点？如何确定影响线竖标及其符号？

7. 试比较静力法和机动法绘制影响线的特点。

8. 什么是临界荷载和临界位置？

9. 移动荷载组的临界位置和最不利荷载位置如何确定？两者有何区别与联系？

10. 简支梁的绝对最大弯矩如何确定？它与简支梁跨中截面上的最大弯矩是否相等？

11. 如何确定产生绝对最大弯矩的截面位置和绝对最大弯矩的数值？

12. 什么是内力包络图？内力包络图与内力图有何区别？

习　　题

1. 试用静力法绘制图 8-23 所示结构中指定量值的影响线。

2. 试用机动法绘制图 8-24 所示结构中指定量值的影响线。

3. 图 8-25 所示的简支梁在 $q = 30\text{kN/m}$ 作用下，试利用影响线求 M_C、F_{QC} 的值。

4. 在图 8-26 所示荷载作用下，利用影响线求 M_C、F_{QC} 的值。

5. 两台吊车如图 8-27 所示，求吊车梁的 M_C、F_{QC} 的荷载最不利位置，并计算其最大值和最小值。

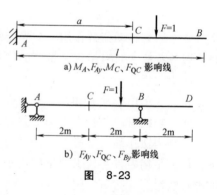

a) M_A、F_{Ay}、M_C、F_{QC} 影响线

b) F_{Ay}、F_{QC}、F_{By} 影响线

图　8-23

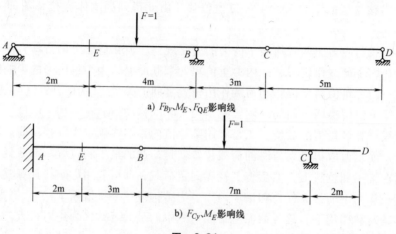

a) F_{By}、M_E、F_{QE} 影响线

b) F_{Cy}、M_E 影响线

图　8-24

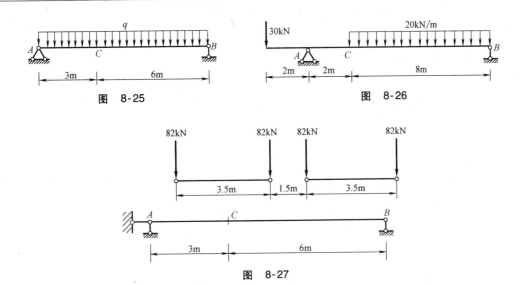

图 8-25　　　　　　　　　　　　　　　图 8-26

图 8-27

6. 两台吊车条件同上题，求支座 B 的最大反力。

7. 图 8-28 所示简支梁承受两台吊车荷载，求绝对最大弯矩。

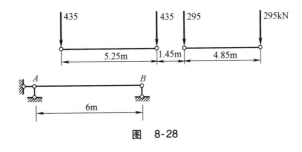

图 8-28

8. 求图 8-29 所示简支梁的绝对最大弯矩，并与跨中截面的最大弯矩相比较。

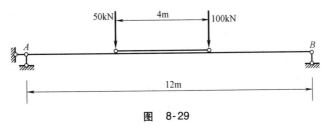

图 8-29

第9章 结构动力计算基础

9.1 结构动力计算的基本概念

9.1.1 动力荷载的特点

前面各章讨论的是结构在静力荷载作用下的静力计算问题。静力荷载大小、方向和作用位置不随时间变化或变化极为缓慢，不会使结构产生显著的加速度。但在实际工程中，很多荷载的大小、方向和作用位置是随时间变化的，会使结构产生显著加速度，惯性力影响不能忽略，称为动力荷载。和静力荷载相比，动力荷载是时间的函数。

严格来说，大多数实际荷载都应属于动力荷载；但从荷载对结构所产生的影响看，一些荷载（如人群荷载、雪荷载等）虽然随时间有变化，但变化缓慢，荷载对结构产生的影响与静力荷载（结构自重等）基本相同，因此，可以将这些荷载看成是静力荷载。而随时间变化较快，对结构产生的影响与静力荷载相比相差很大的荷载，则可视为动力荷载。如地震作用、机械振动、爆炸荷载等。

9.1.2 动力荷载的分类

工程常见的动力荷载有以下几类：

（1）周期荷载 这类荷载随时间周期性变化。最简单最重要的一种动力荷载是随时间按正弦或余弦规律周期性变化的荷载，称之为简谐荷载。例如机器在匀速转动时其偏心质量产生的离心力就会产生这种荷载。

（2）冲击荷载 荷载在短时间内作用在结构上，或很快在结构上消失。例如打桩机的桩锤对桩的冲击、各种爆炸、车轮对轨道接头处的撞击等。

（3）突加荷载 突然施加在结构上并保持不变的荷载。比如施工中吊起重物的卷扬机突然开动时施加于钢丝绳上的荷载、重物从高处落在地板上的荷载等。

（4）快速移动的荷载 例如高速通过桥梁的火车、汽车对桥梁产生的荷载。

（5）随机荷载 随时间变化、变化不规则且无法预测、带有随机性的荷载。比如地震荷载和风荷载。

9.1.3 动力计算的特点

根据达朗贝尔原理，动力计算问题可以转化为静力平衡问题来处理，但在列平衡方程式时，第一要考虑荷载、约束反力、内力和位移等是时间的函数，第二要考虑惯性力。所以这时的平衡是瞬时平衡，是一种动平衡。这种平衡只是一种形式上的平衡，并没有改变动力学问题的实质，仅仅是利用平衡这一手段列出运动方程。

9.1.4　动力计算体系的自由度

在动力荷载作用下，结构体系的质量获得加速度就产生了运动。如果能够确定各质量在任意瞬时的位置，则该体系的变形即被确定。我们把确定结构体系全部质点位置所需要的独立参数的个数称为该结构体系的动力自由度。

由于实际结构的质量都是连续分布的，所以任何一个实际结构可以说均具有无限个自由度。但如果结构均按无限自由度去计算，不仅十分困难，也没有必要，因此需要简化为有限自由度问题。

图 9-1a 所示为一简支梁，梁上固定有一个质量比梁本身大很多的设备，梁本身的自重可忽略不计。取体系的计算简图如图 9-1b 所示。这时体系上质量 m 的位置只需要一个参数 y 即可确定，因此，体系有一个自由度。

图 9-2a 所示两层刚架，计算侧向振动时，可简化为质量作用于楼层的二个自由度体系，如图 9-2b 所示。

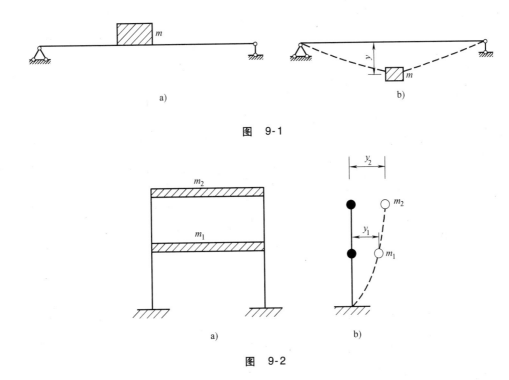

图　9-1

图　9-2

图 9-3 所示的结构中，虽然只有一个质点，但需两个独立参数才能确定其运动位置，故该体系具有两个自由度。图 9-4 所示的结构中，有两个质点 m_1、m_2，但只有一个自由度。

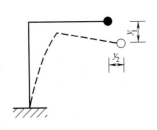

图　9-3

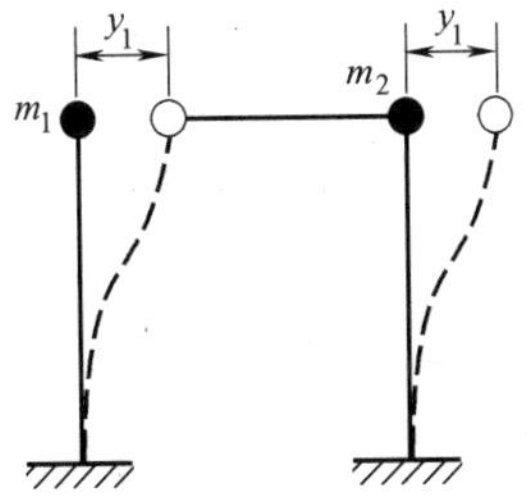

图　9-4

由以上例子可知，体系的振动自由度与确定质点位置所需独立几何参数的数目有关，而与质点的数目无对应关系，与体系的静定和超静定也无关系。

9.2 单自由度体系的自由振动

单自由度体系的自由振动是工程中常遇到的实际问题之一，有时候也把复杂的工程问题简化为单自由度体系进行计算。单自由度体系自由振动的分析是单自由度体系受迫振动和多自由度体自由振动分析的基础，因此研究单自由度体系自由振动问题具有十分重要的意义。

图 9-5

自由振动是在振动过程中不受外部干扰力作用的振动。产生这种振动的原因是初始干扰。初始干扰是由于结构有初始位移或结构具有初始速度，或者这两种干扰同时存在。例如，图 9-5 所示的结构，若将质点 m 拉离其原有位置，然后突然放松，或者对其施加瞬时冲击作用，使其具有初始速度，那么质点将会在原平衡位置附近往复振动。由于在振动过程中不再受到外来干扰，所以这时的振动就是自由振动。事实上，由于各种阻力的作用，物体的自由振动将逐渐衰减而不能无限延续，我们称这些阻力为阻尼力。下面分别研究无阻尼的自由振动和考虑阻尼的自由振动。

9.2.1 不考虑阻尼的自由振动

对于各种单自由度结构的振动状态，都可以用一个简单的质点弹簧模型来描述。例如，图 9-6a 所示的体系可以用图 9-6b 所示的弹簧模型来表示。

将原立柱对质量 m 所提供的弹性力改用一弹簧表示，因此，弹簧的刚度系数 k（弹簧发生单位位移所需要施加的力）应等于立柱的刚度系数 k（立柱在柱顶发生单位位移时在柱顶所需要施加的水平力）。

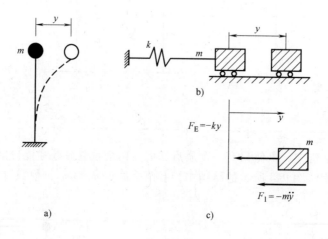

图 9-6

1. 自由振动微分方程的建立

为了寻求结构振动时其位移及各种量值随时间的变化规律，应先建立其振动微分方程。建立自由振动微分方程有两种方法：一种是列动力平衡方程，称之为刚度法；另一种是列位移方程，称之为柔度法。

（1）刚度法列动力平衡方程　以静力平衡位置为原点，取质量 m 在振动中位置为 y 时的状态为隔离体，如图 9-6c 所示。忽略振动过程中所受到的阻力，则隔离体所受的力有：弹簧对质量 m 的弹性力 $F_E = -ky$。负号表示其实际方向恒与位移 y 的方向相反；惯性力 $F_I = -m\ddot{y}$。它的方向总与加速度 $\ddot{y} = \mathrm{d}y^2/\mathrm{d}t^2$ 的方向相反。这里及以后，$\dot{y}$ 表示 y 对时间 t 的一阶导数，$\ddot{y}$ 表示 y 对时间 t 的二阶导数。对于质量 m 在垂直方向的自重及支承力，在运动过程中自相平衡，无需考虑。

质点在惯性力 F_I 与弹簧弹性力 F_E 作用下将维持动力平衡，故有 $F_I + F_E = 0$，将 F_I、F_E 算式代入即得

$$-m\ddot{y} - ky = 0$$

令

$$\omega^2 = \frac{k}{m}$$

则有

$$\ddot{y} + \omega^2 y = 0 \tag{9-1}$$

这就是单自由度结构在自由振动时的微分方程。

（2）柔度法列位移方程　用 δ 表示弹簧的柔度系数，即在单位力作用下所产生的位移，其值与刚度系数互为倒数：

$$\delta = \frac{1}{k}$$

则质点 m 在惯性力 F_I 的作用下所产生的位移为

$$y = F_I \delta = -m\ddot{y}\,\delta = -m\ddot{y}\,\frac{1}{k}$$

即

$$m\ddot{y} + ky = 0 \qquad \ddot{y} + \omega^2 y = 0$$

该式与式（9-1）相同，它是从位移协调的角度所建立的自由振动微分方程。

2. 自由振动微分方程的解

式（9-1）是一个具有常系数的二阶线性齐次微分方程，其通解形式为

$$y(t) = A_1 \cos\omega t + A_2 \sin\omega t$$

取 y 对时间 t 的一阶导数，则得到质点在任一时刻的速度为

$$\dot{y}(t) = -\omega A_1 \sin\omega t + \omega A_2 \cos\omega t$$

上两式中 A_1、A_2 可由振动的初始条件来确定。设初始时刻 $t=0$ 时，质点有初始位移 y_0 和初始速度 $\dot{y}_0$，则

$$A_1 = y_0, A_2 = \frac{\dot{y}_0}{\omega}$$

因此

$$y(t) = y_0 \cos\omega t + \frac{\dot{y}_0}{\omega}\sin\omega t \tag{9-2}$$

式（9-2）表明，结构的自由振动由两部分组成，一部分是由初始位移 y_0 引起的振动，表现为余弦规律；另一部分由初速度 $\dot{y}_0$ 引起，表现为正弦规律。

式（9-2）还可改写为

$$y(t) = a\sin(\omega t + \alpha) \tag{9-3}$$

其中参数 a 称为振幅，α 称为初始相位角。参数 a、α 与参数 y_0、$\dot{y}_0$ 的关系可导出，过程如下：

先将式 (9-3) 的右边展开, 得

$$y(t) = a\sin\alpha\cos\omega t + a\cos\alpha\sin\omega t$$

再与式 (9-2) 比较, 即得

$$y_0 = a\sin\alpha, \frac{\dot{y}_0}{\omega} = a\cos\alpha$$

或

$$a = \sqrt{y_0^2 + \frac{\dot{y}_0^2}{\omega^2}}, \alpha = \tan^{-1}\frac{y_0\omega}{\dot{y}_0}$$

3. 结构的自振周期

式 (9-3) 右边是一个周期函数, 其周期为

$$T = \frac{2\pi}{\omega} \tag{9-4}$$

表明在自由振动过程中, 质点每隔一段时间 T 又回到原来的位置, 因此 T 称为结构的自振周期。单位为秒 (s)。周期的倒数 $1/T$ 表示每秒内完成的振动次数, 用 f 表示, 称为频率, 单位为 s^{-1} 或 Hz。而 $\omega = 2\pi/T$ 即为 2π 秒内完成的振动次数, 称为圆频率或角频率, 单位为 rad/s。

自振周期的公式还可以写为

$$T = 2\pi\sqrt{\frac{m}{k}} = 2\pi\sqrt{m\delta} = 2\pi\sqrt{\frac{W\delta}{g}} = 2\pi\sqrt{\frac{\Delta_{st}}{g}} \tag{9-5}$$

其中, δ 是沿质点振动方向的柔度系数, 它表示质点上沿振动方向施加单位荷载时所产生的静位移。$\Delta_{st} = W\delta$ 表示在质点上沿振动方向施加数值为 W 的荷载时质点沿振动方向所产生的静位移。

圆频率的计算公式为

$$\omega = \sqrt{\frac{k}{m}} = \frac{1}{\sqrt{m\delta}} = \sqrt{\frac{g}{W\delta}} = \sqrt{\frac{g}{\Delta_{st}}} \tag{9-6}$$

由计算自振周期或频率的公式可以看出, 结构的自振周期 (频率) 只与结构的质量和刚度 (柔度) 有关, 与外界的干扰因素无关, 是结构的固有特性, 故也称之为结构的固有周期和固有频率。

自振周期与质量的平方根成正比, 质量越大, 自振周期越大, 频率越小。自振周期与刚度的平方根成反比, 刚度越大, 则自振周期越小, 频率越大。要改变结构的自振周期, 需要改变结构的质量和刚度。

自振周期是结构动力性能的一个很重要的参数。不论两个建筑结构的形状、高度是否相同或相似, 只要其自振周期相近, 则其动力性能基本一致。所以, 自振周期的计算非常重要。

【例 9-1】　图 9-7 所示三种支承梁, 跨度 l 及刚度 EI 均相同, 在中点有一集中质量 m。当不考虑梁的自重时, 试求三者的自振频率。

【解】　由位移计算可知, 图 9-7a、b、c 所示三种情况质点处单位荷载产生的位移 δ 分别为

$$\delta_a = \frac{l^3}{48EI} = 0.0208\frac{l^3}{EI}, \delta_b = \frac{7l^3}{768EI} = 0.009\frac{l^3}{EI}, \delta_c = \frac{l^3}{192EI} = 0.005\frac{l^3}{EI}$$

自振频率为

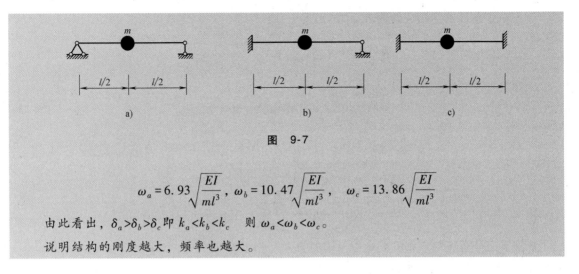

图　9-7

$$\omega_a = 6.93\sqrt{\frac{EI}{ml^3}},\quad \omega_b = 10.47\sqrt{\frac{EI}{ml^3}},\quad \omega_c = 13.86\sqrt{\frac{EI}{ml^3}}$$

由此看出，$\delta_a > \delta_b > \delta_c$ 即 $k_a < k_b < k_c$　则 $\omega_a < \omega_b < \omega_c$。

说明结构的刚度越大，频率也越大。

9.2.2　考虑阻尼作用时的自由振动

物体在自由振动时所受的阻力可分为两种：一种是外部介质的阻力，例如空气和液体的阻力、支承的摩擦；另一种则来自物体内部的作用，例如材料分子之间的摩擦和黏着性等。估计阻尼的作用是一个复杂的问题。为了简化计算，近似认为振动中物体所受的阻尼力与其振动速度成正比，并称之为黏滞阻尼力。阻尼力对质点运动起阻碍作用，阻尼力的方向总与质点运动速度方向相反，即

$$F_D = -c\dot{y} \tag{9-7}$$

式中　c——阻力系数。

当考虑阻尼力时，质点 m 上所受的力如图 9-8 所示。

列平衡方程：

$$m\ddot{y} + c\dot{y} + ky = 0$$

仍令

$$\omega^2 = \frac{k}{m}$$

并令

$$\xi = \frac{c}{2m\omega}$$

则有

$$\ddot{y} + 2\xi\omega\dot{y} + \omega^2 y = 0 \tag{9-8}$$

这是一个二阶线性常系数齐次微分方程，设其通解为

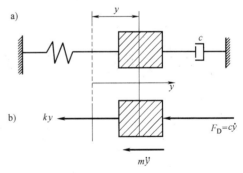

图　9-8

$$y(t) = ce^{rt}$$

代入原微分方程式（9-8）可确定 r 的特征方程为

$$r^2 + 2\xi\omega r + \omega^2 = 0 \tag{9-9}$$

其两个根为

$$r_{1,2} = \omega\left(-\xi \pm \sqrt{\xi^2 - 1}\right) \tag{9-10}$$

当 $\xi < 1$ 即阻尼较小时，此时特殊根 r_1、r_2 是两个复数，式（9-9）的通解为

$$y(t) = e^{-\xi\omega t}\left(B_1\cos\omega_r t + B_2\sin\omega_r t\right)$$

其中

$$\omega_r = \omega\sqrt{1 - \xi^2} \tag{9-11}$$

式中　ω_r——阻尼的自振频率。

引入初始条件确定积分常数 B_1，B_2 可得

$$y(t) = e^{-\xi\omega t}\left(y_0\cos\omega_r t + \frac{\dot{y}_0 + \xi\omega y_0}{\omega_r}\sin\omega_r t\right) \qquad (9\text{-}12)$$

上式也可改写成

$$y(t) = e^{-\xi\omega t}A\sin(\omega_r t + \alpha) \qquad (9\text{-}13)$$

式中

$$A = \sqrt{y_0^2 + \left(\frac{\dot{y}_0 + \xi\omega y_0}{\omega_r}\right)^2}$$

$$\tan\alpha = \frac{y_0\omega_r}{\dot{y}_0 + \xi\omega y_0}$$

根据上面分析可知，有阻尼自由振动的自振频率 ω_r 比不考虑阻尼时的自振频率要小，振幅 $e^{-\xi\omega t}A$ 不再是常数，而是随时间逐渐衰减。图 9-9 所示就是 $\xi<1$ 时位移与时间的变化曲线。

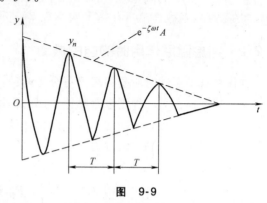

图 9-9

在一般建筑中，ξ 值大都在 $0.01 \sim 0.1$ 之间。故

$$\omega_r \approx \omega$$

即小的阻尼对结构的自振频率影响不大。但振幅的衰减迅速。

当 $\xi>1$ 时，阻尼较大，体系受干扰后偏离平衡位置所积累的初始能量在恢复到平衡位置的过程中全部耗散于克服阻尼，没有多余的能量引起振动，实际工程中很少遇到这种情况，此处不作讨论。

9.3 单自由度体系的受迫振动

如果结构受到外部因素干扰产生振动，且在振动过程中还不断受到外部干扰力的作用，这种振动被称为受迫振动。

图 9-10 所示为单自由度在动力荷载 $F(t)$ 作用下的受迫振动。若不考虑阻尼作用，则质点 m 上作用于弹性力 ky、惯性力 $m\ddot{y}$ 和动力荷载 $F(t)$。建立质量 m 的动力平衡方程，即

$$m\ddot{y} + ky = F(t)$$

或写成

图 9-10

$$\ddot{y} + \omega^2 y = \frac{F(t)}{m} \qquad (9\text{-}14)$$

式中

$$\omega = \sqrt{\frac{k}{m}}$$

式（9-14）即是不考虑阻尼的单自由度体系受迫振动的微分方程。动力荷载不同，体系的动力特性不同。下面分别讨论几种常见动力荷载作用下结构的振动情况。

9.3.1　简谐荷载作用下结构的动力反应

1. 无阻尼的受迫振动

简谐荷载的一般表达式为

$$F(t) = F\sin\theta t \tag{a}$$

式中　θ——简谐荷载的圆频率；

　　　F——简谐荷载的幅值。

将式（a）代入（9-14）中，得

$$\ddot{y} + \omega^2 y = \frac{F}{m}\sin\theta t \tag{b}$$

这是二阶常系数非齐次微分方程，其通解由两部分组成；一部分为齐次解（$\bar{y}$），另一部分为特解（y^*）。

先求方程的特解。设特解为

$$y^* = A\sin\theta t \tag{c}$$

将式（c）代入式（b）中得

$$A = \frac{F}{m(\omega^2 - \theta^2)}$$

特解为

$$y^* = \frac{F}{m(\omega^2 - \theta^2)}\sin\theta t$$

微分方程的齐次解已在上节求出

$$\bar{y} = A_1\cos\omega t + A_2\sin\omega t$$

所以，方程的通解为

$$y(t) = A_1\cos\omega t + A_2\sin\omega t + \frac{F}{m(\omega^2 - \theta^2)}\sin\theta t \tag{d}$$

积分常数 A_1，A_2 由初始条件求得。设在 $t=0$ 时初始位移和初始速度均为零，则有

$$t = 0 \qquad y(0) = 0 \qquad A_1 = 0$$

$$t = 0 \qquad \dot{y}(0) = 0 \qquad A_2 = \frac{-F\theta}{m(\omega^2 - \theta^2)}$$

将 A_1，A_2 代入式（d）得

$$y(t) = \frac{-F\theta}{m(\omega^2 - \theta^2)}\sin\omega t + \frac{F}{m(\omega^2 - \theta^2)}\sin\theta t \tag{9-15}$$

由式（9-15）可以看出，振动由两部分组成，第一部分按自振频率 ω 振动，第二部分按荷载频率 θ 振动。由于实际振动中存在阻尼力，第一部分会逐渐消失，最后只剩下第二部分。我们把振动开始的一段时间内两种振动同时存在的阶段称为过渡阶段；而将后面只剩下纯受迫振动的阶段称为平稳阶段。通常过渡阶段较短，因而在实际振动中平稳阶段较为重要，故下面只讨论平稳阶段的纯受迫振动。

平稳阶段任一时刻的位移为

$$y(t) = \frac{F}{m(\omega^2 - \theta^2)}\sin\theta t = \frac{F}{m\omega^2\left(1 - \dfrac{\theta^2}{\omega^2}\right)}\sin\theta t$$

其最大位移振幅为

$$A = \frac{F}{m\omega^2\left(1 - \dfrac{\theta^2}{\omega^2}\right)} = \frac{F}{m\omega^2} \cdot \frac{1}{1 - \dfrac{\theta^2}{\omega^2}}$$

同时

$$\omega^2 = \frac{k}{m} = \frac{1}{m\delta}$$

有

$$m\omega^2 = \frac{1}{\delta}$$

则

$$A = \frac{1}{1 - \dfrac{\theta^2}{\omega^2}}F\delta = \beta y_{\mathrm{st}} \tag{9-16}$$

式中，$y_{\mathrm{st}} = F\delta$ 表示将简谐荷载的最大值 F 作为静力荷载作用于结构上时所引起的静力位移；而

$$\beta = \frac{1}{1 - \dfrac{\theta^2}{\omega^2}} = \frac{A}{y_{\mathrm{st}}} \tag{9-17}$$

为最大的动力位移与静力位移之比值，称为动力系数。

由式（9-16）、式（9-17）可知，根据 θ 与 ω 的比值求出动力系数后，只需将动力荷载的最大值 F 当作静力荷载求出结构位移 y_{st}，再乘以 β，即可求出动力荷载作用下的最大位移 A。对于结构的内力，也可做此类似的分析。

值得注意的是，当干扰力的频率 θ 接近于结构的自振频率时，$\theta/\omega \approx 1$，$\theta \approx \omega$。此时 $\beta \to \infty$，振幅 $A \to \infty$，即结构的位移和内力将无限增加，这种现象称之为共振。共振对结构而言是非常危险的，在设计时应尽量避免发生共振。实际上由于阻尼力的存在，共振时内力和位移虽然很大，但并不会趋于无穷大，且振动时的内力和位移也是逐渐由小变大。但历史上发生过由于共振造成结构破坏的例子，因此，在设计时应尽量避免发生共振。

【例 9-2】 重量 $G = 40\mathrm{kN}$ 的发电机置于简支梁的中点，如图 9-11 所示。已知梁的惯性矩 $I = 2.1 \times 10^9 \mathrm{mm}^4$，$E = 3.0 \times 10^4 \mathrm{N/mm}^2$。发电机转动时其离心力的竖向分量为 $F\sin\theta t$，且 $F = 20\mathrm{kN}$。若不考虑阻尼，试求当发电机转速 $n = 500\mathrm{r/min}$ 时，梁的最大弯矩和挠度。（梁的自重可忽略不计。）

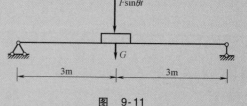

图 9-11

【解】 在发电机重力作用下，梁中点的竖向最大位移为

$$\Delta_{\mathrm{st}} = \frac{Gl^3}{48EI} = \frac{40 \times 10^3 \times 6000^3}{48 \times 3.0 \times 10^4 \times 2.1 \times 10^9}\mathrm{mm} = 2.86\mathrm{mm}$$

故自振频率为

$$\omega = \sqrt{\frac{g}{\Delta_{\mathrm{st}}}} = \sqrt{\frac{9.81}{2.86 \times 10^{-3}}} = 58.6\mathrm{s}^{-1}$$

荷载的频率为

$$\theta = \frac{2\pi n}{60} = \frac{2 \times 3.14 \times 500}{60} = 52.33 \text{s}^{-1}$$

动力系数为

$$\beta = \frac{1}{1 - \frac{\theta^2}{\omega^2}} = \frac{1}{1 - \frac{52.33^2}{58.6^2}} = 4.9$$

表示动力所产生的内力和位移的最大值为静力值得 4.9 倍。

跨中最大弯矩为

$$M = \frac{Gl}{4} + \beta \cdot \frac{Fl}{4} = \frac{40 \times 6}{4} \text{kN} \cdot \text{m} + 4.9 \times \frac{20 \times 6}{4} \text{kN} \cdot \text{m} = 207 \text{kN} \cdot \text{m}$$

梁中点最大挠度为

$$y_{st} = \Delta_{st} + \beta y_{st} = \frac{Gl^3}{48EI} + \beta \frac{Fl^3}{48EI} = 2.86 \text{mm} + 4.9 \times \frac{20 \times 10^3 \times 6000^3}{48 \times 3.0 \times 10^4 \times 2.1 \times 10^9} \text{mm} = 9.86 \text{mm}$$

2. 考虑阻尼的简谐荷载受迫振动

简谐荷载作用下有阻尼单自由体系受迫振动的微分方程为

$$\ddot{y} + 2\xi\omega\dot{y} + \omega^2 y = \frac{F}{m}\sin\theta t$$

其方程的全解为

$$y(t) = e^{-\xi\omega t}(C_1\cos\omega_r t + C_2\sin\omega_r t) + (A_1\sin\theta t + A_2 con\theta t)$$

上式中第一部分由于含有因子 $e^{-\xi\omega t}$，所以将因阻尼的作用随时间迅速衰减，后面部分为按动力荷载的有阻尼稳态强迫振动。其动力系数 β 为

$$\beta = \frac{1}{\sqrt{\left(1 - \frac{\theta^2}{\omega^2}\right)^2 + 4\xi^2\frac{\theta^2}{\omega^2}}} \tag{9-18}$$

由式 (9-18) 可知，考虑阻尼的动力系数 β 不仅与频率比 θ/ω 有关，而且还与阻尼比 ξ 有关，且随 ξ 值的增大而减少。当 $\theta/\omega = 1$ 时，即共振的情形，动力系数为

$$\beta = \frac{1}{2\xi} \tag{9-19}$$

与不考虑阻尼时的共振 $\beta \rightarrow \infty$ 相比，考虑阻尼时 β 为有限值。一般在频率比为 $0.75 < \theta/\omega < 1.25$ 的振动区内，阻尼对体系的动力影响起重要作用，应考虑其作用。而在此范围外，则认为阻尼对 β 的影响很小，可不考虑阻尼的影响。

【例 9-3】　条件同例 9-2，但考虑阻尼，阻尼比 $\xi = 0.012$，求梁中点最大挠度。

【解】　第一部分由发电机重量所产生的梁中点最大竖向位移为 2.86mm。

第二部分为由强迫振动产生的振幅 A。

梁的自振频率　　　　　　　　　　$\omega = 58.6 \text{s}^{-1}$

荷载的频率　　　　　　　　　　　$\theta = 52.33 \text{s}^{-1}$

动力系数 $\beta = \dfrac{1}{\sqrt{\left(1 - \dfrac{\theta^2}{\omega^2}\right)^2 + \dfrac{4\xi^2\theta^2}{\omega^2}}} = \dfrac{1}{\sqrt{\left(1 - \dfrac{52.33^2}{58.6^2}\right)^2 + \dfrac{4 \times 0.012^2 \times 52.33^2}{58.6^2}}} = 2.219$

静位移为 $\dfrac{Fl^3}{48EI} = \dfrac{20\times10^3\times6000^3}{48\times3.0\times10^4\times2.1\times10^9}\text{mm} = 1.43\text{mm}$

梁中点最大挠度 $y_{st} = \Delta_{st} + \beta y_{st} = 2.86\text{mm} + 2.219\times1.43\text{mm} = 6.03\text{mm}$

比较本题和例 9-2 可知，考虑阻尼之后对计算结果的影响很大，这是由于 $\theta/\omega = 0.89$，在共振区附近，阻尼对动力系数影响很大。

9.3.2 单自由度结构在任意荷载作用下的受迫振动

任意荷载可看成无数瞬时荷载连续作用，所以讨论一般荷载作用下的动力反应，首先讨论瞬时冲量的动力反应。所谓瞬时冲量，是指荷载只在极短时间 $\Delta t \approx 0$ 内给予振动物体的冲量。如图 9-12a 所示，设荷载大小为 F，作用的时间为 Δt，则其冲量以 $I = F\Delta t$ 来表示，即图中阴影线所表示的面积。

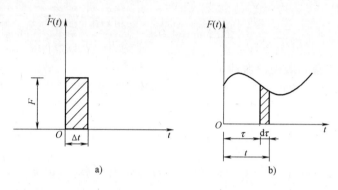

图 9-12

设在 $t = 0$ 时，有冲量 I 作用于单自由度质点上，且假定冲击之前质点原来的初位移和初速度均等于零，则在瞬时冲量作用下，质点 m 将获得初速度 $\dot{y}_0$，此时冲量 I 全部转移至质点，使其增加动量，动量增值即为 $m\dot{y}_0$，故由 $I = m\dot{y}_0$ 可得：

$$\dot{y}_0 = \frac{I}{m}$$

当质点获得初速度 $\dot{y}_0$ 后还未产生位移时，冲量即行消失。所以质点受到冲击后将产生自由振动。将 $y_0 = 0$ 和 $\dot{y}_0 = I/m$ 代入式（9-12），即可得到瞬时冲量 I 作用下质点 m 的位移方程

$$y = e^{-\xi\omega t}\left(\frac{\dot{y}_0}{\omega_r}\sin\omega_r t\right) = \frac{I}{m\omega_r}e^{-\xi\omega t}\sin\omega_r t \tag{9-20}$$

若瞬时冲量不是在 $t = 0$，而是在 $t = \tau$ 时加于质点上的，则其位移方程应为

$$y(t) = \frac{I}{m\omega_r}e^{-\xi\omega(t-\tau)}\sin\omega_r(t-\tau) \qquad (t > \tau) \tag{9-21}$$

对于图 9-12b 所示的一般形式的干扰力 $F(t)$，可以认为它是一系列微小冲量 $F(\tau)d(\tau)$ 连续作用的结果，故有

$$y(t) = \frac{I}{m\omega_r}\int_0^t F(\tau)e^{-\xi\omega(t-\tau)}\sin(t-\tau)d\tau \tag{9-22}$$

这就是单自由度结构当原来的初始位移和初始速度为零时，在任意动力荷载作用下的质点位移公式。若不考虑阻尼，则有 $\xi = 0$，$\omega_r = \omega$，于是

$$y(t) = \frac{I}{m\omega} \int_0^t F(\tau) \sin(t - \tau) \mathrm{d}\tau \tag{9-23}$$

式（9-22）及式（9-23）又称为杜哈梅积分。

若 $t = 0$ 时，质点具有初始位移 y_0 和初始速度 $\dot{y}_0$，则质点位移为

$$y(t) = e^{-\xi\omega t}\left(y_0\cos\omega_r t + \frac{\dot{y}_0 + \xi\omega y_0}{\omega_r}\sin\omega_r t\right) + \frac{1}{m\omega_r} \int_0^t F(\tau) e^{-\xi\omega(t-\tau)}\sin\omega_r(t - \tau)\mathrm{d}\tau \tag{9-24}$$

若不考虑阻尼，则有

$$y(t) = y_0\cos\omega t + \frac{\dot{y}_0}{\omega}\sin\omega t + \frac{1}{m\omega} \int_0^t F(\tau)\sin\omega(t - \tau)\mathrm{d}\tau \tag{9-25}$$

下面研究两种特殊荷载作用下的动力反应。

（1）突加长期荷载　这是指突然施加于结构上而且保持常量持续作用的荷载，比如一重物突然落在楼板上并长期作用在楼板上。以加载瞬时为时间起点，且 $t = 0$，$\dot{y}_0 = 0$，则将 $F(\tau) = F$ 代入式（9-22）进行积分，可求得

$$
\begin{aligned}
y &= \frac{F}{m\omega^2}\left[1 - e^{-\xi\omega t}\left(\cos\omega_r t + \frac{\xi\omega}{\omega_r}\sin\omega_r t\right)\right]\\
&= y_{st}\left[1 - e^{-\xi\omega t}\left(\cos\omega_r t + \frac{\xi\omega}{\omega_r}\sin\omega_r t\right)\right]
\end{aligned} \tag{9-26}
$$

将式（9-26）对 t 求一阶导数，并令其等于零，即可求出产生位移极值的各时刻。当 $t = \pi/\omega_r$ 时，最大动位移 y_{max} 为

$$y_{max} = y_{st}\left(1 + e^{\frac{-\xi\omega\pi}{\omega_r}}\right)$$

由此可得动力系数为

$$\beta = 1 + e^{\frac{-\xi\omega\pi}{\omega_r}}$$

若不考虑阻尼的影响，则 $\xi = 0$，$\omega_r = \omega$，则式（9-26）写为

$$y = \frac{F}{m\omega^2}(1 - \cos\omega t) = y_{st}(1 - \cos\omega t) \tag{9-27}$$

最大动力位移

$$y_{max} = 2y_{st} \tag{9-28}$$

即在突加荷载作用下，最大动力位移为静力位移的 2 倍。

（2）突加短期荷载　这是指在短时间内停留于结构上的荷载。如图 9-13 所示，$F(t)$ 为

$$F(t)\begin{cases} 0 & t < 0 \\ F & 0 < t < t_0 \\ 0 & t > t_0 \end{cases}$$

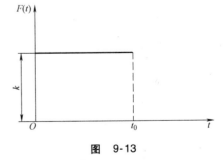

图　9-13

阶段 I（$0 < t < t_0$）：与突加荷载相同，$y(t) = y_{st}(1 - \cos\omega t)$

阶段 II（$t > t_0$）：无荷载，质点以 $t = t_0$ 时的位移 $y(t_0) = y_{st}(1 - \cos\omega t)$ 和速度 $\dot{y}(t_0) = y_{st}\omega\sin\omega t_0$ 为初始条件自由振动，即有

$$
\begin{aligned}
y(t) &= y_{st}(1 - \cos\omega t_0)\cos\omega(t - t_0) + y_{st}\sin\omega t_0\sin\omega(t - t_0) = y_{st}[\cos\omega(t - t_0) - \cos\omega t]\\
&= y_{st}2\sin\frac{\omega t_0}{2}\sin\omega\left(t - \frac{t_0}{2}\right)
\end{aligned} \tag{9-29}
$$

质点的最大动力位移与荷载作用时间 t_0 有关。

由阶段 I 知，当 $\omega t = \pi$，即 $t = \pi/\omega = T/2$ 时，发生最大位移 $y_{max} = 2y_{st}$。所以，当 $t_0 \geqslant T/2$ 时，ωt 一定可以达到 π，使结构产生最大位移。换句话说当 $t_0 > T/2$ 时，最大位移发生在阶段 I，且动力系数 $\beta = 2$。

当 $t_0 < T/2$ 时，ωt 达不到 π，$y_{max} < 2y_{st}$，最大位移将发生在阶段 II。由式（9-29）知，$t - t_0/2 = \pi/2\omega$ 时有最大位移，其值为

$$y_{max} = 2y_{st} \sin \frac{\omega t_0}{2}$$

据此可得动力系数为

$$\beta = 2\sin \frac{\omega t_0}{2}$$

可见 β 值与荷载作用时间的长短有关。

9.4 两个自由度体系的自由振动

实际工程中有很多问题可以简化为单自由度体系计算，但有些结构的振动需要当成多自由度体系进行计算，例如多房屋的侧向振动（图 9-14a）、不等高排架的振动（图 9-14b）、柔性较大的高耸结构在地震作用下的振动等。两个自由度体系是多自由度体系中最简单的情况，但能反映多自由度体系动力特征的计算特点和方法。

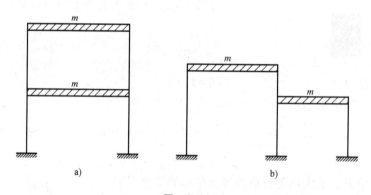

图 9-14

与单自由度体系相同，两个自由度体系微分方程的建立有两种方法：刚度法和柔度法。

1. 刚度法

图 9-15a 所示为一具有两个集中质量的体系，具有两个自由度。

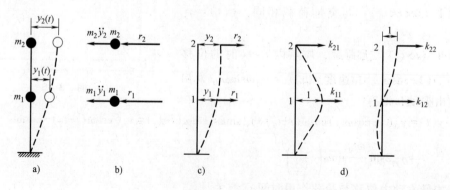

图 9-15

在自由振动的任一时刻质点 m_1 和 m_2 的位移分别为 $y_1(t)$ 和 $y_2(t)$。

取质点 m_1 和 m_2 作隔离体，如图 9-15b 所示。它们所受的力有如下两种：

1）惯性力 $-m_1\ddot{y}_1$ 和 $-m_2\ddot{y}_2$，分别与加速度 $\ddot{y}_1$ 和 $\ddot{y}_2$ 的方向相反。

2）弹性力 r_1 和 r_2 分别与位移 y_1 和 y_2 方向相反。

根据达朗贝尔原理，可列出平衡方程，即

$$\begin{cases} m_1\ddot{y}_1 + r_1 = 0 \\ m_2\ddot{y}_2 + r_2 = 0 \end{cases} \tag{a}$$

弹性力 r_1、r_2 是质点 m_1、m_2 与结构之间的相互作用力。在图 9-15c 中 r_1、r_2 为作用于结构上的与作用于质点上的惯性力反向的力。其值与结构的位移 y_1、y_2 之间应满足刚度方程。

$$\begin{cases} r_1 = k_{11}y_1 + k_{12}y_2 \\ r_2 = k_{21}y_1 + k_{22}y_2 \end{cases} \tag{b}$$

式中，k_{ij}（i、$j=1$、2）为结构的刚度系数（图 9-15d）。例如，k_{11} 是使质点 1 沿运动方向产生单位位移（点 2 位移为零）时在点 1 需施加的力，k_{12} 是使质点 2 沿运动方向产生单位位移（点 1 位移为零）时在点 1 需施加的力。

将式（b）代入式（a）得

$$\begin{cases} m_1\ddot{y}_1(t) + k_{11}y_1(t) + k_{12}y_2(t) = 0 \\ m_2\ddot{y}_2(t) + k_{21}y_1(t) + k_{22}y_2(t) = 0 \end{cases} \tag{9-30}$$

这就是按刚度法建立的两个自由度无阻尼体系的自由振动方程。

下面求解式（9-29）微分方程的解。

假设两个质点为简谐振动，式（9-29）的解设为

$$\begin{cases} y_1(t) = Y_1\sin(\omega t + \alpha) \\ y_2(t) = Y_2\sin(\omega t + \alpha) \end{cases} \tag{c}$$

式（c）表示的运动具有以下特点：

1）在振动过程中，两个质点具有相同频率 ω 和相同相位角 α。

2）在振动过程中，两个质点的位移在数值上随时间而变化，但两者的比值保持不变。

$$\frac{y_1(t)}{y_2(t)} = \frac{Y_1}{Y_2} = 常数$$

这种结构位移形状保持不变的振动形式可称之为主振型或振型。

将式（c）代入式（9-30）后得

$$\begin{cases} (k_{11} - \omega^2 m_1)Y_1 + k_{12}Y_2 = 0 \\ (k_{22} - \omega^2 m_2)Y_2 + k_{21}Y_1 = 0 \end{cases} \tag{9-31}$$

式（9-31）为 Y_1、Y_2 的齐次方程，显然 $Y_1 = Y_2 = 0$ 是方程的解，表示结构没有发生振动的静止状态。为了得到 Y_1、Y_2 不全为零的解，应使其系数行列式为零，即

$$D = \begin{vmatrix} k_{11} - \omega^2 m_1 & k_{12} \\ k_{21} & k_{22} - \omega^2 m_2 \end{vmatrix} = 0 \tag{9-32}$$

式（9-32）称为频率方程或特征方程。

将式（9-32）展开整理后得

$$(\omega^2)^2 - \left(\frac{k_{11}}{m_1} + \frac{k_{22}}{m_2}\right)\omega^2 + \frac{k_{11}k_{22} - k_{12}k_{21}}{m_1 m_2} = 0 \qquad (d)$$

由式（d）可求出频率 ω^2 的两个根为

$$\omega^2 = \frac{1}{2}\left(\frac{k_{11}}{m_1} + \frac{k_{22}}{m_2}\right) \pm \sqrt{\left[\frac{1}{2}\left(\frac{k_{11}}{m_1} + \frac{k_{22}}{m_2}\right)\right]^2 - \frac{k_{11}k_{22} - k_{12}k_{21}}{m_1 m_2}} \qquad (9\text{-}33)$$

可以看出，这两个根均为正值。用 ω_1 表示较小的圆频率，称为第一圆频率或基本频率。基本频率是自振频率中最低的，是动力计算中的重要参数。另一个较大的圆频率 ω_2 称为第二圆频率。

将第一圆频率 ω_1 代入式（9-31）。由于行列式 $D = 0$，方程组中的两个方程是线性相关的，实际上只有一个独立的方程，代入任一式均可求出 Y_1 与 Y_2 的比值，即

$$\frac{Y_{11}}{Y_{21}} = -\frac{k_{12}}{k_{12} - \omega_1^2 m_1} = -\frac{k_{22} - \omega_1^2 m_2}{k_{21}} \qquad (9\text{-}34a)$$

上述比值所确定的振动形式就是与第一圆频率 ω_1 相对应的振型，称为第一振型或基本振型。式中，Y_{11}、Y_{21} 分别表示第一振型中质点 1 和 2 的振幅。

同样，将 ω_2 代入式（9-31）中，可以求出 Y_1 与 Y_2 的另一个比值。

$$\frac{Y_{12}}{Y_{22}} = -\frac{k_{12}}{k_{12} - \omega_2^2 m_1} = -\frac{k_{22} - \omega_2^2 m_2}{k_{21}} \qquad (9\text{-}34b)$$

这个比值所确定的振型为第二振型。式中 Y_{12}、Y_{22} 分别表示第二振型中质点 1 和质点 2 的振幅。

从以上分析可知，多自由度体系的自振频率和主振型只与体系的刚度、质量有关，与单自由度体系相同，也是体系本身的固有性质，所以在多自由度结构的动力计算中，确定自振频率和振型是首要任务。

【例 9-4】 图 9-16a 所示两层刚架，其横梁刚度无穷大。设质量集中在楼层上，第一、二层的质量分别为 m_1、m_2。试求刚架水平振动时的自振频率和主振型。

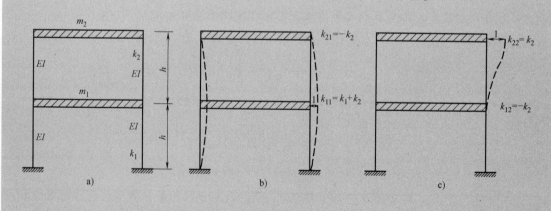

图 9-16

【解】 （1）计算结构的刚度系数 由图 9-16b、c 可求出结构的刚度系数为

$$k_{11} = k_1 + k_2 \qquad k_{21} = -k_2$$

$$k_{12} = -k_2 \qquad k_{22} = k_2$$

用 k_1、k_2 表示层间产生单位相对侧移时所需施加的力，则

$$k_1 = k_2 = \frac{12EI}{h^3} + \frac{12EI}{h^3} = \frac{24EI}{h^3}$$

（2）分两种情况进行讨论

1）当 $m_1 = m_2 = m$、$k_1 = k_2 = k$、$k_{11} = 2k$、$k_{21} = -k$、$k_{12} = -k$、$k_{22} = k$ 时，有

$$\omega_1^2 = \frac{3-\sqrt{5}}{2}\frac{k}{m} = 0.38\frac{k}{m}$$

$$\omega_2^2 = \frac{3+\sqrt{5}}{2}\frac{k}{m} = 2.62\frac{k}{m}$$

两个频率为

$$\omega_1 = 0.616\sqrt{\frac{k}{m}}, \omega_2 = 1.619\sqrt{\frac{k}{m}}$$

第一主振型：
$$\frac{Y_{11}}{Y_{21}} = -\frac{k_{12}}{k_{11}-\omega_1^2 m_1} = -\frac{-k}{2k-0.38\frac{k}{m}\cdot m} = \frac{1}{1.62}$$

第二主振型：
$$\frac{Y_{12}}{Y_{22}} = -\frac{k_{12}}{k_{11}-\omega_2^2 m_1} = -\frac{-k}{2k-2.62\frac{k}{m}\cdot m} = -\frac{1}{0.62}$$

两个主振型如图 9-17 所示。

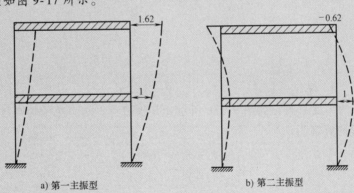

a) 第一主振型   b) 第二主振型

图 9-17

2）当 $m_1 = nm_2$、$k_1 = nk_2$ 时，有

$$\omega_1^2 = \frac{1}{2}\left[\left(2+\frac{1}{n}\right) \mp \sqrt{\frac{4}{n}+\frac{1}{n^2}}\right]\frac{k_2}{m_2}$$

主振型：
$$\frac{Y_2}{Y_1} = \frac{1}{2} \pm \sqrt{n+\frac{1}{4}}$$

当 $n = 20$ 时，有

第一主振型：
$$\frac{Y_2}{Y_1} = \frac{5}{1}$$

第二主振型：
$$\frac{Y_2}{Y_1} = \frac{4}{1}$$

由例 9-4 可知，当顶部质量和刚度突然变小时，顶部位移要比下部位移大很多。这种因顶部质量和刚度突然变小在振动中引起巨大反应的现象，称之为鞭梢效应。地震时屋顶的小阁楼、突出屋面的楼梯间、女儿墙等破坏严重，就是其质量和刚度突变引起的鞭梢效应而导致的。

2. 柔度法

按柔度法建立自由振动微分方程的思路是：在自由振动的过程中任一时刻 t，质量 m_1、m_2 的位移 $y_1(t)$、$y_2(t)$ 等于体系在当时惯性力 $-m_1 y_1(t)$、$-m_2 \ddot{y}_2(t)$ 作用下所产生的静力位移，如图 9-18a 所示。

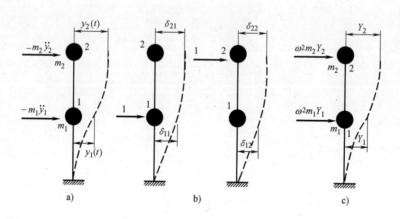

图　9-18

据此列出方程

$$\begin{cases} y_1(t) = -m_1 \ddot{y}_1(t)\delta_{11} - m_2 \ddot{y}_2(t)\delta_{12} \\ y_2(t) = -m_1 \ddot{y}_1(t)\delta_{21} - m_2 \ddot{y}_2(t)\delta_{22} \end{cases} \tag{9-35}$$

式中　δ_{ij}——体系的柔度系数，如图 9-18b 所示，其物理意义与力法中的系数相同。

仍设上述方程的解答为

$$\begin{cases} y_1(t) = Y_1 \sin(\omega t + \alpha) \\ y_2(t) = Y_2 \sin(\omega t + \alpha) \end{cases} \tag{a}$$

Y_1 和 Y_2 为两个质点的振幅，如图 9-18c 所示。

由式（a）可知两个质点的惯性力为

$$\begin{cases} -m_1 \ddot{y}_1(t) = m_1 \omega^2 Y_1 \sin(\omega t + \alpha) \\ -m_2 \ddot{y}_2(t) = m_2 \omega^2 Y_2 \sin(\omega t + \alpha) \end{cases} \tag{b}$$

因此两个质点惯性力的幅值分别为 $m_1 \omega^2 Y_1$ 和 $m_2 \omega^2 Y_2$。

将式（a）和式（b）代入式（9-34），消去公因子 sin（$\omega t + \alpha$）后得

$$\begin{cases} Y_1 = (\omega^2 m_1 Y_1)\delta_{11} + (\omega^2 m_2 Y_2)\delta_{12} \\ Y_2 = (\omega^2 m_1 Y_1)\delta_{21} + (\omega^2 m_2 Y_2)\delta_{22} \end{cases} \tag{9-36}$$

式（9-36）表明，主振型的位移幅值（Y_1，Y_2）就是体系在此主振型惯性力幅值（$\omega^2 m_1 Y_1$，$\omega^2 m_2 Y_2$）作用下所引起的静力位移，如图 9-18c 所示。

式（9-36）还可写成

$$\begin{cases} \left(\delta_{11}m_1-\dfrac{1}{\omega^2}\right)Y_1+\delta_{12}m_2Y_2=0 \\ \left(\delta_{22}m_2-\dfrac{1}{\omega^2}\right)Y_2+\delta_{21}m_1Y_1=0 \end{cases} \qquad (\text{c})$$

为了得到 Y_1、Y_2 不全为零的解，应使系数行列式等于零，即

$$D=\begin{vmatrix} \delta_{11}m_1-\dfrac{1}{\omega^2} & \delta_{12}M_2 \\ \delta_{21}m_1 & \delta_{22}M_2-\dfrac{1}{\omega^2} \end{vmatrix}=0 \qquad (9\text{-}37)$$

这就是用柔度系数表示频率的方程，由它可以求出两个频率 ω_2 和 ω_1。

将式（9-37）展开并令 $\lambda=\dfrac{1}{\omega^2}$，可求出圆频率的两个值为

$$\omega_1=\dfrac{1}{\sqrt{\lambda_1}} \qquad\qquad \omega_2=\dfrac{1}{\sqrt{\lambda_2}} \qquad (9\text{-}38)$$

其中

$$\lambda_{12}=\dfrac{(\delta_{11}m_1+\delta_{22}m_2)\pm\sqrt{(\delta_{11}m_1+\delta_{22}m_2)^2-4(\delta_{11}\delta_{22}-\delta_{12}\delta_{21})m_1m_2}}{2} \qquad (9\text{-}39)$$

将 $\omega=\omega_1$，$\omega=\omega_2$ 代入式（c）可得用柔度系数表示的主振型，即

$$\dfrac{Y_{11}}{Y_{21}}=-\dfrac{\delta_{12}m_2}{\delta_{11}m_1-\dfrac{1}{\omega_1^2}} \qquad (9\text{-}40\text{a})$$

$$\dfrac{Y_{12}}{Y_{22}}=-\dfrac{\delta_{12}m_2}{\delta_{11}m_1-\dfrac{1}{\omega_2^2}} \qquad (9\text{-}40\text{b})$$

【例 9-5】 试求图 9-19a 所示等截面悬挑梁的自振频率和主振型。

【解】 结构有两个自由度，画出 $\overline{M}_1$、$\overline{M}_2$ 图（图 9-19 b、c），由图乘法可求出

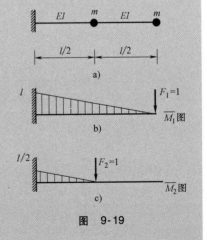

图 9-19

$$\delta_{11}=\dfrac{l^3}{3EI} \qquad \delta_{22}=\dfrac{l^3}{24EI} \qquad \delta_{12}=\delta_{21}=\dfrac{5l^3}{48EI}$$

将其代入式（9-39）得

$$\lambda_1=0.367\dfrac{ml^3}{EI} \qquad\qquad \lambda_2=0.0085\dfrac{ml^3}{EI}$$

将 λ_1、λ_2 代入式（9-38）得

$$\omega_1=\dfrac{1}{\sqrt{\lambda_1}}=1.65\sqrt{\dfrac{EI}{ml^3}} \qquad \omega_2=\dfrac{1}{\sqrt{\lambda_2}}=10.85\sqrt{\dfrac{EI}{ml^3}}$$

主振型为

$$\dfrac{Y_{11}}{Y_{21}}=\dfrac{1}{0.323} \qquad\qquad \dfrac{Y_{12}}{Y_{22}}=-\dfrac{1}{3.12}$$

振型如图 9-20 所示。

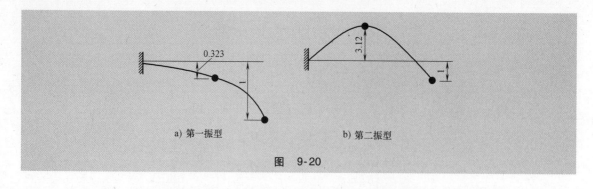

a) 第一振型   b) 第二振型

图 9-20

9.5　两个自由度体系在简谐荷载作用下的受迫振动

9.5.1　刚度法

如图 9-21 所示两个自由度体系，作用在质点 m_1、m_2 上的简谐荷载分别为 $F_1\sin\theta t$，$F_2\sin\theta t$。振动方程式为

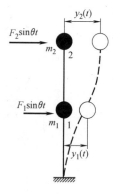

$$\begin{cases} m_1\ddot{y}_1(t)+k_{11}y_1(t)+k_{12}y_2(t)=F_1\sin\theta t \\ m_2\ddot{y}_2(t)+k_{21}y_1(t)+k_{22}y_2(t)=F_2\sin\theta t \end{cases} \qquad (9\text{-}41)$$

这就是两个自由度体系在简谐荷载作用下用刚度法建立的微分方程。

在平稳振动阶段，各质点也作简谐振动，即

$$\begin{cases} y_1(t)=Y_1\sin\theta t \\ y_2(t)=Y_2\sin\theta t \end{cases} \qquad (\text{a})$$

将式（a）代入式（9-41）并消去公因子 $\sin\theta t$ 后得

图　9-21

$$\begin{cases} (k_{11}-\theta^2 M_1)Y_1+k_{12}Y_2=F_1 \\ k_{21}Y_1+(k_{22}-\theta^2 M_2)Y_2=F_2 \end{cases}$$

令

$$\begin{cases} D_0=(k_{11}-\theta^2 m_1)(k_{22}-\theta^2 m_2)-k_{12}k_{21} \\ D_1=(k_{22}-\theta^2 m_2)F_1-k_{12}F_2 \\ D_2=-k_{21}F_1+(k_{11}-\theta^2 m_1)F_2 \end{cases} \qquad (9\text{-}42\text{a})$$

可得位移的幅值为
$$Y_1=\frac{D_1}{D_0},\ Y_2=\frac{D_2}{D_0} \qquad (9\text{-}42\text{b})$$

【例 9-6】　设例 9-4 中的刚架在底层横梁上作用简谐荷载 $F_1(t)=F\sin\theta t$，如图 9-22 所示。设 $m_1=m_2=m$，$k_1=k_2=k$。试计算一、二层楼面处的振幅大小、惯性力的大小。

【解】　（1）计算刚度系数

$$k_{11}=k_1+k_2=\frac{48EI}{h^3}=2k$$

$$k_{12}=k_{21}=-k_2=-\frac{24EI}{h^3}=-k$$

$$k_{22} = k_2 = -\frac{24EI}{h^3} = k$$

（2）计算 D_0、D_1、D_2 荷载幅值 $F_1 = F$，$F_2 = 0$，即

$$D_0 = (2k - \theta^2 m)(k - \theta^2 m) - k$$

$$D_1 = (k - \theta^2 m) F$$

$$D_2 = kF$$

（3）计算 Y_1、Y_2

$$Y_1 = \frac{D_1}{D_0} = \frac{(k - \theta^2 m_2) F}{D_0}$$

$$Y_2 = \frac{D_2}{D_0} = \frac{kF}{D_0}$$

（4）计算 F_{11}、F_{12}

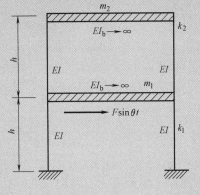

图 9-22

$$F_{11} = m_1 \theta^2 Y_1 = m\theta^2 \cdot \frac{(k - \theta^2 m) F}{D_0}$$

$$F_{12} = m_2 \theta^2 Y_2 = m\theta^2 \cdot \frac{kF}{D_0}$$

9.5.2 柔度法

图 9-23a 所示为两个自由度体系，受简谐荷载 $F\sin\theta t$ 作用。在任一时刻 t，质点 m_1、m_2 的位移分别为 y_1、y_2，如图 9-23b 所示。

设 Δ_{1F}、Δ_{2F} 分别表示由荷载幅值 F 所产生的在质点 m_1、m_2 处的静力位移，则质点 m_1、m_2 在惯性力 $-m_1\ddot{y}_1(t)$、$-m_2\ddot{y}_2(t)$ 和荷载 $F\sin\theta t$ 共同作用下所产生的位移 y_1、y_2 为

$$\begin{cases} y_1 = (-m_1\ddot{y}_1)\delta_{11} + (-m_2\ddot{y}_2)\delta_{12} + \Delta_{1F}\sin\theta t \\ y_2 = (-m_1\ddot{y}_1)\delta_{21} + (-m_2\ddot{y}_2)\delta_{22} + \Delta_{2F}\sin\theta t \end{cases} \quad (9\text{-}43a)$$

也可写成

$$\begin{cases} m_1\ddot{y}_1\delta_{11} + m_2\ddot{y}_2\delta_{12} + y_1 = \Delta_{1F}\sin\theta t \\ m_1\ddot{y}_1\delta_{21} + m_2\ddot{y}_2\delta_{12} + y_2 = \Delta_{2F}\sin\theta t \end{cases} \quad (9\text{-}43b)$$

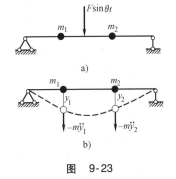

图 9-23

式中 δ_{ij}（i、$j = 1$、2）——柔度系数，表示由于 j 点的单位力在 i 点所产生的位移。

式（9-43）就是两个自由度体系在简谐荷载作用下，用柔度法建立的振动微分方程。

设平稳振动阶段的解为

$$\begin{cases} y_1(t) = Y_1\sin\theta t \\ y_2(t) = Y_2\sin\theta t \end{cases} \quad (\text{a})$$

将（a）式代入（9-43）式，整理后得

$$\begin{cases} (m_1\theta^2\delta_{11} - 1) Y_1 + m_2\theta^2\delta_{12} Y_2 + \Delta_{1F} = 0 \\ m_1\theta^2\delta_{21} Y_1 + (m_2\theta^2\delta_{22} - 1) Y_2 + \Delta_{2F} = 0 \end{cases} \quad (9\text{-}44)$$

由此可解得位移的幅值为

$$Y_1 = \frac{D_1}{D_0} \qquad Y_2 = \frac{D_2}{D_0} \qquad\qquad (9\text{-}45a)$$

式中

$$\left.\begin{array}{l}
D_0 = \begin{vmatrix} M_1\theta^2 \cdot \delta_{11} - 1 & M_2\theta^2\delta_{12} \\ M_1\theta^2 \cdot \delta_{21} & M_2\theta^2\delta_{22} - 1 \end{vmatrix} \\[3mm]
D_1 = \begin{vmatrix} -\Delta_{1F} & M_2\theta^2\delta_{12} \\ -\Delta_{2F} & M_2\theta^2\delta_{22} - 1 \end{vmatrix} \\[3mm]
D_2 = \begin{vmatrix} M_1\theta^2 \cdot \delta_{11} - 1 & -\Delta_{1F} \\ M_1\theta^2 \cdot \delta_{21} & -\Delta_{1F} \end{vmatrix}
\end{array}\right\} \qquad (9\text{-}45b)$$

根据上面的式子，我们可得出：

1) 当 $\theta \to 0$ 时，$D_0 \to 1$，$D_1 \to \Delta_{1F}$，$D_2 \to \Delta_{2F}$，则 $Y_1 \to \Delta_{1F}$，$Y_2 \to \Delta_{2F}$，表明当荷载变化很慢时，动力效应就很小。质点的位移与静力荷载作用下的位移基本一致。

2) 当 $\theta \to \infty$ 时，$D_0 \neq 0$，当 $D_1 \to 0$，$D_2 \to 0$，则 $Y_1 \to 0$，$Y_2 \to 0$，说明荷载变化极快时，振幅很小。

3) 当 $\theta \to \omega_1$ 或 $\theta \to \omega_2$ 时，$D_0 = 0$ 在 D_1、D_2 不全为零的情况下，Y_1 和 Y_2 将趋近于无穷大，这就是共振现象。当然，由于阻尼的存在，振幅虽然不可能无穷大，但仍然是结构安全所不允许的。

Y_1、Y_2 求出后，可得到各质点的位移和惯性力：

位移　　　　　　　$y_1 = Y_1 \sin\theta t$，$y_2 = Y_2 \sin\theta t$

惯性力　　　　　　　$-m_1 y_1 = m_1 \theta^2 Y_1 \sin\theta t$

$$-m_2 y_2 = m_2 \theta^2 Y_2 \sin\theta t$$

动内力幅值可以在各质点的惯性力幅值及荷载幅值共同作用下按静力分析方法计算。

设惯性力幅值以 F_{11}、F_{12} 表示，则有

$$F_{11} = m_1 \theta^2 Y_1，F_{12} = m_2 \theta^2 Y_2$$

在 F_{11}、F_{12} 及 F 的共同作用下的计算简图如图 9-24 所示。

由静力条件计算任一截面的动内力幅值，可按以下叠加公式计算：

$$M = M_1 F_{11} + M_2 F_{12} + M_F$$

式中　F_{11}、F_{12}——质点 m_1、m_2 的惯性力幅值；

M_1、M_2——单位惯性力 $F_{11} = 1$、$F_{12} = 1$ 作用下任一截面弯矩；

M_F——动荷载幅值作为静荷载作用于结构上所产生的弯矩。

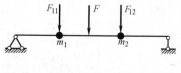

图　9-24

其他内力，如轴力，剪力等，也可按同样方法计算。

需要注意的是：动内力有正负号的变化，在与静荷载作用下的内力进行叠加时需加以考虑。

【例 9-7】　求图 9-25a 所示体系的动位移和动弯矩的幅值。已知 $m_1 = m_2 = m$，EI 为常数，$\theta = 0.4\omega$。

【解】　（1）求柔度系数和基本频率　作 M_1、M_2 图，如图 9-25b、c 所示，由图乘法得

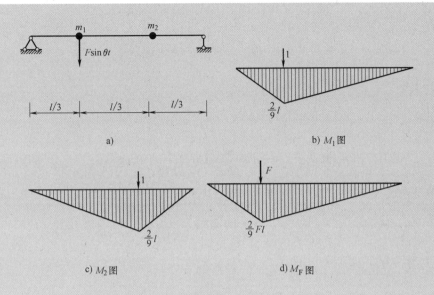

a)

b) M_1 图

c) M_2 图

d) M_F 图

图　9-25

$$\delta_{11} = \delta_{22} = \frac{4l^3}{243EI}, \quad \delta_{12} = \delta_{21} = \frac{7l^3}{486EI}$$

代入式（9-38）得

$$\lambda_1 = \frac{15ml^3}{486EI} \qquad \lambda_2 = \frac{ml^3}{486EI}$$

$$\omega_1 = \frac{1}{\sqrt{\lambda_1}} = 5.692\sqrt{\frac{EI}{ml^3}} \qquad \omega_2 = \frac{1}{\sqrt{\lambda_2}} = 22.05\sqrt{\frac{EI}{ml^3}}$$

$$\theta = 0.4\omega_1 = 2.277\sqrt{\frac{EI}{ml^3}}$$

（2）求 Δ_{1F}，Δ_{2F}

作 M_F 图，如图 9-25d 所示，分别与 $\overline{M}_1$，$\overline{M}_2$ 图图乘，得

$$\Delta_{1F} = \frac{4Fl^3}{243EI}, \quad \Delta_{2F} = \frac{7Fl^3}{486EI}$$

（3）计算 D_0，D_1，D_2

$$m_1\theta^2 = m_2\theta^2 = 5.185\frac{EI}{l^3}$$

$$D_0 = \begin{vmatrix} m_1\theta^2\delta_{11} - 1 & m_2\theta^2\delta_{12} \\ m_1\theta^2\delta_{21} & m_2\theta^2\delta_{12} - 1 \end{vmatrix} = 0.840$$

$$D_1 = \begin{vmatrix} -\Delta_{1F} & m_2\theta^2\delta_{12} \\ -\Delta_{2F} & m_2\theta^2\delta_{22} - 1 \end{vmatrix} = 0.0161\frac{Fl^3}{EI}$$

$$D_2 = \begin{vmatrix} m_1\theta^2\delta_{11} - 1 & -\Delta_{1F} \\ m_1\theta^2\delta_{21} & -\Delta_{2F} \end{vmatrix} = 0.0144\frac{Fl^3}{EI}$$

（4）计算位移幅值

$$Y_1 = \frac{D_1}{D_0} = 0.0192 \frac{Fl^3}{EI}, Y_2 = \frac{D_2}{D_0} = 0.0171 \frac{Fl^3}{EI}$$

（5）计算惯性力幅值

$$F_{11} = m_1 \theta^2 Y_1 = 5.185 \frac{EI}{l^3} \times 0.0192 \frac{Fl^3}{EI} = 0.0996F$$

$$F_{12} = m_2 \theta^2 Y_2 = 5.185 \frac{EI}{l^3} \times 0.0171 \frac{Fl^3}{EI} = 0.0887F$$

（6）计算质点 m_1、m_2 的动弯矩幅值

$$M_1 = \overline{M}_1 F_{11} + \overline{M}_2 F_{12} + M_F = \frac{2}{9}l \times 0.0996F + \frac{1}{9}l \times 0.0887F + \frac{2}{9}Fl = 0.254Fl$$

$$M_1 = \overline{M}_1 F_{11} + \overline{M}_2 F_{12} + M_F = \frac{1}{9}l \times 0.0996F + \frac{2}{9}l \times 0.0887F + \frac{1}{9}Fl = 0.142Fl$$

（7）计算质点 m 的位移动力系数和弯矩动力系数

$$y_{st} = \Delta_{1F} = \frac{4Fl^3}{243EI} = 0.01646 \frac{Fl^3}{EI}$$

$$\beta_{y1} = \frac{Y_1}{y_{1st}} = \frac{0.0192}{0.01646} = 1.185$$

$$M_{1st} = \frac{2}{9}Fl = 0.2222Fl$$

$$\beta_{y1} = \frac{M_{1max}}{M_{1st}} = \frac{0.254Fl}{0.2222Fl} = 1.148$$

由此可知，在两个自由度体系中，同一点的位移和弯矩的动力系数是不同的，即没有统一的动力系数。

若令 $\theta = 0.9\omega_1$，则 $\theta = 5.123 \sqrt{\frac{EI}{ml^3}}$

$$m_1 \theta^2 = m_2 \theta^2 = 26.25 \frac{EI}{ml^3}$$

$$D_0 = 0.1797, D_1 = 0.148 \frac{Fl^3}{EI}, D_2 = 0.144 \frac{Fl^3}{EI}$$

$$Y_1 = \frac{D_1}{D_0} = 0.0824 \frac{Fl^3}{EI}, \quad Y_2 = \frac{D_2}{D_0} = 0.0801 \frac{Fl^3}{EI}$$

$$F_{11} = 26.25 \frac{EI}{l^3} \times 0.0824 \frac{Fl^3}{EI} = 2.163F$$

$$F_{12} = 26.25 \frac{EI}{l^3} \times 0.0801 \frac{Fl^3}{EI} = 2.103F$$

$$M_1 = \frac{2}{9}l \times 2.163F + \frac{1}{9}l \times 2.103F + \frac{1}{9}Fl = 0.825F$$

$$M_2 = \frac{1}{9}l \times 2.163F + \frac{2}{9}l \times 2.103F + \frac{1}{9}Fl = 0.819F$$

$$\beta_{y1} = \frac{Y_1}{y_{1st}} = \frac{0.0824\dfrac{Fl^3}{EI}}{0.01646\dfrac{Fl^3}{EI}} = 5$$

$$M_{1st} = \frac{2}{9}Fl = 0.2222Fl$$

$$\beta_{M1} = \frac{0.825Fl}{0.2222Fl} = 3.72$$

其动力系数比 $\theta = 0.4\omega$ 时大很多。

本 章 小 结

本章是结构动力计算的基础，主要介绍了单自由度体系的自由振动以及在简谐荷载和任意荷载作用下的受迫振动，两个自由度体系的自由振动和在简谐荷载作用下的受迫振动。

动力荷载是时间的函数且能使结构产生显著加速度。常见的动力荷载有周期荷载、冲击荷载、突加荷载、随机荷载等。

动力计算的体系自由度是确定结构体系全部质点所需的独立参数的个数。为简化计算，具有无限多个自由度的质量连续分布的结构可简化为有限自由度。动力计算的自由度和质点数目无对应关系，与体系的静定和超静定也无关系。

单自由度体系的自由振动是研究动力计算的基础。自由振动是不受外部干扰力作用的振动。产生振动的原因是初始位移或初始速度或两者同时存在。

建立单自由度体系自由振动微分方程的方法有刚度法和柔度法。通过微分方程的解可得出结构振动时其位移和各种量值随时间变化的规律。

自振周期（频率）是结构动力性能的重要参数。自振周期（频率）是结构的固有特性，只与结构的质量和刚度（柔度）有关，与外界的干扰因素无关。要改变结构的自振周期（频率），需要改变结构的质量和刚度（柔度）。

物体在自由振动时会受到阻力，各种阻力称之为阻尼力。考虑阻尼的自由振动，其自振频率比不考虑阻尼的自振频率要小，且振幅不再是常数，而是随时间逐渐减小。

物体在振动过程中如果不断受到外部干扰力的作用，则为受迫振动。在外加荷载作用下，结构的最大动力位移和静力位移之比，称之为动力系数。不同的外加荷载，动力系数不同。当干扰力的频率接近结构的自振频率时，将发生共振，此时结构的内力和位移将无限增大（不考虑阻尼）或很大（考虑阻尼），对结构很不利。设计时应尽量避免发生共振。

两个自由度体系是多自由度体系中最简单的情况，但能反映多自由度体系的动力特征。两个自由度体系在振动过程中，两个质点具有相同的频率和相同的相位角，且在振动过程中，两个质点的位移在数值上随时间变化，但比值不变。我们称这种位移形状保持不变的振动形式为主振型或振型。与第一圆频率（较小的频率）相对应的振型，称为第一振型或基本振型。

两个自由度体系在简谐荷载作用下的受迫振动，当干扰力的频率接近结构的其中任一个自振频率时，将发生共振。在两个自由度体系中，同一点的位移和弯矩的动力系数不同，即没有统一的动力系数。

思 考 题

1. 结构上的动力荷载和静力荷载有什么区别？
2. 结构的动力计算和静力计算有什么区别？
3. 动力荷载有哪些类型？
4. 如何确定动力荷载的自由度？它和体系的质点数目是否具有对应关系？
5. 建立自由振动微分方程有哪两种方法？
6. 为什么体系的自振频率是结构的固有特性？如何计算单自由度体系的自振频率？
7. 什么是共振？共振对结构有什么影响？如何避免共振的发生？
8. 什么是阻尼？它对自由振动和强迫振动各有什么影响？
9. 什么是动力系数？它的大小和什么有关？单自由度体系的位移动力系数和内力动力系数是否相同？
10. 多自由度体系各质点的位移动力系数是否一样？它们与内力动力系数是否相同？

习 题

1. 试求图 9-26 所示结构的自振周期和频率。不计杆件本身自重，EI = 常数。

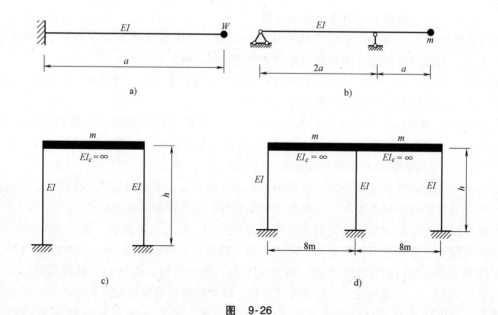

图 9-26

2. 试求图 9-27 所示结构的自振频率和主振型。不计杆件自重，EI = 常数。

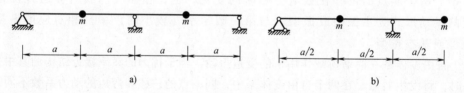

图 9-27

3. 图 9-28 所示悬挑梁端部有一重量为 $W=12\text{kN}$ 的质点，其上受有振动荷载 $F\sin\theta t$，其中 $F=5\text{kN}$，若不考虑阻尼，试计算梁在振动荷载每分钟振动 300 次的最大竖向位移和最大弯矩。其中 $E=2.1\times10^4\text{kN/cm}^2$，$I=3.4\times10^3\text{cm}^4$。

4. 图 9-29 所示刚架横梁上有电动机，电动机与结构的自重置于横梁上，$W=30\text{kN}$，电动机水平离心力的幅值 $F=4\text{kN}$，电动机转速 $n=500\text{r/min}$，柱的线刚度 $i=EI/l=6.2\times10^6\text{N}\cdot\text{m}$，求电动机转动时的最大水平位移和柱端弯矩的幅值。

5. 图 9-30 所示刚架在二层楼面有干扰力 $F\sin\theta t$，$\theta=4\sqrt{\dfrac{EI}{mh^3}}$，$m_1=m_2=m$，计算第一、二层楼面振幅值和柱底截面弯矩幅值。

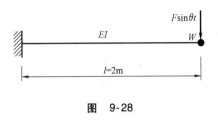

图　9-28

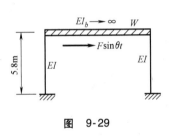

图　9-29

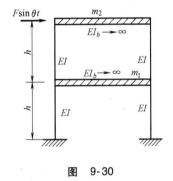

图　9-30

第10章　结构的稳定性计算

为了保证结构的安全和正常使用，除了进行强度计算和刚度验算外，还须计算其稳定性。也就是说，杆件除了应有足够的横截面面积，使其所产生的最大应力不超过强度要求外，杆件还不能过分细长，以致变形过大，不能满足使用上对刚度的要求。特别是在受压杆件中，变形会引起压力作用位置的偏移，形成附加弯矩，进而引起附加弯曲变形，两者互相促进的结果可能导致某截面强度不足而产生破坏。

10.1　稳定的概念及两类稳定问题

在结构的常规强度和刚度分析中，通常假定结构在受力前后力学模型不会发生改变，无需考虑结构受力过程中位移和变形对计算模型的影响。对于大部分结构体系而言，这样的计算结果足够满足工程设计的需要。

在某些受力体系中，因受力变形或外界扰动，结构可能处于某一与原始位移和变形不同的受力状态，受力过程中体系局部或整体的平衡状态与初始受力状态相比发生了变化。平衡状态的变化可能是质变，即参与平衡的力的性质发生了改变，如图 10-1a 所示；也可能是量变，即平衡状态不变，但各个力之间的数量大小发生了改变，如图 10-1b 所示。如果基于位移和变形的改变后的强度分析结果令结构处于明显不安全的状态，就需要在常规强度分析的同时进行稳定性分析。

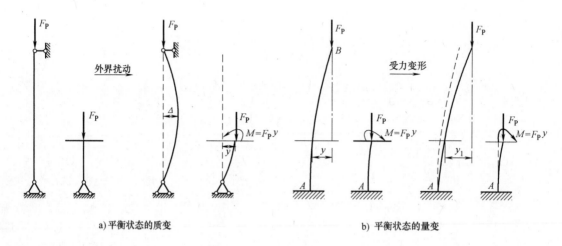

a) 平衡状态的质变　　　　　　　　b) 平衡状态的量变

图　10-1

一般来说，对于细长压杆（柱）以及某些情况下的梁、桁架、拱和板壳来说，即使其具有足够的强度，但在稳定性方面仍可能是不够安全的。

在工程史上，就曾因为人们对稳定性问题认识不足，而发生过一些因结构失稳而产生的重大工程事故，至今对人们仍有警示作用。例如，在 1907 年，加拿大魁北克一座长 548m 的钢桥，在施工中因其桁架的压杆失稳而突然坠毁；1922 年，美国华盛顿一座剧院，在一场特大暴风雪中，因其屋顶结构中一根梁丧失稳定而倒塌等。

与现代科学技术的飞速发展相应的是，新型材料（高强度钢、复合材料等）和新型结构（大跨度结构、高层结构、薄壁结构等）在工程中广泛应用，这使结构的稳定性问题更加突出，逐渐上升为控制设计的主要因素之一。

10.1.1　稳定的几个基本概念

结构的失稳是指随着荷载增大到一定数值，体系原始平衡状态形式丧失其稳定性的过程。

从稳定分析的角度出发，对体系的受力状态施加微小外界干扰（即令体系发生任意可能的微小变形）后，根据体系响应的不同，其平衡状态可分为三种不同的类型。

（1）稳定平衡状态　若对体系的某一受力平衡状态施加任意的微小干扰，干扰消失后体系能够回复到原来的平衡位置，则此时体系处于稳定平衡状态。

（2）不稳定平衡状态　若对体系的某一受力平衡状态施加任意的微小干扰，干扰消失后，若体系继续偏离，不能回到原来的位置，即体系丧失维持原始平衡状态的能力，则体系处于不稳定平衡状态。

（3）临界状态　若对体系的某一受力平衡状态施加任意的微小干扰，干扰撤除后体系将在干扰引起的新平衡状态上平衡，这是一种由稳定平衡向不稳定平衡过渡的中间状态。则原来的平衡状态称为临界状态。

临界状态又称为随遇平衡状态或中性平衡状态，此状态中使杆件处于临界状态的外力称为临界荷载，以 F_{Pcr} 表示。它是使杆件保持稳定平衡的最大荷载，也是使杆件产生不稳定平衡的最小荷载。

结构稳定分析，均以变形后的位移为计算依据，属于几何非线性范畴（叠加原理不再适用），有小挠度和大挠度两种理论。其中小挠度理论的曲率采用近似表达式，而大挠度理论的曲率采用精确表达式。大挠度理论更为准确，但计算复杂，而小挠度理论可以用比较简单的方法得到能满足工程需要的基本正确的结论。

10.1.2　两类稳定问题

1. 第一类失稳——分支点失稳（质变失稳）

图 10-2a 所示为简支压杆的理想体系（理想柱），杆轴线无初曲率，荷载也无初偏心。其 F_P-Δ 曲线（又称平衡路径），如图 10-2b 所示。

该简支压杆可能的平衡状态，根据所受荷载 F_P 与欧拉临界荷载 Euler-F_{Pcr} 的大小关系可分为以下 3 种类型：

1）当 $F_P \leqslant F_{Pcr} = \dfrac{\pi^2 EI}{l^2}$ 时，体系处于稳定平衡状态，压杆单纯受压，不发生弯曲变形（侧向挠度 $\Delta = 0$）。体系仅有唯一平衡形式，对应于直线位移和变形的原始平衡状态是稳定的，即使因其他干扰发生了微小位移，但干扰撤除后体系仍会恢复直线形式的原始平衡状态，即如图 10-2b 所示的原始平衡路径 Ⅰ（OAB 表示）。

2）当 $F_P \geqslant F_{Pcr}$ 时，体系将具有两种不同的平衡形式，一是直线形式的原始平衡状态是不稳定的，对应于图 10-2b 所示的平衡路径 Ⅰ（用 BC 表示）；二是弯曲形式的新的平衡状态，对应于图 10-2b 所示平衡路径 Ⅱ（对大挠度理论，用曲线 BD_1 表示；对于小挠度理论，曲线 BD_1 退化为直线 BD）。

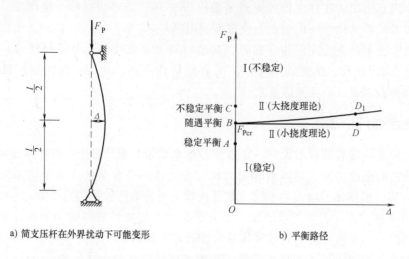

a) 简支压杆在外界扰动下可能变形 b) 平衡路径

图 10-2

有必要指出，解析分析的精确结果表明，按照大挠度理论计算对提高结构承载能力的贡献是很小的。因此，在实际土建工程中，一般都不考虑大挠度的影响，而按小挠度理论计算。

3）当 $F_P = F_{Pcr}$ 时，B 点是路径 Ⅰ 与 Ⅱ 的分支点。该分支点处，两平衡路径同时并存，出现平衡形式的二重性（体系既可以在原始直线形式下保持平衡，也可以在新的微弯形式下保持平衡）。原始平衡路径 Ⅰ 通过该分支点后，将由稳定平衡转变为不稳定平衡。因此，这种形式的失稳称为分支点失稳，对应的荷载称为第一类失稳的临界荷载，对应的状态即为临界状态。

图 10-3 所示为分支点失稳的几个实例。在分支点 $F_P = F_{Pcr}$ 或 $q = q_{cr}$ 处，结构的原始平衡形式由稳定转为不稳定，并可能出现新的平衡形式。

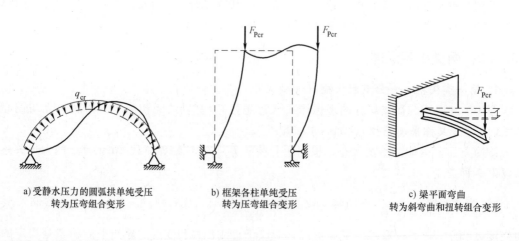

a) 受静水压力的圆弧拱单纯受压   b) 框架各柱单纯受压   c) 梁平面弯曲
　转为压弯组合变形　　　　　　　转为压弯组合变形　　　　　转为斜弯曲和扭转组合变形

图 10-3

理想体系的失稳形式是分支点失稳。其特征是：丧失稳定时，结构的内力状态和平衡形式均发生质的变化，即为质变失稳（属屈曲问题）。

2. 第二类失稳——极值点失稳（量变失稳）

图 10-4 所示分别为具有初弯曲和初偏心的实际压杆（"工程柱"），为压杆的非理想体系。

对于图 10-4b 所示具有荷载初偏心的假设的无限弹性压杆（弹性工程柱）来说，其 F_P-Δ

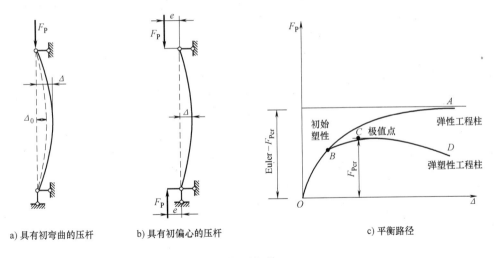

a) 具有初弯曲的压杆　　　b) 具有初偏心的压杆　　　　　c) 平衡路径

图　10-4

（平衡路径）曲线用图 10-4c 中曲线 OBA 所示。从一开始加载，压杆就处于压弯复合受力状态，无直线阶段。在初始阶段，其挠度增加较慢，随着荷载增到一定程度以后逐渐加快，当接近压杆理想体系的欧拉临界荷载值 Euler-F_{Pcr} 时，挠度趋于无穷大。

对于图 10-4b 所示具有初偏心的弹塑性实际压杆（弹塑性工程柱）来说，其 F_P-Δ 曲线由图 10-4c 中上升曲线 OBC 和下降段曲线 CD 组成。其中，初始的 OB 段，表示压杆仍处于弹性阶段工作；B 点，标志着某截面最外纤维处的应力开始达到屈服点 σ_s；此后的 BCD 段，则表示压杆已进入弹塑性阶段工作。C 点为极值点，荷载 F_P 达到极限值 F_{Pcr}。在 F_P 达到 C 点之前，每个 F_P 值都对应着一定的变形挠度；当 F_P 达到极值点后，即使荷载减小，挠度仍继续迅速增大，即失去平衡的稳定性。这种形式的失稳，称为极值点失稳。与极值点对应的荷载称为第二类失稳的临界荷载。

非理想体系的失稳形式是极值点失稳。其特征是：丧失稳定时，结构的平衡状态没有内力分布和平衡形式上质的变化，而只有两者量相对关系的渐变，即为量变失稳（属压溃问题）。

第一类失稳（分支点失稳）问题只是一种理想情况，实际结构或构件总是存在着一些初始缺陷，因此，第一类失稳问题在实际工程中并不存在。尽管如此，由于解决具有极值点失稳的第二类失稳问题，通常要涉及几何和材料上的非线性关系，要取得精确的解析解较为困难，至今也只能解决一些比较简单的问题。对于具有分支点失稳的第一类失稳问题，使用解析解则相对方便，理论也比较成熟，因而目前在工程计算中仍然按照第一类失稳求解临界荷载，对于初始缺陷的影响，则采用安全系数加以考虑。因此在本章学习中，只研究弹性压杆的第一类失稳问题，并根据小挠度理论，求临界荷载；对于刚架等结构的第一类失稳问题以及第二类失稳问题，读者可以参阅有关的专著和最新的研究成果。

10.1.3　稳定分析的自由度

在稳定分析时，需要描述体系失稳时的位移。确定体系所有可能的位移状态所需的独立几何参数（位移参数）的数目称为稳定分析中的自由度，用 W 表示。例如：

图 10-5a 所示体系，描述体系任意变形状态，对应位移参数 θ，$W=1$。

图 10-5b 所示体系，描述体系任意变形状态，对应位移参数为 y_1 和和 y_2，$W=2$。

图 10-5c 所示体系，描述体系变形状态，其位移参数为 $y(x)$，$W=\infty$。

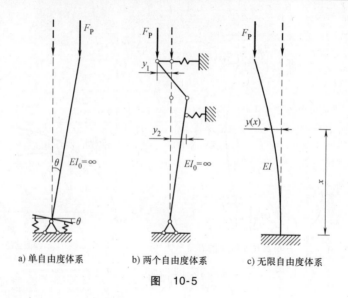

a) 单自由度体系　　　　b) 两个自由度体系　　　　c) 无限自由度体系

图　10-5

10.2　静力法确定临界荷载

确定临界荷载的方法有两种，即静力法和能量法。本节只介绍静力法。

10.2.1　静力法及其计算步骤

确定临界荷载的静力法是根据临界状态时体系的静力特征而提出的。

在分支点失稳问题中，临界状态的静力特征是：平衡形式具有二重性。因此静力法的要点即为：在原始平衡路径 I 之外，寻找新的平衡路径 II，并确定两条路径交叉的分支点，从而求出临界荷载。

静力法计算临界荷载，可按以下步骤进行：

1）假设临界状态时体系的新的平衡形式（以下简称失稳形式）。

2）根据静力平衡条件，建立临界状态平衡方程。

3）根据平衡形式具有二重性的静力特征（位移有零解时，对应于体系原始平衡状态；位移有非零解时，对应于新的平衡状态），建立特征方程，即稳定方程。

4）解稳定方程，求特征根，即特征荷载值。

5）由最小的特征荷载值，确定临界荷载。

10.2.2　有限自由度体系的稳定计算

【例 10-1】　图 10-6a 所示压杆为单自由度体系，试以静力法计算临界荷载。

【解】　（1）假设失稳形式　如图 10-6b 所示。

（2）建立临界状态的平衡方程

由 $\sum M_A = 0$，得

$$F_P l \theta - F_{RB} l = 0 \qquad (a)$$

式中，弹簧反力 $F_{RB} = kl\theta$，于是有

$$(F_P l - kl^2)\theta = 0 \qquad (b)$$

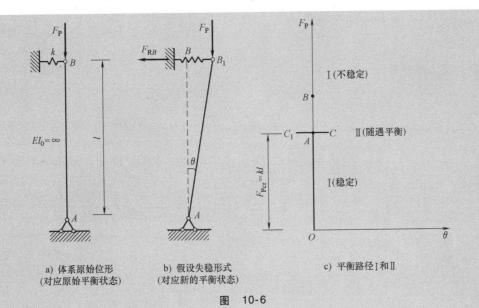

a) 体系原始位形
(对应原始平衡状态)

b) 假设失稳形式
(对应新的平衡状态)

c) 平衡路径 I 和 II

图　10-6

（3）建立稳定方程　方程（b）有两个解，其一为零解，$\theta = 0$，对应于原始平衡路径 I，如图 10-6c 中 OAB 所示；其二为非零解，$\theta \neq 0$，对应于新的平衡路径 II，如图 10-6c 中 AC 或 AC_1 所示。

为了得到非零解，该齐次方程（b）的系数应为零，即

$$F_{P}l - kl^2 = 0 \qquad (c)$$

上式称为稳定方程。由此方程知，平衡路径 II 为水平直线。

（4）解稳定方程，求特征荷载值

$$F_{P} = kl \qquad (d)$$

（5）确定临界荷载　对于单自由度体系，式（d）的唯一特征荷载值即为临界荷载，因此

$$F_{Pcr} = kl \qquad (e)$$

【例 10-2】　图 10-7a 所示是具有两个自由度的体系。各杆均为刚性杆，在铰结点 B 和 C 处为弹簧支承，其刚度系数均为 k。体系在 A、D 两端有压力 F_P 作用。试用静力法求其临界荷载。

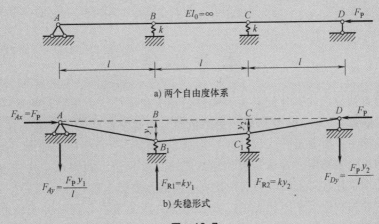

a) 两个自由度体系

b) 失稳形式

图　10-7

【解】 （1）假设失稳形式 根据约束条件，设定体系可能发生的失稳形式，如图 10-7b所示。该体系具有两个自由度，位移参数分别为 y_1 和 y_2。

各支座反力分别为

$$F_{R1} = ky_1(\uparrow) \qquad\qquad F_{R2} = ky_2(\uparrow)$$

$$F_{Ax} = F_P(\rightarrow) \qquad F_{Ay} = \frac{F_P y_1}{l}(\downarrow) \qquad F_{Dy} = \frac{F_P y_2}{l}(\downarrow)$$

（2）建立临界状态平衡方程 在图 10-7 中，分别取 AB_1C_1 部分和 B_1C_1D 部分为隔离体，则有

$$\begin{cases} \sum M_{C_1} = 0 \\ \sum M_{B_1} = 0 \end{cases} \qquad\qquad \begin{aligned} ky_1 l - \left(\frac{F_P y_1}{l}\right) 2l + F_P y_2 = 0 \\ ky_2 l - \left(\frac{F_P y_2}{l}\right) 2l + F_P y_1 = 0 \end{aligned}$$

即

$$\left.\begin{aligned} (kl - 2F_P)y_1 + F_P y_2 = 0 \\ F_P y_1 + (kl - 2F_P)y_2 = 0 \end{aligned}\right\} \tag{a}$$

这是关于 y_1 和 y_2 的齐次线性代数方程组。

（3）建立稳定方程 如果 $y_1 = y_2 = 0$，则对应于原始平衡形式，相应于没有丧失稳定的情况。如果 y_1 和 y_2 不全为零，则对应于新的平衡形式。为了求此非零解，式（a）的系数行列式应为零，即

$$D = \begin{vmatrix} kl - 2F_P & F_P \\ F_P & kl - 2F_P \end{vmatrix} = 0 \tag{b}$$

此方程就是稳定方程。

（4）解稳定方程，求特征荷载值 展开式（b），得

$$(kl - 2F_P)^2 - F_P{}^2 = 0$$

由此解得两个特征荷载值，即

$$F_{P1} = kl/3$$

$$F_{P2} = kl$$

（5）确定临界荷载值 取两个特征荷载值中最小者，得

$$F_{Pcr} = kl/3$$

本 章 小 结

结构的失稳有两种形式：分支点失稳和极值点失稳。分支点失稳讨论的主要对象是"理想柱"（属理想体系），是指荷载达到一定数值时，引起变形状态的质变而使结构失去稳定；极值点失稳讨论的主要对象是"工程柱"（属非理想体系），是指荷载达到一定数值时，变形持续增大而令结构失去稳定。本章主要讨论的是小挠度理论下线弹性结构理想体系的稳定分析。分析方法根据临界状态下的静力特征建立，即静力法。

临界状态的静力特征是平衡状态的二重性。静力法的基本方程是关于稳定自由度（即确定体系任意可能位移和变形所需的独立坐标参数）的齐次方程，在有限自由度体系中为齐次

代数方程。根据齐次方程解答的二重性条件，可得到稳定的特征方程并据此解出特征荷载和临界荷载。

思　考　题

1. 第一类失稳与第二类失稳有何不同，有何联系？
2. 增大或减小杆端约束的刚度，对压杆的临界荷载值有何影响？

习　　题

1. 用静力法计算如图 10-8 所示体系的临界荷载。

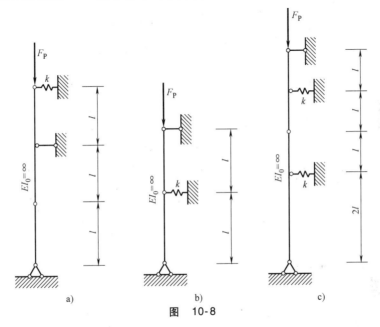

图　10-8

2. 用静力法计算图 10-9 所示体系的临界荷载。k 为弹性铰的抗转刚度（发生单位相对转角所需的力矩）。

3. 用静力法计算图 10-10 所示体系的临界荷载。

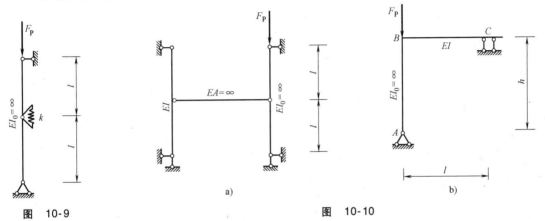

图　10-9　　　　　　　　　　　　　　　图　10-10

参 考 文 献

[1]　龙驭球，包世华，袁驷. 结构力学 I：基本教程 [M]. 3 版. 北京：高等教育出版社，2012.

[2]　龙驭球，包世华. 结构力学 II：专题教程 [M]. 3 版. 北京：高等教育出版社，2010.

[3]　李廉锟. 结构力学：上册 [M]. 5 版. 北京：高等教育出版社，2013.

[4]　李廉锟. 结构力学：下册 [M]. 5 版. 北京：高等教育出版社，2010.

[5]　丁克伟，何沛祥. 结构力学：上册 [M]. 武汉：武汉大学出版社，2013.

[6]　丁克伟，何沛祥. 结构力学：下册 [M]. 武汉：武汉大学出版社，2013.

[7]　樊友景，高洪波. 结构力学：上册 [M]. 郑州：郑州大学出版社，2012.

[8]　樊友景，高洪波. 结构力学：下册 [M]. 郑州：郑州大学出版社，2012.

教材使用调查问卷

尊敬的老师：

您好！欢迎您使用机械工业出版社出版的"应用型本科土木工程系列规划教材"，为了进一步提高我社教材的出版质量，更好地为我国教育发展服务，欢迎您对我社的教材多提宝贵的意见和建议。敬请留下您的联系方式，我们将向您提供周到的服务，向您赠阅我们最新出版的教学用书、电子教案及相关图书资料。

本调查问卷复印有效，请您通过以下方式返回：

邮寄：北京市西城区百万庄大街 22 号机械工业出版社建筑分社（100037）

　　　李宣敏（收）

传真：010- 68994437（李宣敏收）　　　　　　Email：824396435@ qq. com

一、基本信息

姓名：＿＿＿＿＿＿＿＿＿　职称：＿＿＿＿＿＿＿＿＿＿　职务：＿＿＿＿＿＿＿＿＿

所在单位：＿＿＿＿＿＿＿＿＿＿＿＿＿＿＿＿＿＿＿＿＿＿＿＿＿＿＿＿＿＿＿＿＿＿

任教课程：＿＿＿＿＿＿＿＿＿＿＿＿＿＿＿＿＿＿＿＿＿＿＿＿＿＿＿＿＿＿＿＿＿＿

邮编：＿＿＿＿＿＿＿＿＿＿＿　地址：＿＿＿＿＿＿＿＿＿＿＿＿＿＿＿＿＿＿＿＿＿

电话：＿＿＿＿＿＿＿＿＿＿＿　电子邮件：＿＿＿＿＿＿＿＿＿＿＿＿＿＿＿＿＿＿

二、关于教材

1. 贵校开设土建类哪些专业方向？

□土木工程　　　　□建筑学　　　　　□安全工程　　　　□轨道工程

□铁道工程　　　　□桥梁工程　　　　□隧道工程　　　　□工程造价

□工程管理　　　　□建筑环境与设备工程　　　　□建筑环境与能源应用工程

2. 您使用的教授方式：□传统板书　□多媒体教学　□网络教学

3. 您认为还应开发哪些教材或教辅用书？＿＿＿＿＿＿＿＿＿＿＿＿＿＿＿＿＿＿＿

4. 您是否愿意参与教材编写？希望参与哪些教材的编写？

课程名称：＿＿＿＿＿＿＿＿＿＿＿＿＿＿＿＿＿＿＿＿＿＿＿＿＿＿＿＿＿＿

形式：　　□纸质教材　　□实训教材（习题集）　　□多媒体课件

5. 您选用教材比较看重以下哪些内容？

□作者背景　　　　　□教材内容及形式　　　　□有案例教学　　　□配有多媒体课件

□其他＿＿＿＿＿＿＿＿＿＿＿＿＿＿＿＿＿＿＿＿＿＿＿＿＿＿＿＿＿＿＿＿＿＿＿

三、您对本书的意见和建议（欢迎您指出本书的疏误之处）＿＿＿＿＿＿＿＿＿＿＿

＿＿

＿＿

＿＿

四、您对我们的其他意见和建议＿＿＿＿＿＿＿＿＿＿＿＿＿＿＿＿＿＿＿＿＿＿＿＿

＿＿

＿＿

请与我们联系：

100037　　北京市西城区百万庄大街 22 号

机械工业出版社·建筑分社　李宣敏　收

Tel：010- 88379776（O），68994437（Fax）

E- mail：824396435@ qq. com

http://www. cmpedu. com（机械工业出版社·教材服务网）

http://www. cmpbook. com（机械工业出版社·门户网）

http://www. golden- book. com（中国科技金书网·机械工业出版社旗下网站）